U0261994

　　本专著受国家自然科学基金项目（U1204709）、教育部人文社会科学基金项目（17YJA630146）、河南省高校科技创新团队项目（24IRTSTHN028）、南阳理工学院学术专著出版基金的联合资助。特此感谢！

基于演化博弈的中线水源区
生态补偿问题研究

朱九龙　陶晓燕　吴战勇　著

中国社会科学出版社

图书在版编目（CIP）数据

基于演化博弈的中线水源区生态补偿问题研究/朱九龙等著.
—北京：中国社会科学出版社，2024.3
ISBN 978-7-5227-3326-5

Ⅰ.①基…　Ⅱ.①朱…　Ⅲ.①南水北调—水利工程—
水源保护—补偿机制—研究　Ⅳ.①X52

中国国家版本馆 CIP 数据核字（2024）第 057816 号

出 版 人	赵剑英
责任编辑	侯苗苗
责任校对	刘　娟
责任印制	王　超

出　　版	中国社会科学出版社
社　　址	北京鼓楼西大街甲 158 号
邮　　编	100720
网　　址	http://www.csspw.cn
发 行 部	010-84083685
门 市 部	010-84029450
经　　销	新华书店及其他书店

印　　刷	北京明恒达印务有限公司
装　　订	廊坊市广阳区广增装订厂
版　　次	2024 年 3 月第 1 版
印　　次	2024 年 3 月第 1 次印刷

开　　本	710×1000　1/16
印　　张	17.5
字　　数	262 千字
定　　价	96.00 元

前　　言

　　我国多年平均水资源总量约为 2.8 万亿立方米，其中地表水 2.7 万亿立方米，地下水 0.83 万亿立方米。我国水资源总量仅次于巴西、俄罗斯、加拿大、美国和印度尼西亚，居世界第六位。但是，由于我国是世界第一人口大国，人均占有量大约为 2240 立方米，约为世界人均水资源量的 1/4，在世界银行统计的国家中只居第 88 位。而且，我国水资源地区分布不均衡，水土资源不相匹配，具有东多西少、南多北少的特点。长江流域及其以南地区面积占全国总面积的 36.5%，其水资源量占全国的 81%；淮河流域及其以北地区的国土面积占全国的 63.5%，其水资源量仅占全国水资源总量的 19%。此外，我国水资源分布还具有夏秋季多、冬春季少、年内年际分配不均、旱涝灾害频繁的特点。大部分地区年内连续四个月降水量占全年的 70% 以上，连续丰水或连续枯水较为常见。

　　南水北调工程作为解决我国水土资源不相匹配的重要战略工程，具有实现水资源合理开发利用和水资源再分配的作用。南水北调工程自 19 世纪 50 年代提出以来，我国科学家经过长期勘察与研究，将南水北调工程设计为三条调水线路，即西线工程、中线工程和东线工程，分别从长江上、中、下游调水，以满足我国西北、华北等地区发展的需要。南水北调中线工程从位于长江最大支流汉江中上游、横跨湖北和河南两省的丹江口水库调水（水源主要来自汉江），在丹江口水库东岸河南省淅川县境内工程渠首开挖干渠，经长江流域与淮河流域的分水岭方城垭口，沿华北平原中西部边缘开挖渠道，通过隧道穿过黄河，沿京广铁路西侧北上，自流到北京市颐和园团城湖。自 2014 年 12 月 12 日南水北调中线一期工程正式通水以来，已经连续向我国华北地区输水超过 600 亿立方米，受益人口超过 8000 万人，预计每年为受水区产生直接经济效益超过 300 亿元，因此，南水北调中线工程作为跨流域调水工程，为我国水资源再分配和促进受水区社会经济发展做出了巨大贡献。然而，在受水区持续享受高质量水资源的同时，水源区政府和居民不仅出让了水资源使用权，而且也因水源区高标准的生态环境保护要求，丧失了大量的发展机会，使得水源区经济发展严重受限，加剧了水源区经济落后的局面。因此，迫切需要建立南水北调中线工程水源区生态补偿机制，完善相关法律法规制度，探索南水北调中线工程水源区生态补偿过程中的多元主体演化博弈过程，明确生态补偿利益均衡的关键环节，有的放矢地构建生态补偿保障体系，持续提升水源区政府与居民对于区域生态环境保护的积极性和主动性，维护南水北调中线工程持续稳定运行，实现"一库清水永续北上"的目标。

本书以南水北调中线工程为研究对象，围绕水源区生态补偿关键问题，从以下几个方面展开相关研究。

（1）南水北调中线工程水源区经济发展现状分析。本书首先分析了我国水资源时空分布特点，指出我国水资源总量虽多，但是人均占有量偏少，且时空分布不均，水土资源匹配不均衡，各部门用水量不同且用水效率有待提高，指出跨流域调水工程可以缓解我国水资源分布矛盾，提高水资源使用效率，促进区域经济快速发展；其次，分析了国内和国外跨流域调水工程建设情况，并详细介绍了南水北调中线工程建设、运行等状况，阐述了水源区的地理位置、气候条件，指出水源区生态环境脆弱性的根本原因所在；最后，从经济发展水平、产业结构、民生福祉等方面详细分析了水源区社会经济发展状况，指出水源区社会经济发展过程中存在的瓶颈要素。

（2）南水北调中线工程水源区生态系统服务价值分析。本书首先对南水北调中线工程水源区生态系统服务价值的内涵进行阐释，并划分了生态系统服务的类型及阐释了各种生态系统服务的特征。其次，采用马尔科夫转移矩阵，分析了南水北调中线工程水源区土地利用类型的变化情况，并以南阳市为例，对南阳市的土地生态安全进行评

价。研究结果显示，由于地方政府加强了对水源区的水土保持和加大
环保力度，南阳市的土地压力指数呈现缓慢上升的趋势，但是由于土
地生态环境一旦遭到破坏，短时间内很难恢复，需要持续很长一段时
间才能将环保效益逐渐显现出来，所以虽然在 2010 年后出现了短暂
上升，但是随后呈持续下跌态势。最后，本书根据 Costanza（1997）、
谢高地等人关于生态系统服务价值的相关研究，结合水源区实际情
况，将水源区生态系统服务功能划分为四个方面，即生态产品供给服
务、生态环境调节服务、生态支持服务及生态文化娱乐服务等四大
类，对南水北调中线工程水源区土地生态系统服务价值进行了测算。
测算结果表明，在水源区土地利用生态系统服务价值中，林地贡献度
较大，占据 90% 以上。从不同土地利用类型来看，耕地和林地的生态
系统服务价值呈现出先增加后减少的变化趋势，草地、建设用地和水
域的生态系统服务价值呈现先缓慢降低而后逐年增加的趋势，未利用
土地呈现逐年减少的趋势。

（3）南水北调中线工程水源区生态补偿资金量测算。本书首先从
南水北调中线工程水源区生态补偿资金管理机制构建的重要性、补偿
资金来源途径、补偿资金分配模式等三个方面构建了南水北调中线工
程水源区生态补偿资金机制；其次，在计算水源区生态系统服务价值
的基础上，综合考虑区域非市场生态系统服务价值和区域经济发展水
平等因素，对水源区不同空间层面的区域生态补偿优先系数进行研
究。结果表明：在水源区所涉及的 46 个县（区）中，ECPS 值超过
0.2 的 I 级区域共 6 个，主要包括陕西省的留坝县（0.43）、佛坪县
（0.49）、太白县（0.38）、宁陕县（0.38）和镇坪县（0.26），以及
湖北省的房县（0.22）；陕西省汉中市的汉台区、湖北省十堰市的张
湾区和茅箭区以及湖北神农架林区等 4 县（区）的生态补偿优先系数
最低，均为 0.01，属于生态补偿 IV 级区域。

（4）南水北调中线工程水源区生态补偿利益主体博弈分析。在南
水北调中线工程水源区生态补偿过程中主要涉及两大利益关系体，即
宏观利益主体和微观利益主体。其中，宏观利益主体主要包括中央政
府和地方政府；微观利益主体主要包括各类企事业单位及水源区居

民。本书首先把南水北调中线工程水源区生态补偿利益主体的博弈层级划分成四个层级，即：中央政府与地方政府、水源区地方政府与当地企业、水源区地方政府与居民、水源区政府和受水区政府等；其次，根据演化博弈分析方法与步骤，分别对以上四个层面的博弈关系进行了分析，求解得出不同博弈关系的博弈稳定点和博弈演化过程。

（5）南水北调中线工程水源区生态补偿机制构建。本书首先梳理了我国流域生态补偿政策发展脉络，指出自 2000 年以来，我国生态补偿政策得到了快速发展，总体可以分为碎片化发展阶段、统一发展阶段、快速推进阶段等三个阶段，每个阶段的贡献和特点各有不同。其次，对流域生态补偿典型模式进行了比较与分析，分别分析了政府补偿模式、市场补偿模式、社会补偿模式和混合补偿模式的特点，指出在不同生态补偿模式中，各种手段发挥作用的方式和强度有所差别。再次，探究了南水北调中线工程水源区生态补偿现状，指出在南水北调中线工程水源区生态补偿过程中，存在四个方面的不足，即：补偿标准低、资金来源渠道单一、补偿对象狭隘、覆盖面窄等。随后，对南水北调中线工程水源区横向生态补偿模式进行了探讨，并详细分析了联合生态工业园横向生态补偿模式建立的可行性与必要性。最后，构建了南水北调中线工程水源区生态补偿机制的保障体系。

总之，经过多年的实践与理论探索，南水北调中线工程水源区生态补偿机制和体系已经逐步趋向完善。本书是在借鉴众多专家学者研究成果的基础上，结合南水北调中线工程水源区的实际情况，重点探究了水源区生态系统服务价值、生态补偿标准及资金分配等问题。在本书撰写过程中，参考了国内外学者们的研究成果，得到了南阳理工学院学术著作出版基金的资助，同时也得到本人所带硕士研究生张敏、王俊、申庆元等三位研究生的大力帮忙，在此致谢。此外，本书名称也由原定的"基于演化博弈的南水北调中线工程水源区生态补偿关键问题研究"简化为"基于演化博弈的中线水源区生态补偿问题研究"，在此感谢出版社编辑老师提供的宝贵参考意见。限于作者水平，本书难免会出现一些问题甚至错误，敬请读者批评指正。

目　录

第一章　绪论

第一节　研究背景与意义

一　研究背景

（一）我国水资源空间分布不均匀

我国地域面积广阔，地形地貌种类繁多，不同区域的降水情况也有所不同，甚至存在根本性区别，导致我国水资源总量在地理空间上的分布也是不均匀的。总体来说，我国水资源分布呈现南多北少、东多西少的特点。此外，我国水资源分布还呈现出水土资源分配极不均衡的特征，长江流域及其以南地区，水资源量占全国总量的80%；黄河、淮河、海河三大流域的河川径流量占全国的比例不足6%，其中海河流域耕地的亩均水量低于以干旱著称的以色列；西北地区面积占全国总面积的1/3，但水资源量仅占全国的4.6%。从行政分布看，2020年水资源总量排名第一的是西藏，为4597.3亿立方米，远超其他省市，四川以3237.3亿立方米排在第二位，湖南、广西、云南分别位于第三、四、五位，此外湖北、江西、广东、黑龙江、贵州、安徽、浙江、青海等省份的水资源总量均在1000亿立方米以上（见图1-1）。

根据《2020年中国水资源公报》中的相关数据可以知道，在2020年我国水资源总量排名前三的省份主要是西藏、四川和湖南，且这三个省份均位于我国西南地区；水资源总量处于全国后三位的省市为宁夏、天津和北京。由于天津、北京为我国的直辖市，土地面积明显少于我国一般省份。因此，如果排除直辖市的话，从省级行政区域层面来看，我国水资源拥有量最少的三个省份分别是宁夏、山西与河北，且这三个省份都集中在我国华北地区（见表1-1）。

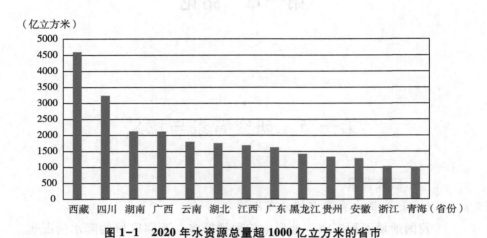

图1-1　2020年水资源总量超1000亿立方米的省市

表1-1　我国各省级行政区域水资源总量排名（2020年）

总量排名	省级行政区	水资源总量（亿立方米）	地表水资源量（亿立方米）	地下水资源量（亿立方米）
—	全国	31605.2	30407.0	8553.5
1	西藏	4597.3	4597.3	1045.7
2	四川	3237.3	3236.2	649.1
3	湖南	2118.9	2111.2	466.1
4	广西	2114.8	2113.7	445.4
5	云南	1799.2	1799.2	619.8
6	湖北	1754.7	1735.0	381.6
7	江西	1685.7	1666.7	386.0
8	广东	1626.0	1616.3	399.1
9	黑龙江	1419.9	1221.5	406.5
10	贵州	1328.6	1328.6	281.0
11	安徽	1280.4	1193.7	228.6
12	浙江	1026.6	1008.8	224.4

续表

总量排名	省级行政区	水资源总量 （亿立方米）	地表水资源量 （亿立方米）	地下水资源量 （亿立方米）
13	青海	1011.9	989.5	437.3
14	新疆	801.0	759.6	503.5
15	重庆	766.9	766.9	128.7
16	福建	760.3	759.0	243.5
17	吉林	586.2	504.8	169.4
18	江苏	543.4	486.6	137.8
19	内蒙古	503.9	354.2	243.9
20	陕西	419.6	385.6	146.7
21	河南	408.6	294.8	185.8
22	甘肃	408.0	396.0	158.2
23	辽宁	397.1	357.7	115.2
24	山东	375.3	259.8	201.8
25	海南	263.6	260.6	74.6
26	河北	146.3	55.7	130.3
27	山西	115.2	72.2	85.9
28	上海	58.6	49.9	11.6
29	北京	25.8	8.2	22.3
30	天津	13.3	8.6	5.8
31	宁夏	11.0	9.0	17.8

（二）水资源总量不多且人均占有量低

通过文献梳理可知，近些年我国水资源保有总量维持在 2.8×10^4 亿立方米的水平，其中地表水资源总量大约为 2.72×10^4 亿立方米，占比约为97%；地下水资源相对贫乏，总量大约为 0.8×10^4 亿立方米，占比约为3%。然而，由于地表水和地下水两种水资源之间存在相互转换、互为补给的情况，导致地下水和地表水的平均水资源总量存在重复计算的部分，经查询相关资料后得出两者的重复计算量约为0.73万亿立方米。因此，在扣除这两者重复计算量后，与河川径流不重复的地下水资源量约为0.1万亿立方米。在2015—2020年间，我

国水资源总量的年际分布也有差异，其中峰值出现在 2016 年，峰值为
32466.4 亿立方米。2018 年，中国水资源总量为 27462.5 亿立方米，
和 2016 年的总量相比，下降了 5003.9 亿立方米。2018 年以后，中国
水资源总量开始缓慢上升至 2020 年的 31605.2 亿立方米，但仍与
2016 年的中国水资源总量存在 861.2 亿立方米的差值。同时，中国人
均水资源量从 2016 年的 2354.92 立方米/人下降至 2020 年的 2261.2
立方米/人，详情见图 1-2 所示。

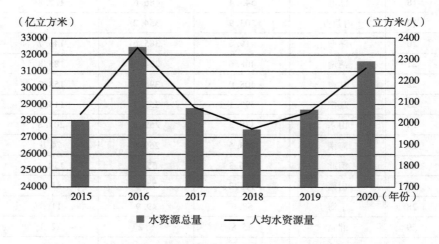

图 1-2　2015—2020 年中国水资源总量及人均量变化曲线

　　根据《2020 年中国水资源公报》所公布的相关数据可以知道，我
国人均水资源拥有量偏低，低于世界平均水平，而且从省级区域的层面
来看，我国人均水资源拥有量的空间差异性较大。西藏的人均水资源量
大幅领先于全国平均水平，主要是由于西藏是青藏高原的主体，境内山
高谷深、河流纵横、湖泊星罗，水资源十分丰富，素有"亚洲水塔"
之称，且西藏的人口稀少。从《2020 年中国水资源公报》可以得知，
2020 年，我国很多省市的人均水资源拥有量低于 500 立方米，这些省
市主要包括天津、北京、上海、宁夏、河北、山东、山西、河南等，
具体如表 1-2 所示。极度缺水的标准是人均水资源量低于 500 立方
米，因此这些省市均处于极度缺水的区间。

表 1-2   我国各省级行政区域人均水资源量排名（2020 年）

人均总量排名	省份（市）	水资源总量（亿立方米）	常住人口（万人）	人均水资源量（立方米/人）
1	西藏	4597.3	350	126473.2
2	四川	3237.3	8375	3871.9
3	湖南	2118.9	6918	3189.9
4	广西	2114.8	4960	4229.2
5	云南	1799.2	4858	3813.5
6	湖北	1754.7	5927	3066.7
7	江西	1685.6	4666	3731.3
8	广东	1626.0	11521	1294.9
9	黑龙江	1419.9	3751	4419.2
10	贵州	1328.6	3623	3448.2
11	安徽	1280.4	6365	2099.5
12	浙江	1026.6	5850	1598.7
13	青海	1011.9	608	17107.4
14	新疆	801.0	2523	3111.3
15	重庆	766.9	3124	2397.7
16	福建	760.3	3973	1832.5
17	吉林	586.2	2691	2418.8
18	江苏	543.4	8070	641.3
19	内蒙古	503.9	2540	2091.7
20	陕西	419.6	3876	1062.4
21	河南	408.6	9640	411.9
22	甘肃	408.0	2647	1628.7
23	辽宁	397.1	4352	930.8
24	山东	375.3	10070	370.3
25	海南	263.6	945	2626.8
26	河北	146.3	7592	196.2
27	山西	115.2	3729	329.8
28	上海	58.6	2428	235.9
29	北京	25.8	2154	117.8
30	天津	13.3	1562	96
31	宁夏	11.0	695	153.0

（三）我国用水总量虽持续下降，但总量依然偏多，人均用水量下降空间较大

随着节约用水的观念不断深入人心，中国用水总量持续下降，从2015年的6103.2亿立方米下降至2020年的5812.9亿立方米，同比减少0.4%。人均用水量也持续下降，2020年人均用水量为418.32立方米/人（见图1-3）。

图1-3 2015—2020年我国用水总量及人均用水量变化曲线

（四）不同部门用水量各异，用水效率也不尽相同

2020年，中国供水总量5812.9亿立方米，占当年水资源总量的18.4%。其中地表水占比82.4%，地下水占比15.4%，其他水源占比2%。供水量分布显示，中国南方地区占比53.9%，北方地区占比46.1%。用水总量构成数据显示，生活用水占比14.9%，农业用水占比62.1%，工业用水占比17.7%，人工生态环境补水占比5.3%（见图1-4）。农业用水和工业用水呈现逐年下降趋势，而生活用水量则呈现出稳步上升的趋势，具体如图1-5所示。

在用水效率方面，我国万元GDP用水量呈现持续下降的趋势。2020年，全国万元GDP用水量已经下降至57.2立方米（当年价），较2015年下降28.0%（可比价），中国万元工业增加值（当年价）用水量为32.9立方米，较2015年下降39.6%（可比价）。中国农田灌溉水有效利用系数持续提升，2020年，该系数为0.565，较2015

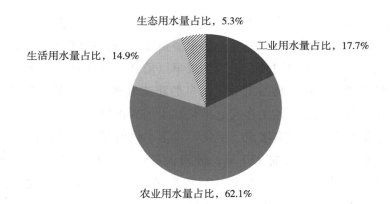

图 1-4 2020 年我国各类型用水量占比情况

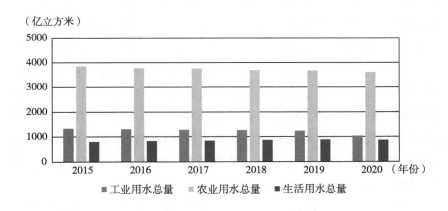

图 1-5 2015—2016 年我国工业、农业及生活用水总量变化情况

年的 0.536 提高 5.4%。总之，在"十三五"期间，中国落实最严格的水资源管理制度，强化水资源刚性约束，取用水监管能力和水资源管理能力不断深化提高，水资源集约安全利用效率不断提升，这对中国经济社会高质量发展起到了重要的助推作用。

（五）建设跨流域调水工程已成为解决我国水资源问题的重要举措

在我国社会经济发展的历史长河中，水资源的不足已经成为羁绊我国社会经济发展进程的重要因素之一，亟待从不同层面，采取不同方法和措施缓解甚至消除水资源短缺给区域社会经济发展带来的不利影响。从现有实践经验来看，建设跨流域调水工程是解决我国水资源人均分配不均和时空分布差异性的重要措施之一，能够有效提高水资源使用效率。据史料记载，我国在很早以前就启动探索开挖沟渠、引水灌溉等相关工程。我国历史上最早的跨流域调水工程是公元前486年修建的邗沟工程，该工程通过将长江水引入淮河，缓解淮河流域水资源不足的问题。具有灌溉、防洪、水运、供水等多重功能的都江堰水利工程始建于公元前256年，成为世界历史上最长的无坝引水工程。贯通我国五大水系的京杭大运河虽然是在1400多年前建成，但是在我国南水北调东线工程调水线路中，京杭大运河依然发挥着重要的作用，依然是南水北调东线工程的重要组成部分。

改革开放以来，我国社会经济得到了全面快速发展，伴随而来的是水资源的供需矛盾也日益增加和突出。为此，我国先后建成了天津引滦入津、安徽引江济淮、吉林引松入长等20余项大型调水工程，以缓解日益突出的水资源供需矛盾。这些调水工程的建设不仅对促进水资源调入地区的工、农业经济的发展起到了巨大的作用，而且对促进我国整体经济向前发展也起到了至关重要的作用。特别地，通过跨流域调水不仅为缺水城市和地区提供了长期稳定的水源，而且推动了水资源调入地区社会经济发展、提升了水资源调入地区居民的生活质量，同时，促进了水资源调入地区生态环境的改善。

（六）亟待构建科学完善的南水北调中线工程水源区生态补偿机制

南水北调中线输水干线工程主要是由河南南阳淅川县的陶岔输水口引水，沿陇海线向我国华北地区包括北京、天津、石家庄、郑州等在内的19个大中型城市及100多个县级城市供水，以缓解这些地区的生活用水、工农业用水的紧缺局面，兼顾生态补水。南水北调中线干线工程全长1432千米（包括天津输水线路156千米），受益人口超过8000万，每年给受水区创造直接经济效益超过300亿元，不仅成为工程沿线地区的"供水生命线"，而且还为工程沿线地区产业结构优化调整和社会经济发展提供了保障。总之，南水北调中线工程不仅解决了工程沿线的19个大中型城市和100多个县级城市的用水难题，也为这些地区的经济发展做出了巨大贡献。然而，南水北调中线工程水源区多数地处秦岭山脉，农村人口占比超过50%，农业经济占比较重，区域经济发展的各项指标均低于全国平均水平。以2020年为例，水源区内的常住人口大约为1436万人，其中农村人口占水源区常住人口总数的一半左右，大约为736万人。在经济收入方面，水源区人均可支配收入低于全国平均水平，其中城镇居民可支配收入为28359元，农村居民可支配收入为9263元。经过国家和地方政府长期不懈的努力，南水北调中线工程水源区虽然已经整体性脱贫，但是部分地区依然存在返贫甚至是规模性返贫的风险。同时，水源区的乡村振兴战略和共同富裕目标的实现压力依然很大，水源区农户的自我发展能力依然比较薄弱，水源区社会经济发展与生态环境保护之间的矛盾依然比较突出。因此，迫切需要对水源区的生态环境保护行为进行多层面多维度的补偿，维护水源区政府和人民的生态保护积极性，调整水源区与受水区之间的利益关系，构建水源区和受水区之间的利益协调渠道，全方位、多层面开展水源区生态补偿实践工作，完善受水区对水源区的多途径帮扶实践，有效解决水源区生态环境保护与经济发展的"两难"问题，为南水北调中线工程水源区脱贫攻坚与乡村振兴战略有效衔接提供动力，为实现南水北调中线工程水源区社会经济的高质量发展提供帮助。

二　研究意义

（一）理论意义

与全球其他国家相比，我国水资源总量并不是很丰富，尤其是人均水资源量更少，且存在严重的空间分布不均衡的问题。为了缓解我国水资源空间分布不均衡的问题，国家投资建设了诸多跨流域调水工程项目。南水北调中线工程作为我国重要的跨流域调水工程项目，从丹江口水库的陶岔口开挖干渠，经由长江流域与淮河流域的分水岭方城垭口，沿华北平原中西部边缘开挖渠道输水，在河南荥阳通过黄河底部隧道横穿黄河，沿京广铁路西侧北上，一路自流到北京市颐和园团城湖，工程全长1432千米（含向天津输水线路）。南水北调中线一期工程于2003年开工建设，2014年12月12日正式通水。截至2021年11月1日，南水北调中线一期工程已经累计为工程沿线的京津冀豫等省（市）的大中型城市输水超过430亿立方米，沿线受益人口达到8000万。南水北调中线工程水源区主要涉及陕西、湖北、河南、四川等4省11市46县（区），面积达9.54万平方千米。南水北调中线工程水源区涉及的行政区域较多，区域内的社会经济发展与生态环境保护之间的矛盾比较突出，保护水源区的水质和水量是确保南水北调中线工程长期稳定运行的重要抓手，也是实现"一库清水永续北送"目标的前提条件。目前，我国理论界学者围绕南水北调中线工程水源区的水质和水量保护问题开展了大量的学术研讨，得出了比较丰硕的研究成果，但是这些成果更多聚焦于工程技术层面，在管理方法与应用层面，关于南水北调中线工程水源区生态环境保护与管理的研究成果依然比较鲜见。经文献梳理可知，学界对于南水北调中线工程水源区生态环境保护与建设的相关利益主体之间网络结构关系的研究成果依然较少，仍处于探索阶段，至今还没有形成一套比较完整的水源区生态保护与建设的理论体系。从统计年鉴提供的相关数据可知，与受水区相比，水源区的经济发展水平较低、城镇化建设步伐缓慢、人均收入仍有待提高，这些因素在一定程度上加大了水源区生态环境保护和建设的难度。因此，本书将基于南水北调中线工程水源区生态补偿现状，利用演化博弈理论，在分析国内外调水工程水源区生态补偿理论研究和实践应用现状的基础上，针对南水北调中线工程水源区生态补偿的关键问题（主要包括生态补偿机制、补偿标准制定、补偿资金分配模式与方法等）进行深入研究与分析，为南水北调中线工程及同类跨流域调水工程的水源水质保护研究和实践工作提供新的研究思路和理论指导。

（二）实践意义

近年来，我国采取了一系列措施保护南水北调中线工程水源区的生态环境，水源区生态环境质量得到显著改善，生态系统服务价值也得到显著提高，然而，在南水北调中线工程水源区生态环境保护的实践过程中，水源区生态环境保护仍存在结构性的政策缺位情况。这导致了受益者无偿占有生态效益、保护者得不到应有的经济激励和补偿的现实问题，即生态效益及相关的经济效益未能在保护者与受益者、破坏者与受害者之间公平分配。这种扭曲的水源区生态保护与经济利益之间的关系，使水源区的生态环境保护面临极大困境。生态补偿是保护水源区生态环境的重要激励措施，也就是说，生态补偿是一种调整生态环境保护者与受益者之间利益关系的制度。同时，博弈论常被用来解决利害冲突与合作问题，将该理论引入生态补偿的问题分析及机制构建的探索中，将会是一种严谨且行之有效的工具。总之，开展南水北调中线工程水源区生态补偿相关问题的研究与实践工作，对水源区和受水区均有举足轻重的意义和作用。首先，南水北调中线工程水源区生态补偿的理论研究和实践应用对水源区而言，一方面，不仅能够提升水源区内相关利益主体保护水源水质的主观能动性，还能够为缓解南水北调中线工程水源区生态补偿实践过程中遇到的资金瓶颈问题提供解决措施，促进水源区社会经济的高质量发展；另一方面，可以激励当地相关利益主体开展生态环境保护工作。其次，此项研究和实践工作对受水区而言，一方面能解决缺水的难题且能享受优质和足量的水资源，另一方面能提高受水区进行生态补偿的意愿。最后，南水北调中线工程水源区和受水区围绕水源水质保护开展研究工作具有重要的理论意义和实践价值，其研究成果不仅有助于促进区域经济和生态环境保护工作的协同高质量发展，而且有助于发挥调水工程的实践效益。

第二节 国外生态补偿的理论研究与实践应用现状分析

一 国外理论研究现状

针对"生态补偿"的概念，外国学者们开展了较为详细的研究，国外学者通常将生态补偿界定为"生态环境服务付费"或"生态效益付费"。根据学者们对生态补偿内涵的界定可以知道，生态补偿的实质是生态系统服务功能的使用者由于使用了生态系统提供的服务功能（包括水土保持、生物多样性维护、碳排放等）而理应给对方提供的补偿，并以此促进生态系统服务功能提供者继续保持生态系统保护与建设的积极性，也就是说，当生态系统服务提供者所得到的补偿大于或等于自身所付出的成本时，生态系统服务提供者将会继续承担保护生态环境的责任。通过实施区域生态补偿，可以为该区域生活贫困者提供部分额外的收入来源，以改善他们的生计，提升水源区贫困居民的幸福指数。在跨流域调水工程水源区生态补偿的理论研究方面，国外相关研究最早出现在 20 世纪 80 年代，经过几十年的快速发展，国外关于水源区生态补偿的理论研究已经取得了较多相关成果，这些研究成果主要包括以下几个方面。

（一）水源区生态补偿概念演化

生态补偿概念伴随着人类经济社会发展、人与自然之间关系的演变而提出、应用和发展。早在 20 世纪 70 年代，国外学者在研究生态系统和生物多样性保护时，提出了"生态系统服务付费"的思想，并成为生态补偿的概念雏形。随后，国外学者们围绕生态补偿的概念及内涵，从不同视角出发，开展了大量的研究，生态补偿的概念和内涵也在不断演化，总体可以分为以下方面。

（1）基于科斯定理界定生态补偿的概念和内涵。在科斯定理中，当事人之间的谈判产生有效结果的充分条件是产权界定清晰、零交易成本或很低的交易成本。基于此观点，国际林业研究中心（CIFOR）的学者 Wunder（2005）认为，生态补偿是以市场调节为基础，交易双方（即生态环境服务的购买者与提供者）达成的一种自愿性交易。Wunder 从五个方面界定了生态补偿的内涵：一是生态环境服务的交易是自愿的；二是生态系统服务明确且可度量；三是生态系统服务购买者的数量至少是一个；四是生态系统服务提供者的数量至少是一个；五是补偿是有条件的。基于 Wunder 的概念，Engel（2008）对补偿主体的范畴进行了延伸，在生态系统服务的提供者中增加了集体组织，在生态系统服务的购买者中增加了政府和国际组织。Kosyo 等（2007）、Ferraro（2008）、Hecken 等（2010）、Vatn（2010）等学者指出了 Wunder 和 Engel 关于生态补偿定义的弊端，比如生态系统服务难以准确度量；由于信息不对称，交易成本较高，自愿交易很难达成等。但是，国外众多学者仍然认为 Wunder 和 Engel 关于生态补偿的定义是主流定义。

（2）基于庇古理论界定生态补偿的概念和内涵。该理论强调通过政府税收或补贴的方式，消除环境保护中社会成本和私人成本之间的差距。最具有代表性人物是 Muradian（2010），认为生态补偿是社会活动者之间的资源转移，补偿目的是激励个体或集体做出的资源使用决策与社会利益一致，在手段上可以通过政府提供补贴来实现。Muradian 的观点强调了"激励"的作用。如果说 Wunder 的观点偏重于环境经济，Muradian 的观点则偏重于生态经济。

（3）在前两类的基础上发展而来，属于折中的生态补偿的概念和内涵。Tacconi（2010）认为生态补偿是"针对生态系统服务的自愿提供者进行有条件支付的付费"。Tacconi 的定义强调生态系统服务提供者自愿参与的重要性，以及信息透明度对成功实施生态补偿计划的作用。

（二）水源区生态补偿模式研究

在水源区生态补偿模式研究方面，国外学者总结出了以下几种典型的水源区生态补偿模式。

（1）直接公共补偿模式。该补偿模式是最普通的生态补偿方式，究其本质是由上级政府向水源区生态系统服务价值的提供者和维护者以某种形式提供一定数量的补偿（包括货币化补偿和非货币化补偿方式）。例如，在 20 世纪 90 年代初期，纽约市的用水量 90% 来自卡兹其（Catskills）流域，因此保证供水清洁对纽约市极为重要。为了保证供水清洁，该市政府采用了多种方式对卡兹其上游区陆续投入 10 亿—15 亿美元，用以保护水源地土地和控制农场污染；在美国田纳西州水源区管理计划中，由美国政府通过购买生态敏感土地的方式，建立起了自然保护区，对自然保护区以外并能提供重要生态系统服务的农业用地实施"土地休耕计划"。为了改善水质、保护水源区生态环境，该计划还提出对区域内的农场主进行直接补贴，以获得良好的环境效应。

（2）限额交易补偿模式。该模式指的是，在一定的限制条件下，水源区政府可以通过交易的方式，将可以消耗的环境容量交易给其他区域。这个限制条件指的是该过程中交易的、可消耗的环境容量必须达到限制条件中所规定的最低限额以上，且最低限额是由水源区政府或者流域管理机构设定。在美国学者戴尔斯提出了限额交易补偿模式之后，澳大利亚、德国等国家也开展了相关研究和实践应用。特别地，环境容量交易中心也随之在许多国家被建设和运作起来。较为典型的国家级环境交易中心包括日本、加拿大、澳大利亚等国家的环境容量交易中心。水源区的限额交易补偿主要采取信用额度进行水源区水量交易，获得市场交割，从而实现对水源区的补偿。

（3）私人自愿补偿模式。该补偿模式也称为一对一交易，或自愿市场。在这种交易模式中，交易的双方以自愿为前提，开展补偿交易，且有一个补偿者和一个受偿者。与此同时，交易的双方直接谈判或者间接开展交易。其中，间接交易是双方通过一个中介来确定该补偿交易的条件与金额。比如，法国维特乐瓶装水公司就采用了私人自愿补偿模式。为了实现蓄水层不受化肥等污染的目的，该公司与农民开展补偿交易以维持特定的土地使用模式。在水源区生态补偿过程中，私人自愿补偿通常称为"自愿补偿"或"自愿市场"，即由受水区的单位或个人出于慈善、风险管理等目的而对水源区某一特定对象进行补偿的行为。

（4）生态产品认证补偿模式。生态产品认证补偿主要通过对区域内生产的一些环境友好型的工农业产品（例如有机农产品、绿色食品等）进行地理标识认证与注册，以便这些认证过的产品能够得到更好的销售价格和销售量，从而实现对生态环境保护者的间接补偿。通过采用生态产品认证补偿模式，可以将生态环境友好型产品在生态保护方面的附加值展现出来，并转化和体现出生态环境保护的效益。在国外，众多消费者开始热衷于购买有生态认证标记的农产品、木材等产品，并且这类产品价格和普通产品相比，前者是后者的 2 倍以上，究其原因，产品价格中涵盖了对可持续生产、环境友好发展方式的生态补偿。消费者在购买这类相较于普通产品价格更高、有生态认证标记的产品时，其购买的不仅是商品本身，而且也间接地为该商品生产区域或者原材料提供区域的生态系统服务价值进行了付费服务。比如，1992 年欧盟建立了生态标签体系，根据该体系内容可知，若产品贴有生态标签则表示产品是经欧盟认证的、不危害生态环境的绿色生态产品。为了对厂商在生产该类产品时所支付的生态环境成本进行生态补偿，欧盟采取了多种措施和方式提高消费者对生态标签的产品和厂商的认知度和认可度。

（5）征收环境税费模式。该种生态补偿通过向水源区的污染型企业征收生态附加税、绿色发展税等方式，让企业为自身的生产污染行为进行付费买单。征收环境税费模式是通过纳税的方式，将企业环境污染的社会成本内化到生产成本中并转嫁到产品市场价格中，从而达到保护水源区生态环境的目的。国外不少国家为保护水源区生态环境采取征税、收费或给予相应税收优惠的办法，主要有二氧化硫税、水污染税、噪声税、固体废物税和垃圾税等。

（6）信托基金与捐赠基金模式。生态补偿基金模式已经被多个国家所采用，现有的环境基金主要用于资助保护生态区和生态保护相关研究的项目。生态补偿基金又分为捐款、偿债及周转性基金等，一般由专业人士构成的基金管理委员会专门对其进行管理，这样可有效保证基金运用的环境效益最大化。

（三）生态系统服务价值研究

1. 生态系统服务的内涵界定

在 Holdren 和 Ehrlich（1974）首次对生态系统服务的内涵进行科学界定之后，国外学者们围绕生态系统服务的内涵进一步开展了多方位和多角度的探究。从而，生态系统服务的内涵与具体内容也随之不断演进，形成了几个具有代表性的生态系统服务内涵。例如：Costanza et al.（1997）认为生态系统服务是指人类为了维持自身生产与生活的需要，直接或间接地向生态系统获取效益。Daily（1997）认为生态系统服务是指自然生态系统为了满足人类生存和发展需求，向人类提供的包括维持生物多样性、提供生态产品、保持水土等在内的人类生存所必需的生态环境条件与过程。千年生态系统评估（简称 MA）在 Costanza（1997）的基础上，基于生态系统服务价值与民生福祉协同演化的视角，提出生态系统服务的主要目标是给人类提供福利，为区域居民的民生福祉改善奠定生态与资源基础。虽然学界围绕生态系统服务的内涵界定开展了多角度的研究，学者们从不同视角对其进行界定，但是学者们对生态系统服务的实质性认识是基本一致的。目前国内外学者广泛接受和采纳了 MEA（2005）的观点，认为生态系统服务是人类直接或间接从生态系统中获得的惠益（MEA，2005）。通过总结和提炼学者们对生态系统服务的内涵界定可以发现，生态系统服务价值的内涵主要包括三点内容：（1）生态系统为人类社会提供的服务及产品应该有利于人类生产与生活；（2）生态系可以吸收和转化人类生产与生活过程中产生的废弃物；（3）生态系统具有直接向人类社会成员提供服务的功能。

自生态系统服务的概念提出以来，国外学者对生态系统服务的内涵和分类也进行了深入广泛的研究。根据每种系统的生态过程和功能，生态系统服务可划分为 17 种类别，如大气调节、扰动调节、气候调节等（Costanza et al.，1997）。De Groot et al.（2002）将生态系统服务分为调节、承载、生产和信息四大类功能。根据生态系统服务的生态功能和经济属性，可划分为供给、调节、文化和支持等四类服务（MEA，2005）。在 MEA（2005）提出生态系统服务的四类划分体系后，该体系得到了众多学者的接纳和认可。但是，随着众多学者的进一步探索，有学者发现该分类体系中的支持服务具有维持其他三类服务的功能，从而该分类体系中的四类服务不具有功能上的独立性和唯一性。学者们为了解决生态系统服务的分类体系中各类别的功能相互交叉的问题，又开展了大量的相关探究。比如，有学者认为生态系统服务包括生态系统结构、过程或功能（Boyd 和 Banzhaf，2007）。Maler 等（2008）和 Fisher 等（2009）发现，如果在生态系统服务价值评估过程中，仅仅依据生态系统提供的最终服务产品来进行测算，则可以避免生态系统服务价值的重复计算问题。基于自然生态功能的属性，生态系统服务可划分为提供物质产品、生态安全保障和景观文化承载等三类功能。从惠益者和受益者的分类角度，美国环境保护署分别提出了最终生态系统产品与服务分类系统（FEGS-CS）和国家生态系统服务分类系统（NESCS）这两套分类体系。具体地，第一个分类体系强调在生态系统服务中的受益者必须是明晰的，并且最终生态系统服务进入人类系统的现实路径必须是清晰的；第二个分类体系认为自然最终产品和人类直接消费有形或无形惠益之间的关系是不可忽视的（Landers 和 Nahlik，2013；Rhodes，2015）。

2. 生态系统服务价值评估方法

在生态系统服务价值定量测算方面，国外学者们提出了很多测算方法。这些生态系统服务价值定量测算方法大体可以归纳为四类：能值评估法、价值量评估法、模型计算法和物质量评估法。

第一，能值评估法。自然资源和能量有不同的类别和形式，可以采用能值分析法，依据能值作为测量时的起算标准（基准），来对其进行统一转化，转化成统一标准的能量（太阳能焦耳值），以此评估生态系统服务。总的来说，该方法先是计算出不同形式物质和能量的能值转换率，接着将其统一转化为相应的太阳能焦耳值。该方法是一种定量分析的方法，常用于分析环境资源价值及生态系统与经济、社会系统的关系。例如：Lu 等（2017）采用能值分析法，分析了中国东南部亚热带森林和人工林的生态系统服务价值，其研究结果发现，这两者提供生态系统服务价值的效率与当前中国经济体系提供的类似服务相比，东南部亚热带森林和人工林的生态系统服务价值的效率要高于后者 2 个数量级。M. John 等（2017）采用能值分析法，评估了北京市生态涵养区的生态系统服务价值，研究结果发现森林和农田提供的生态系统服务价值占总能值比重分别是 79.7% 和 0.6%，这两者的累计值占总能值的比重高达 80.3%，并且这两者提供生态系统服务价值的重要程度还在不断上升，而农田所占的比值则是 19.7%，且农田的重要程度还在下降，因此更要加强维护森林和水域的生态环境。Mustafa 等（2019）也采用了能值分析法开展科学研究，探究了印度和巴基斯坦的作物生产可持续发展能力的变化情况及其发展变化的驱动因素，研究结果发现通过加强农业生产来满足人口增长的需求这一措施与农业生产能力的可持续性有关联，并且该措施对后者有负向影响。在进行生态系统服务价值评估时，能值评估法也有一定的局限性，主要表现为三个方面：第一，评价过程中所需要的数据资料难以获取，计算过程比较复杂，特别是能值转化过程比较复杂，对结果分析人员的专业技能知识要求较高；第二，在评估过程中，有些物质与太阳能关系不明显，难以用太阳能值加以度量；第三，在生态系统服务价值评估过程中，如果采用能值评估方法，则生态系统为人类生活和生产提供服务或产品的稀缺性难以体现出来。

第二，价值量评估法。该方法也是一种定量评估的方法，具体地，该方法是从货币资金量的角度出发，评估生态系统为人类生产和生活提供服务的价值。价值量评估法主要包括当量因子分析法、市场价值法、间接市场法等。在生态系统服务价值评估研究的起始阶段，学者们通常从可量化的视角选取生态系统服务价值测评指标要素，采用当量因子分析方法进行生态系统服务价值测算，并结合研究对象的空间分布特征，分析生态系统服务价值的空间分布情况，以便能够为生态系统管理部门和当地地方政府的生态环境保护、建设与管理提供理论参考。当量因子分析方法是以 Constaza（1997）等人在进行全球千年生态系统服务价值测算时提出的分析方法为基准，针对不同生态系统拥有的生物当量进行修正，并据此估算出生态系统中不同子系统的生态系统服务价值。当量因子分析方法在计算过程中，未关注生态系统服务价值的空间差异性，这可能导致其估算的结果在生态系统服务功能的动态性反映方面是缺失的。总的来说，这种评价方法是一种静态评估方法，更适用于核算系统面宽广（全球或者全国）的生态系统服务价值。在实际计算过程中，当量因子分析方法通常是以生态系统服务的单位面积的价值当量为计算依据，所利用的数据量比较少，计算过程简单易懂，测算结果直观易用，这种方法对于区域范围较大的生态系统服务价值测算比较适合。然而，由于不同生态系统的内部结构、特性均不相同，所以采用当量因子分析方法进行生态系统服务价值测算的时候，难以充分刻画出不同生态系统内部属性的差异性，也难以比较不同区域生态系统服务价值的特殊性，即当量因子分析方法的评价结果针对性不强、动态性不显著，且该方法的空间特性表达与分析也比较困难。此外，也有学者提出采用市场价值法和间接市场法来对生态系统价值进行评估。其中，市场价值法通常适用于可以直接交易的生态系统服务或产品，而其他不能直接通过市场交易的生态系统服务与产品一般通过支付意愿评估的间接市场法进行价值评估。比如，全球生态系统服务总价值平均为 33 万亿美元/年（Costanza et al., 1997），而基于中国 1991—2010 年的中国陆地生态系统服务价值总量数据，该总量年均 0.015 万亿美元（Li et al., 2016）。价值评估法以货币的形式反映生态系统总价值，便于公众理解，同时也可以引起相关政府部门的重视，有利于生态补偿政策的制定与实施。综上可知，价值评估法主要关注生态系统为人类生存、生产所提供的直接经济效益或价值，而对于生态系统为人类生存和生产所提供的其他难以市场化或者量化的服务价值没有给予关注。因此，采用价值评估法得到的生态系统服务价值通常低于生态系统服务的真实价值。

第三，模型计算法。该方法主要利用 GIS 技术和遥感数据对生态系统进行综合评估。在生态系统服务价值测算过程中，GIS 方法与技术主要用于刻画生态系统服务价值的空间特性、土地生态系统价值测算及其系统内部的人口资源分布情况及这些因素对生态系统服务价值的影响效应。由于 GIS 技术能够为生态系统服务价值测算提供不同尺度和标准的制图数据且能收集一些难以通过调研获取的数据，因此，GIS 技术和遥感数据分析技术在生态系统服务价值测算中得到了全面而广泛的应用，由此也产生了各种测算模型，例如 InVEST、ARIES、MIMES 等模型，使得 GIS 技术在不同种类的生态系统服务价值评估及空间功能定位研究过程中得到了广泛应用，发挥的作用也越来越重要。其中，InVEST 模型兼具动态化、空间化、层次性和模块化等多重优势和特点，能够比较深入地描述生态系统服务功能与价值的变化过程。InVEST 模型计算方法符合生态系统服务价值测算未来的发展方向，学者们对 InVEST 模型计算方法关注度也较高，取得了较多的研究成果和实践应用经验。总体来看，学者们应用 InVEST 模型对生态系统服务价值的研究成果大多数集中于生态工程、水土保护、碳储量与排放、生物多样性、水源涵养、水肥固碳等方面。为了动态描述不同空间范围内的生态系统服务价值变化趋势和过程，也有部分学者利用遥感影像分析方法对生态系统服务价值开展定量测算，避免了以往模型方法"以点带面"的缺点，实现了生态系统服务价值评价的空间动态化。在这些评价方法中，遥感影像分析能够实现生态系统服务价值的空间差异性分析，准确描述不同空间范畴内同一生态系统服务价值的差别；模型计算方法可以挖掘生态系统服务价值空间变化的原因和影响因素等，直观反映了不同区域生态系统服务价值的具体变化情况，以加强人们对于不同生态系统服务价值变化的理解。然而，在生态系统服务价值演化规律及动态演进过程等方面，模型计算方法的弊端还是比较明显的，尤其是对于生态系统服务价值动态变化的深层机理剖析有待加强。

第四，物质量评估法。该方法是一种定量评价的方法，其评价指标是生态系统服务价值的实际值。例如：Lauf 等（2014）通过采用物质量评估模式，从能源供应、食品供应、净碳储存、热排放、气候调节、休闲娱乐等六个方面对柏林市区的生态系统服务价值进行评估；Wondie 等（2018）采用物质量评估方法，评估了坦纳湖区周边九个典型湿地生态系统服务价值，发现该区域的供给服务及文化服务价值与调节服务、支持服务价值相比，前两者超过后两者。物质量评估法作为一种定量评价法，虽然能够比较客观地反映生态系统各种服务功能的价值，能够为生态系统空间格局规划提供依据，但是，该方法也有其不足，具体表现在评估过程的复杂性及专业性偏高，而且不同服务功能提供的服务产品存在不统一性，所以矢量单位难以统一，导致服务价值的汇总和比较难度偏大。

（四）生态补偿标准研究

只有科学确定生态补偿标准，生态补偿资金才得以完成支付，这直接影响到生态补偿制度的实施效果，也是生态文明制度建设的关键环节。国外学者经过 50 多年的研究与实践，对生态补偿标准制定依据和核算方法进行了多维度探索，得出了较多成果，在此本书从以下几个方面对现有成果进行梳理。

1. 生态补偿根源研究

生态环境保护与建设的外部性是生态补偿问题的根源。不同经济学家对生态保护的外部性进行了不同的定义，但是综观现有定义可以发现，学者们对于生态保护外部性的定义无外乎两类。一类是从生态环境保护外部性产生的主体角度进行定义，认为生态环境保护外部性是指生态系统产品与服务的享受者对其生产者强征了不可补偿的成本或者给予了无需补偿收益的情形，这类定义的代表学者主要有萨缪尔森和诺德豪斯。另一类则是从生态环境保护外部性的接受主体角度给出的，例如，美国学者阿兰·兰德尔认为生态保护的外部性是由于生态保护的效益或成本不在保护主体决策考虑范围内而导致生态保护的低效率性，即生态保护效益被没有参与此行为的其他外部主体所享受。生态环境保护的外部性是区域生态补偿的主要根源，也是生态补偿政策制定的重要理论依据。生态环境保护与建设的外部性主要体现在两个方面：一是生态环境保护与建设的外部成本；二是生态环境保护与建设的外部效益。

由于生态环境保护与建设的外部成本与外部效益没有在保护与建设主体行为活动中得到很好的体现，从而造成了破坏环境的行为没有得到很好的惩罚，环境保护与建设的外部效应被人无偿享受，使得生态环境保护与建设系统未能达到帕累托最优，这便是生态补偿的理论根源，可以说生态补偿的本质就是将生态环境保护与建设的外部性内部化。

2. 生态补偿标准的计算依据研究

生态系统服务指的是生态系统为人类生产与生活提供的所有服务。该服务的价值测算主要有物质量测算和价值量测算两种手段或途径。1997年，Costanza等人开始探究全球生态系统服务价值的测算。从此以后，国外学者开始以生态系统服务价值为依据来估算生态补偿标准。此外，也有大量学者尝试以某一国家或地区作为典型代表进行某类型的生态系统服务价值的测算。例如：Robles（1999）对美国切萨皮克湾海岸林的生态系统服务价值进行估算，得出切萨皮克湾海岸林的生态系统服务价值大约在60000美元/公顷。2001年，由联合国组织发起了为期4年的千年生态系统评估（MA）活动，参与该活动的评估者利用多学科理论与知识，从多种维度和尺度出发，综合评估全球范围内的生态系统服务及其对人类生产与生活的影响，这次评估活动有利于推动生态系统服务价值理论的实践应用。随后，部分学者开始利用 RS、GIS、GPS 等地理信息技术，采用量化的方式，评估某个特定区域的生态系统服务价值。例如：Konarska（2002）采用了定量研究方法，评估了美国的生态系统服务价值，结果表明不同分辨率对评估结果影响较大。Sawut 等（2013）以乌根—库车河三角洲绿洲为例，探究了土地利用变化对沙漠绿洲生态系统服务价值的影响。但是，众多资源环境领域和生态学领域的学者认为，生态系统服务价值的准确测算仍是一项富有挑战性的研究工作。

与其他商品相比，生态系统提供给人类生活与生产所需的服务很难通过市场交易价格体现出来，生态系统服务价值均需要采用特定方法或者手段进行评估与测算，这些方法主要有机会成本法、替代成本法、影子价格法、资产价值法等。而且，在评估过程中，不同学者采用的生态系统服务价值评估体系也不尽相同，至今未形成比较统一的观点和评价框架，这样可能导致同一个生态系统由于评估方法和体系不同而评估结果差异性较大，也就是说，生态系统为人类提供服务的真实价值很难得到准确科学的评估。一般来说，以生态系统服务价值作为生态补偿标准仅可以作为理论参考依据或者是生态补偿标准制定的上限。

3. 生态补偿标准的测算方法研究

一般地，在生态补偿标准测算方面，以生态系统服务价值为依据而测算的结果通常仅用于理论研究，不能将计算结果应用于生态补偿标准的现实应用。学者们在现实的生态补偿标准计算过程中，更多采用机会成本、影子价格、水资源市场价格、条件价值法、恢复费用法、讨价还价法、生态足迹法、博弈法和 SWAT 模型以及主导性生态功能价值等方法。不仅如此，还有学者开创性地提出了生态补偿标准有狭义和广义之分，并界定了两者的基本内涵，构建了与其相适应的物质量评价模式和价值量评价模型。在生态补偿现实标准测算过程中，应用最广泛的方法属于机会成本法，该方法认为，保护生态环境的总成本等于为保护生态环境所发生的直接成本和机会成本之和，机会成本是指为了保护生态环境而丧失的发展机会。Macmillan 等（1998）最早使用机会成本法，对苏格兰新造林的生态补偿标准进行了研究，认为生态补偿标准与机会成本密切相关。Castro E. 等（2001）提出，应该把机会成本作为生态补偿标准的理论下限值，目前大部分国外学者都支持这一观点。Jia（2016）通过计算保护耕地的机会成本，确定耕地生态补偿标准。关于机会成本的研究，国外学者更侧重信息不对称、异质性等方面。在信息不对称方面，Ferraro 等（2008）提出，相较于生态系统服务的购买者，生态系统服务的提供者具有信息优势，容易引发道德风险。在异质性方面，Takasaki 等（2001）、Newton 等（2012）认为，生态系统服务提供者所处环境的不同、谋生手段的不同、家庭规模的不同等因素都会导致异质性。

4. 生态补偿标准的支付意愿研究

学者们针对生态补偿支付意愿的研究主要是在生态环境服务的购买者（即补偿者）和提供者（即受偿者）交易意愿明确的前提下，通过设计调查问卷等方式，搜集有关资料，借助统计学、计量经济学方法，对搜集到的资料进行计算，最终确定补偿标准。为了确保生态补偿顺利实施，应以支付意愿作为补偿标准，并保证补偿者和受偿者接受并认可补偿标准。一方面，如果补偿标准过高，超过了补偿者的支付能力，补偿者将失去参与生态补偿的积极性；另一方面，如果补偿标准过低，受偿者的意愿得不到满足，受偿者将失去参与生态补偿的动力。在实际应用中，经常使用条件价值法（CVM，Contingent Valuation Method），主要包括补偿者的支付意愿（WTP，Willingness to Pay）和受偿者的受偿意愿（WTA，Willingness to Accept）两个方面。但是，这种方法容易受到补偿者和受偿者的认知情况、主观态度的影响，降低生态补偿标准的可行性，加大生态补偿实施的难度。目前，越来越多的学者使用博弈论模型确定支付意愿。Bienabe 等（2006）在对当地居民和游客进行意愿调查的基础上，通过多项式逻辑回归模型，估算哥斯达黎加流域生态补偿标准。Moran 等（2007）通过设计问卷的方式，基于层次分析法和 CE 法，计算了苏格兰地区居民生态补偿的支付意愿。Van 等（2012）采用定性分析和定量分析相结合的方法，对尼加拉瓜马蒂瓜斯地区流域的生态补偿标准进行了测算。Mou（2014）以哈尼族梯田稻鱼系统为例，通过实地调研和投入产出分析法，计算了传统生态农业的生态补偿标准。

5. 生态补偿基线问题

在判断生态补偿是否真的产生差异方面，可以采用建立生态补偿基线的方法来进行判断。具体而言，首先建立生态补偿基线，接着对生态补偿干预前和干预后的情况进行比较分析，最后将评估生态补偿项目与基线相比后，判断该项目是否有足够大的额外效应。Seven Wunder 提出了 3 种不同的生态补偿基线：第一，静态基线。在运行静态基线时，是以假定森林碳汇存量保持恒定为前提，将森林碳汇存量的变动归因于特定的干预。例如，《京都议定书》清洁发展机制（CDM）采用的就是静态基线。第二，动态下降基线。例如，在许多热带雨林国家，将森林砍伐作为国家森林建设项目的一部分内容，并且生态补偿标准和资金额度也随森林砍伐情况而不断变化，甚至呈现下降的趋势。那么，如果这些亚热带国家停止砍伐森林或者降低森林砍伐率，都将会产生外部性，此时，应该动态、及时地下降基线。第三，动态上升基线。例如，有些国家与地方推行土地集约利用、森林建设工程效果评估等措施，认为森林工程的发展可能不需要人工干预也能够得到较快速度的恢复，换句话说，这些地区是处于"森林转变"过程前期阶段的，此时，应该动态、及时地上升基线。

选择合适的生态补偿基线对生态补偿效率的评价有着举足轻重的作用。Seven Wunder 提出若哥斯达黎加基于静态基线构建的生态补偿制度，将会导致"虚高"的生态补偿效率。因为森林覆盖率不会因为生态补偿项目的实施与否而停止增加。从而，动态、上升型基线成为了更合适的选择。因为在该基线运用过程中，能厘清是否因为实施了生态补偿制度而增加了森林覆盖率这一数据信息。从而，选择合适的基线至关重要，不合适的基线将产生生态补偿效率降低、资金浪费等问题。也有学者提出应采用动态性的基线来进行效率评估，比如采用卫星遥感数据来进行基线评估与监测。

（五）生态补偿绩效研究

生态补偿项目实施效果的考核评估既是生态补偿的重要内容，也是生态补偿机制的重要内容。目前，国外学者对于生态补偿绩效的研究主要从以下几个方面展开。

1. 生态补偿绩效内涵界定

目前，学术界对于生态补偿绩效还没有统一认识，不同学者结合自身研究视角，对生态补偿绩效进行了界定。总体来看，目前国外学者关于生态补偿绩效内涵的界定大体可以分为以下三类：第一，将生态补偿绩效与生态补偿项目实施目标任务的完成情况等同起来，例如：Bernardin 等人认为生态补偿绩效实质是生态补偿主体在规定的工作时间范围内的行为产生的结果。第二，认为生态补偿绩效实质是一种活动行为，因此生态补偿绩效的高低取决于其补偿行为的投入产出效率比值。例如，Campbell 认为生态补偿绩效实质是该行为的生产效率。第三，综合以上两种观点，认为生态补偿绩效不仅取决于补偿任务完成程度，还应该与补偿过程密切结合。例如，Brumbrach 认为生态补偿行为不仅仅是结果的工具，其本身也是结果，是为完成生态补偿工作任务而付出的脑力与体力劳动的结果。从国外学者对于生态补偿绩效内涵的界定来看，生态补偿绩效研究主要侧重于探讨生态补偿政策或者项目实践应用所产生的生态、经济、社会等方面的效应，在实际评估过程中，一是生态绩效主要体现在植被覆盖率、水源涵养、侵蚀控制等多个方面；二是经济绩效主要体现在对农户收入结构、生活水平、地区产业结构等的改善方面；三是社会绩效主要体现在公平分配生态补偿资金、改善基础设施等方面。总之，生态补偿绩效研究是一项系统的、综合的工程。

2. 生态补偿绩效分析框架及影响因素研究

生态补偿绩效主要取决于社会赢利情况（即新增生态系统服务的供给情况）和参与者的私人赢利情况。Pagiola（2005）提供了一个生态补偿效率分析框架。根据 Pagiola（2005）构建的生态补偿绩效分析框架可知，虽然生态补偿的目的不是使私人获利，但是如果社会期望的土地利用方式令私人也有利可图，那就会促使私人采取社会期望的土地利用方式（如图 1-6 中的案例 A），从而增加生态系统服务供给量、提高社会福利，因此，这种情形下的生态补偿项目具有社会效应。

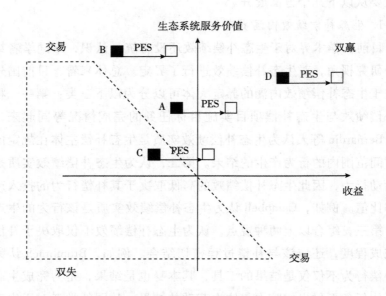

图 1-6　生态补偿效率分析框架示意

图中：

A 表示生态补偿资金足以满足土地利用方式转变的社会期望补偿；

B 表示生态补偿资金不足以满足土地利用方式转变的社会期望补偿；

C 表示社会福利低于社会成本的土地利用方式付费；

D 表示到处都采取的土地利用方式付费；

PES 表示生态系统服务付费。

在生态补偿绩效的影响因素方面，多数学者认为生态补偿的绩效不仅取决于通过生态补偿项目，生态系统服务价值能否取得预期的效果，而且还与生态补偿项目所耗费的成本密切相关。经过研究可知，生态补偿项目的预期效益主要取决于生态系统服务提供者的参与意愿、合同意识、区域土地利用变化情况以及生态系统服务价值享受者的期望、成本承担意愿等因素。为了更好地降低生态系统服务价值的供给成本，需要在生态补偿项目设计和实施过程中，寻求低成本的生态系统服务价值提供者。一般来说，影响生态系统服务价值提供者成本的因素主要包括参与者的机会成本、生态系统环境保护成本及补偿项目实施交易成本等。如果参与者是一个理性的决策者，只要参与是自愿的，生态系统服务提供者不可能接受低于他们的机会成本、实施成本、交易成本总和的支付。

3. 生态补偿绩效评价内容

20 世纪末开始，一系列重要的与生态环境保护相关的文件相继出台，如《里约环境与发展宣言》《京都协议书》《生物多样性公约》等，全球众多国家开展了许多生态环境补偿项目。影响生态补偿项目可持续性的关键在于生态补偿项目能否取得理想效果，国内外研究学者围绕生态补偿绩效这一主题开展了大量研究。总的来说，学者们早期的研究主要侧重于生态补偿在环境改善方面的效果。在进入 21 世纪以后，国外学者逐步开始探讨生态补偿如何影响利益相关者的行为选择和利益诉求等，同时，学者们的研究开始侧重于生态补偿在缓解贫困方面的成效、造福农户生计的效果及农户对补偿的认可度等问题。最近，国外的学者开始关注生态补偿中政府行为的成效，主要包括政府干预的公平及有效性，制度设计与环境绩效之间的互动关系等。国外学者针对森林、土地、水、物种等资源的生态补偿绩效开展的研究较多。首先，在对森林生态补偿绩效研究方面，国外学者探究了生态补偿对土地所有者的行为和意愿的影响、对降低森林砍伐率的重要价值等。不仅如此，国外学者还分析了生计差异对生态补偿效果的影响等内容。其次，国外学者在对土地生态补偿绩效开展研究时，部分学者研究了生态补偿对生物多样性的影响，也有部分学者研究了生态补偿如何影响湿地功能维护和改善。再次，国外学界在围绕水生态补偿绩效开展研究的过程中，许多学者评价分析了水基金的外部性效益，也有许多学者研究了生态补偿对水质改善的正向影响，还有众多学者研究了生态补偿对人类和生态系统可持续发展的影响。最后，在物种生态补偿绩效研究中，许多国外的学者开展了生态补偿对濒危物种保护的影响研究，也有众多国外学者从土地所有者的角度出发，探究这类所有者所支付的栖息地保护基金在实际运转过程中的运作效果。

4. 生态补偿绩效评价方法

因为生态补偿研究属于交叉学科研究范畴，所以国外学者在对生态补偿绩效进行评估时，学者们常综合应用多学科领域的研究方法，主要包括生态学、信息科学、决策科学、地理学以及统计学等学科的研究方法。20世纪末，国外学者常用实地调研、遥感图像对比等定性研究方法，探讨生态补偿绩效相关问题。21世纪以来，学者们开始综合多学科领域的方法，并将其应用到定量评价生态补偿绩效的研究中，如系统动力模型法、模糊多准则分析法等。总之，国外学者在评价生态补偿绩效时选用的方法仍有一定的差异。国外研究更多采用计量模型，并且国外学者在数据搜集、方法应用、效果评估等方面，有许多值得我国学者学习和借鉴的方法。比如，在数据收集的过程中，国外学者主要收集生计调查数据、区域统计经验数据、农场会计数据及半结构访谈数据等。在测算方法的应用方面，国外学者们较倾向于"基于利益相关者建模"的思想，常用系统动力学模型等仿真预测模型开展研究，并且不仅关注宏观层面和中观层面的主体，也关注微观层面的个体的多元化决策行为。比如，国外学者们通过研究，意识到农户接受意愿的重要性，该要素是评价市场与政策影响机制的关键转换途径之一，并且对梳理人与自然之间复杂的生成与演化机制具有正向推动力。国外学者在生态补偿效果评估方面，经常从微观层面对个体行为进行研究，结合宏观层面的自然系统和社会经济系统的动态变化分析结果，探究政策变量对生态环境变量的潜在影响。

国外学者主要围绕生态补偿绩效评估这一主题，开展了相关的理论研究及案例分析。第一，在理论研究方面，国外研究者主要的研究内容包括生态补偿政策的公平性，生态补偿对利益相关者行为意愿的影响，以及该补偿在植被、土地、社会等方面所产生的综合效应等。第二，在案例分析方面，国外学界的研究主要涉及国际、国家、区域等多级空间尺度的生态补偿绩效评估。（1）国际层面。Adhikari 等选择了亚洲和拉丁美洲的 11 个国家中具有代表性的 26 个案例，开展了相关分析，厘清了影响生态补偿绩效的主要因素，且从多角度评估了生态补偿政策绩效，分别是公平性、参与度、民生与环境可持续发展的角度；Grima 等的研究则是先构建了环境和质量标准体系，接着评估了 40 个案例的生态补偿项目绩效，这些案例发生在拉丁美洲的不同国家。（2）国家层面。Alixgarcia 等探究了墨西哥国家水文付费项目对森林以及土地所带来的影响。（3）区域层面。Vidal 等评估了墨西哥帝王蝶生物圈保护区在十年（2011—2021 年）期间的森林生态保护绩效。

二　国外实践应用现状

在生态补偿的实践应用方面，国外起步较早。目前生态系统服务框架已经在许多国家建立起来，比较典型的是美国、哥斯达黎加、厄瓜多尔、哥伦比亚、墨西哥等国。在跨流域调水工程水源区生态补偿应用实践方面，国外积累了不少的经验，主要包括：（1）政府与市场的双轮驱动。政府在生态补偿的实践应用过程中发挥了引导作用，可以采取多元化的方式和措施来解决市场难以自发处理的资源环境问题。具体地，这些多元化的方式和措施主要包括制定法律规范和制度、宏观调控、政策和资金支持等。而市场是生态补偿机制有效运转的关键，通过市场手段可以调动社会力量。比如，在 1990 年，美国纽约市投资购买了上游卡茨基尔河和特拉华河流域的生态服务，该市提供了四千万美元的生态补偿给该流域内采取最好管理措施的奶牛场和林场经营者，以让这些经营者采用生态环境友好的生产方式来改善水质；日本设立了水源林基金，由河川下游的受益部门采取联合集资方式获取相关生态补偿资金，然后将该资金用于建设上游的水源涵养林建设。还有一些国家生态环境建设和流域管理的资金积累的主要方式之一是向污染者和受益者收费。（2）开展区域之间的合作。在区域合作方面，比较常见的是建立受水区与水源区有效的协调与合作机制。例如，贯穿欧洲多国的莱茵河，由于过度开发，一度成为"欧洲的下水道"，污染状况引起国际社会的高度重视。后来，通过成立一系列保护莱茵河的国际组织，如保护莱茵河国际委员会、莱茵河水文委员会等，建立受水区与水源区有效的协调与合作机制，实施流域综合管理，注重生态修复，从而维护了莱茵河的生态系统健康。（3）建立健全水源区生态补偿的相关法律法规，确保水源区生态补偿有法可依。（4）充分发挥公众参与的力量，形成有效的水源区生态补偿问题协商机制。

三　国外生态补偿研究述评

国外学者围绕生态补偿开展了众多探讨，不仅有理论研究，也有实践应用，学者们也探究出了众多具有重要价值的成果。不仅如此，社会公众也开始重视生态补偿。总的来说，国外学者关于生态补偿的研究成果具有以下特点。

（一）强调对生态系统服务提供者进行生态补偿的平等性

国外学界在围绕生态补偿领域开展研究时，将生态系统服务提供者视为同等地位来进行谈判与协商，这和国外的土地私有制是分不开的。其中，政府、企业及个人是生态系统服务重要的提供者。在确定生态补偿价格方面，被补偿人的意愿常被作为主要的确定补偿价格的参考指标。与此同时，社会公众已经逐步认识到生态环境保护的重要意义，因为人类更倾向于共同解决生态补偿问题。梳理以往的国外研究成果发现，在开展生态补偿的过程中，对贫困家庭的补偿重视度与生态补偿的机会成本呈负相关关系，而前者与全社会的福祉呈正相关关系。同时，贫困家庭补偿重视度的加强是助推社会与经济可持续发展的动力源之一。

（二）评估方法的多样性

针对生态系统服务价值的评估，国外学者分别从经济、社会、环境等层面提出了多种方法与模型，对生态系统服务价值进行综合评价，并且，以此为依据进行补偿资金数量核算工作。最开始是静态分析生态补偿相关因素，随后，学者们开始动态分析生态补偿相关因素，并逐步重视生态系统服务中不同利益相关者的利益，综合研判多种动态因素得出评估成果。这不仅提高了评估的科学性，也提高了评估的公平性。

（三）补偿标准的非标准化

目前，国外学者在进行生态补偿评估和生态补偿绩效研究时，更侧重于针对不同的项目来展开研究。学者们认为，在生态补偿标准的制定过程中，需要结合研究区域、人群及生态类型等实际情况，对生态补偿标准进行综合研判，简言之，生态补偿具有非标准化特征。所以，国外学者不采用省份"一刀切"的方式或者国家"一刀切"的方式来进行评估和补偿管理工作。

（四）强调对"人"的补偿

国外学者常将"人"作为生态补偿的对象，并且其研究的生态补偿大多是将生态环境系统资源转移到经济系统之中。但值得注意的是，若仅把"人"作为生态补偿的对象，则不会弥补生态环境系统中物质与能量的亏空和损失。开展生态补偿的最终目的是补偿生态环境系统的物质和能量的亏损与损失，而不应仅仅是对"人"付费。不仅如此，生态补偿活动必须是由产权人代理出资人完成生态补偿活动，且保证恢复环境容量，而并非补偿到产权人就等同于生态补偿活动的结束。

（五）开始采用交叉学科理论与方法研究生态补偿

通过梳理国外的研究成果发现，大多数国外研究是对政府的生态补偿计划进行探究。并且，各国之间的生态补偿计划在持续时间上是有差异的，比如欧美的项目时间较拉美地区而言往往是更长的。不仅如此，国外主要针对农场主个人或者私人企业进行费用补偿。但是，国外鲜有对农户租用国有或集体土地、森林等的生态补偿付费机制的探讨。因此，我国学者可以在这些方面开展探讨，以期提高这些项目的生态补偿成效。

第三节 国内生态补偿的理论研究与实践应用现状分析

一 国内理论研究现状

20 世纪 90 年代，国内学者开始对区域生态补偿进行研究。近几年，随着法治建设进程的不断加快，社会各界建立生态补偿新机制的呼声越来越高。学界对该领域的研究也开始发生新的变化，除继续对生态补偿相关概念内涵、理论基础以及存在问题进行深入探讨外，目前更多学者围绕生态补偿机制的完善、生态补偿绩效的科学评价等方面进行研究。

（一）生态补偿概念演化

自 20 世纪 80 年代生态补偿理论被引入我国以来，国内学者从不同学科角度出发，结合研究对象的特色，对生态补偿进行了大量的理论探索，同时也对生态补偿的内涵及概念进行了界定与描述，取得了比较丰硕的成果。张诚谦（1987）最早提出生态补偿的概念，认为生态补偿是为了维持生态系统的平衡和稳定，把一部分资源消费所得到的经济收益，通过能量或者物质的方式返还于生态系统。毛显强等（2002）基于外部性理论，认为为了达到保护资源环境的目的，生态补偿将资源环境破坏者的赔偿和资源环境保护者的补偿结合起来：一方面，对破坏资源环境的行为进行收费从而减少此行为的外部不经济性；另一方面，通过对保护资源环境的行为进行补偿从而增加此行为的外部经济性。吕忠梅（2003）在狭义生态补偿内涵的基础上进行了延伸，提出了广义的生态补偿内涵，从而将生态补偿的内容扩展至更广的范围。王金南等（2006）认为，生态补偿是一系列制度安排，通过市场调节和宏观调控手段（比如财政和税费），协调生态系统的利益相关者（包括破坏者、受益者和保护者）之间的关系。李文华等（2007）也认为，生态补偿是系列化的制度安排，主要通过经济手段调节生态系统服务利益相关者的关系，并且其补偿的类别有两类。在这两类补偿中，一是生态系统服务的受益者补偿相关提供者，二是生态系统的破坏者补偿相关受害者。

2010 年，学者们又将生态补偿的定义扩展为"以保护生态环境，促进人与自然和谐发展为目的，根据生态系统服务价值、生态保护成本、发展机会成本，运用政府和市场手段，调节生态保护利益相关者之间利益关系的公共制度"。国家发展改革委国土开发与地区经济研究所课题组、贾若祥等（2015）研究了横向生态补偿的概念，认为横向生态补偿通过市场调节（主要手段）和公共政策（包括政府转移支付和征税），调节不具有行政隶属关系的生态系统保护区和生态系统受益区之间的利益关系。生态补偿是系统性的制度，该类制度是通过综合研判生态环境保护中利益相关者的关系，依托于政府的行政措施或者市场的运行机制，采取经济手段（金钱、物质等）推动生态保护利益相关者的意愿与行为，从而实现社会与经济可持续发展（张贵等，2016）。也有学者从法学的角度界定了生态补偿的内涵，认为生态补偿指的是基于生态保护及发展机会的成本、生态系统服务价值的综合分析，依托行政措施或者市场的运行机制等路径，通过物质与非物质的方式进行补偿（汪劲，2014）。

综上所述，学者们对于生态补偿内涵的界定可以从两个角度来理解：第一，从生态学角度出发，认为生态补偿是由于人类生产生活行为对自然生态系统的结构、功能产生影响甚至破坏，而需要对其利益相关者进行相应的补偿，例如因矿产资源开发造成的生态环境系统功能破坏从而对自然资源数量与质量、自然生态系统景观生态功能等造成损坏或者影响，导致生态价值减少或丧失。第二，从生态经济学角度出发，采用市场价值法、机会成分法、效益比率法等方法，评测生态系统服务价值，并且对生态环境系统的生态环境效应、效益进行准确衡量。不仅如此，还针对生态系统服务价值的提供者与受益者的实际情况进行综合研判，最终，基于这些综合的信息来确定生态补偿标准和补偿额度。然后，生态系统服务价值的受益者为提供者给予一定的补偿，以激励生态系统提供者的生态系统保护和建设的积极性与主动性。就跨流域调水工程水源区而言，水源区多数地区属于生态脆弱区、贫困人口相对集中的欠发达地区，而受水区的经济相对比较发达，产业竞争力较强，人民生活水平相对较高。党的十九大明确指出，我国社会主要矛盾已经转化为人民日益增长的美好生活需要和不平衡不充分的发展之间的矛盾。因此，在新时代背景下，针对生态补偿的基本内涵研究更应重点攻克发展的不平衡不充分的困境，换言之，生态补偿在一定意义上属于我国精准扶贫、稳定致富、社会和谐发展的政策。我国不仅需大力实施生态修复相关工程，还应将提供生态服务的欠发达地区或贫困群体的生态补偿问题纳入生态保护的重要工作中。并且，在开展该类群体的补偿时，应推动向生态服务的受益者（下游发达群体、富裕群体）收集资金或其他非物质资料来对生态服务的提供者（欠发达地区、贫困群体）进行生态补偿的工作。

（二）水源区生态补偿模式研究

在我国生态补偿理论研究与实践应用中，政府补偿和市场补偿这两类补偿模式构成了我国主要的生态补偿模式。

1. 政府补偿模式

政府补偿模式在我国生态补偿理论研究与实践应用中是采用率极高的模式之一。该模式指的是国家行使其强制且稳定的权利，通过中央或地方政府采用多元化的手段来合理地补偿生态系统服务提供者，多元化的补偿手段包括了财政转移、政策扶持、基础项目投资、税费优惠等。该模式具有补偿合理性、稳定性及交易成本较低的优势。具体而言，该模式能够合理地、稳定地补偿生态系统服务提供者，与此同时，该模式中所涉及的利益相关者的协调工作更容易开展，从而该模式有较低的交易成本。但是，因为该补偿模式在实施过程中，面临信息不对称和复杂的生态补偿核算等问题，从而导致该模式的实际支付补偿成本较高。不仅如此，在该补偿模式实施过程中，可能会存在腐败或者寻租的情况，也可能会面临低效率的行政机制的干扰，从而导致该模式在实施过程中面临补偿资源不合理、制度运行成本较高等方面的风险。本书在综合分析政府补偿模式的特点后，发现规模偏大、补偿主体不集中、产权界定不清晰的生态补偿项目适合采用该生态补偿模式。

2. 市场补偿模式

该模式是一种具有创新性且能有效补充政府补偿模式的直接补偿方式。在市场补偿模式的实施过程中，市场机制发挥了主要作用，生态系统服务的受益者与提供者之间经协商或谈判来确定补偿的形式和方式，如补偿的金额等。

在水权交易方面，我国近年来开始尝试采用制度运作成本较低的市场补偿模式。市场补偿模式既具有补偿资源与生态服务分配较为合理的特点，又具有较低的制度运作成本的特点。具体而言，首先，市场补偿模式中涉及的相关利益主体是通过协商或者谈判来确定补偿的形式与金额，并且双方是以平等的地位来进行生态补偿协商或者谈判的，从而该模式具有较低的制度运作成本特点。其次，市场补偿模式具有补偿资源与生态系统服务分配较为合理的特点，究其原因，是因为该模式中的价格与市场机制发挥了保障功能。但不可避免的是，界定模糊的初始环境权、众多利益相关者繁杂的利益关系等情况依旧存在，这也导致了市场补偿模式具有操作困难及交易成本高的缺点。此外，众多利益相关者在协商及谈判的过程中，往往基于私人或眼前利益考量，损失了补偿交易的长远利益，更有甚者，负向影响经济社会整体的可持续发展。

综合分析市场补偿模式的特点后，本书发现规模较小、补偿主体分散、产权界定模糊等类型的生态补偿项目在选择补偿模式时，更适合采用以自发组织的私人交易补偿、开放市场贸易及生态标记为主的市场补偿模式。

（三）生态系统服务价值研究

自 1980 年起，生态系统服务价值及其功能的相关研究方兴未艾，如张嘉宾（1982）等利用了影子工程法和替代费用法，估算云南地区森林资源的生态系统服务价值。自 20 世纪 90 年代中后期以来，相关文献和研究成果不断出现。

欧阳志云等（1999）系统阐述了生态系统服务功能的内涵及其价值评价方法，较早地在理论层面进行了引入。赵景柱（2000）等认为应根据生态系统服务价值评价的目的，选择合适的评价方法，主要包括物质量评价和价值量评价这两类评价方法，从理论层面分析比较二者的差异。张志强等（2001）基于生态系统服务类型与内涵的概述，详细说明了建立"生态—环境—经济综合核算体系"（可持续发展核算体系）需要依赖生态系统服务及自然资本的价值评估。谢高地等（2001）基于对二百多位相关领域学者的问卷调查，以 Costanza 等提出的评价模型为基础，设计出了"中国陆地生态系统单位面积生态服务价值当量"。李文华（2002）等从生态学的角度出发，李金昌

（1991）从环境经济学角度出发，分别探讨了生态系统的价值结构及其服务功能。

在实证研究方面，国内生态系统服务价值具有三个方面的发展趋势。首先，更加注重在社会经济发展背景下，生态系统服务功能与人类活动互相驱动发展。其次，生态系统服务功能的多样性发展趋势。最后，在特定生态系统类型的基础上，逐步演变到区域复合类型。在实证研究早期的案例中，针对森林生态系统的研究较多，特别是针对全国或部分重要林区，侯元兆等（1995）、蒋延玲等（1999）、薛达元等（1999）对森林生态系统服务功能进行了价值估算。截至本世纪初，相关针对全国或区域生态系统研究的成果，如雨后春笋般陆续出现。部分学者，如欧阳志云等（1999）、陈仲新等（2000）完全采用Costanza 等的方法；另外一部分学者，如赵同谦（2004）、潘耀忠等（2004）、何浩等（2005）针对 Costanza 等的方法加以部分调整后，都初步估算了中国陆地生态系统服务功能的价值。但由于各种计算方法、评价方式、分析过程存在一定差异，由此造成结果也有一定差距。谢高地等（2004）针对中国自然草地、鲁春霞等（2017）针对青藏高原，分别评价了其生态系统的经济价值（以区域和群落为主要考量）。在评估典型生态系统服务价值方面，徐俏等（2003）针对城市、肖玉等（2003）针对湿地、吴玲玲等（2003）针对河口、杨清伟等（2003）针对海岸带，都进行了相关研究，并取得了一系列成果。蔡邦成等（2006）对江苏昆山城市生态系统、王宗明等（2004）对三江平原区域生态系统，分别研究了在人类活动干扰下，特别是土地利用方式变化干扰背景下生态系统服务价值的变化情况。

目前，我国生态学、生态经济学领域研究的热点之一是生态系统服务价值的相关研究。2008 年 10 月，"一个重要国际会议"及"一个研究中心"促成了"一个平台"的搭建。具体地，"一个重要的国际会议"是指中美生态系统服务国际会议；"一个研究中心"指的是中美生态系统服务研究中心；而"一个平台"则是指搭建了提高我国生态系统服务研究力及国际生态系统服务交流合作紧密度的平台。

随后，我国学界开始对生态系统服务价值相关研究进行梳理和反思。我国生态系统服务和生态系统价值评估的相关研究发展经历了四个阶段。第一个阶段是感性认识阶段；第二个阶段是短期零散研究阶段；第三个阶段是长期系统观测阶段；第四个阶段是全面价值评估阶段。目前，我国关于生态系统服务价值的研究不应局限于测算评价，而应进一步开展基础理论研究，或者进一步系统性构建评估模型和评价指标体系，又或进一步完善和创新生态系统服务的市场运行机制（李文华等，2008）。

（四）生态补偿标准研究

在我国，欧阳志云等（1999）率先引入 Costanza 的生态系统服务价值的计算方法，借助影子价格法、损益分析法，研究了中国陆地生态系统服务功能的间接经济价值。谢高地等（2002）从 4 个方面优化了 Costanza 等建立的生态系统服务价值模型，并采用优化后的模型进行实证分析，其选择了青藏高原作为研究区域，估算出该区域不同草地类型的生态系统服务价值。基于 Costanza 和谢高地的研究成果，国内众多学者研究了不同地区不同生态系统的服务价值。在森林生态系统方面，林媚珍等（2009）、王兵等（2010）、刘胜涛等（2017）分别评估了广东省、辽宁省、泰山森林生态系统服务的功能价值。在草地生态系统方面，赵同谦等（2004）、方瑜等（2011）、陈春阳等（2012）分别测算了中国、海河流域、三江源地区草地生态系统的服务价值。在湿地生态系统方面，孙玉芳等（2008）、许妍等（2010）、江波等（2017）分别评估了新疆博斯腾湖、太湖、白洋淀湿地生态系统服务价值。在河流生态系统方面，甘芳等（2010）、张振明等（2011）、赵良斗等（2015）分别计算了湖北宜昌中华鲟自然保护区、永定河（北京段）、青竹江湿地生态系统服务价值。在农田生态系统方面，庄树宏等（2008）、张宏锋等（2009）、祝宏辉等（2020）分别测算了庙岛群岛海岸带、玛纳斯河流域、新疆农田生态系统服务价值。在荒漠生态系统方面，任鸿昌等（2007）、彭建刚等（2010）分别评估了西部地区、奇台绿洲荒漠交错带荒漠生态系统服务价值。

随着南水北调等大型工程的开工建设，众多学者围绕调水工程水源区生态补偿标准计算方法展开了研究和探索。建立生态补偿体系的关键技术和难点之一是水源区生态补偿标准的测算。如今，我国绝大多数调水工程或流域是从投入和效益两个方面来测算生态补偿标准的。迄今为止，在我国出现的水源区生态补偿标准的测算方法主要有支付意愿法、机会成本法、补偿模型法和费用分析法等四种方法，而且各种计算方法考虑的因素一般包括四个方面，即水源区生态环境保护投入成本、财政税收损失、受水区的支付意愿、受水区获得的生态环境效益。例如，蔡邦成等（2008）从南水北调东线水源区生态补偿实际情况出发，提出了结合该保护区生态建设实际情况的生态补偿标准核算思路，即依据生态系统服务效益分担生态建设成本。除此以外，张志强（2002）、王金南（2006）、郑海霞和程艳军（2006）、毛占锋和王亚平（2008）等人也以不同的调水工程或流域作为研究对象，运用不同的测算方法进行了补偿标准定量测算。综观现有的补偿标准测算的相关研究，目前我国还未形成比较成熟的生态补偿测算体系，而且，现有的研究将太多的不确定因素考虑到计算模型和计算体系中，未能构建统一的、衡量补偿标准的评价指标体系；此外，有些参数虽然在实际应用中是动态变化的，但是在生态补偿测算的过程中，出于某些原因，常将这些参数取值为固定值，比如效益修正系数的取值。不仅如此，个别参数取值存在弹性太大的情况，这给测算结果带来了较大的不确定性。为此，笔者认为应从调水工程的实际情况出发，结合影响补偿标准的动态变化因素，从生态保护服务评估和生态破坏损失评估来构建生态补偿标准，并且多层次地进行科学论证和研究各种方法，着力构建出科学完备的计算体系，确保计算结果能够成为水源区生态补偿的有效理论依据。同时，综合研判市场、社会和群众这三个利益主体的承受程度，并依据受水区和水源区两者之间的协商谈判结果来确定补偿标准。

除此之外，在探究生态补偿方式时，国内学者们普遍认为财政支付转移或对口援助是比较合理的方式，具体请参见阮本清、许凤冉、张春玲（2008）等人的研究成果。

（五）生态补偿绩效研究

国内学界围绕生态补偿绩效评价开展了较为丰富的研究。第一，在该领域，较多学者针对草地、流域、耕地、森林等类型的生态系统进行探究。第二，国内在进行生态补偿绩效研究时采用的方法由定性分析法逐渐转向定量分析法，主要包括主成分分析法、熵权法、倾向值得分匹配法等。第三，相较于国家及区域尺度的生态补偿绩效研究而言，国内学者针对地方案例的生态补偿绩效研究成果更多。第五，相较于政府对生态补偿的评价研究，国内学者目前开始侧重基于农户感知的生态补偿绩效研究。

21世纪初，我国学者开始涉足生态补偿绩效研究领域。总体而言，我国生态补偿绩效研究经历了三个发展阶段：第一，起步阶段（2000—2004年）。2000年，我国确立了森林生态效益补偿基金制度，学者们逐渐开始围绕生态补偿绩效开展研究。这个阶段是起步阶段，研究成果数量由少量开始缓慢地变多。第二，极速发展阶段（2005—2008年）。中共十六届五中全会（2005）首次要求"按照谁开发谁保护、谁受益谁补偿的原则，加快建立生态补偿机制"。此后，各地加大了生态补偿力度，并且学界对生态补偿领域的关注度和成果数量也随之攀升，该领域的研究步入快速增长阶段。第三，波动变化阶段（2009年至今）。自草原生态保护奖励补助政策（2011）、《中共中央关于全面深化改革若干重大问题的决定》（2013）等文件出台后，研究成果数量迅速增加，并在2014年达到顶峰。随后，研究成果数量又有波动变化，有增有降。在《关于健全生态保护补偿机制的意见》（2016）中，提到了重点领域、区域的生态补偿全覆盖这一目标将于2020年实现。在此以后，学界对生态补偿绩效研究的关注度较以往又重新提高。

总体上看，国内目前生态补偿绩效相关研究主要包括综合绩效和单一效益两个方面。前者指的是生态补偿项目的生态、社会以及经济等综合绩效相关研究，比如森林生态补偿项目、草地生态补偿项目以及流域生态补偿项目等；后者指的是单独评价生态、社会及经济绩效中的某个方面。

在早期国内的生态补偿绩效研究中，经常采用定性分析法作为测评方法，而后学者们逐渐采用定量的方法来开展测评工作。具体而言，国内学者们在进行定性分析时，常采用调查数据对比分析方法。例如，有学者基于调查数据，定性分析生态补偿政策所产生的影响，比如该政策对生态环境改善、居民生态意识增强、产业结构调整等方面的影响；也有学者采用定性的对比分析方法，比如根据统计指标的变化，分析生态补偿政策实施前后的变化。随着生态补偿绩效领域的相关理论成果日益丰富，以及生态补偿绩效研究数据的获取手段日益先进，国内生态补偿绩效的测评方法也逐步呈现出多元化和创新的特点，比如层次分析法、主成分分析法、TOPSIS 法、综合指数法、熵权法、因子分析法、模糊综合评价法、倾向值得分匹配法等。

国内生态补偿绩效测评主要包括三个步骤。第一，评价指标体系构建。国内学者在构建评价指标体系时，常采用目标分解的方法。首先根据生态补偿政策的目标进行分解，其次结合国情或者生态补偿区域的实际情况，进行指标的细化。第二，数据获取。国内学者们常采用实地调研、问卷调查、访谈、统计资料收集等方式来获取相应的数据。第三，应用测评方法。国内学者们采用熵权法、因子分析法、模糊综合评价法等多元化的测评方法来分析处理数据，然后获得相关评价结果。但是，仍需进一步优化生态补偿绩效测评方法，以弥补现有方法中的不足之处，具体包括以下三个方面。

一是应增强时空动态性。许多国内研究所采用的生态补偿绩效测评方法通常要么基于空间的绩效测评，要么基于时间序列的绩效测评，评价结果不够全面。所以，国内研究所采用的测评方法应增强时空动态性。

随着大数据技术的迅猛发展，新型的信息技术不断涌现，这也为学者们研究生态补偿绩效相关问题提供了新的手段，使综合且高效地利用统计信息、空间信息成为可能。同时，应开发新型的生态补偿绩效模型，该类模型既能实现现状评价，又能进行未来预测，特别是可将 "3S" 技术融入传统测评方法中。

二是应增强系统综合性。我国学界围绕生态补偿绩效领域开展研究时，采用的测评方法具有多样性，并且评价结果也有所差异。因为不同学者对研究问题的侧重点不同，在对评价因子的权重赋值时就会有所区别，这就会导致学者们即便都采用主成分分析法，也会出现差异性较大的评价结果，故而，目前国内学界在生态补偿绩效问题的研究中面临可比性不高的困境。因此，针对生态补偿绩效的研究方法，学者们在以后的研究中应加大对比和验证各测评方法优劣的力度，力图探究出在不同区域或者项目中普适度较高的测评方法，构建出综合测算模型，这样不仅可以提升评估的精度，也可以提高评估的效率。

三是应增强实践应用性。现如今，国内在生态补偿绩效研究领域中，采用仿真预测类模型的研究仍有待补充和丰富，并且较多的研究关注宏观和中观层面的因素对综合绩效的影响，而对微观层面的个人行为关注度偏低。另外，国内研究中的测评结果存在两个问题：一是应用性和实践性不强；二是对生态补偿建议政策的参考性和指导性不足。国内学者们可借鉴国外创新性的研究方法，结合我国实际情况，进一步增强我国在此领域研究中的应用性和系统性。在国外的创新性研究方法中，比较典型的是基于代理人的仿真模型。该模型在现状评价的基础上，关注微观层面的个体行为，并且协同考虑了自然与社会经济系统的动态变化。

二　国内实践应用现状

自 20 世纪 80 年代起，我国开始实施生态补偿策略，其中森林生态补偿最具代表性，也较其他生态补偿实施更早，标志性事件是当时云南省环保局开始以 0.3 元/吨的标准向昆阳磷矿征收补偿费用，用于磷矿区的生态环境补偿与恢复。20 世纪 90 年代初，我国陆续修正、制定并完善了森林生态补偿的法律法规，得到了当时国家林业部的大力支持。自 1993 年起，晋陕蒙甘地区相继在其所管辖的能源基地开展生态环境修复，并建立水土保持生态环境补偿政策与相关机制。天然气、煤炭、石油等自然资源丰富的晋陕地区，为弥补水土保持的投入问题，相继出台政策，从相关开采获益的资金中，提取一定比例的资金用于生态修复。内蒙古鄂尔多斯市出台"一矿一企治理一山一沟，一乡一镇建设一园一区"政策，创新多元化投入的生态补偿机制，积极寻求工业发展与生态保护协调建设的新模式，有效促进了经济、社会、生态的协同发展。2005 年以来，国家相关保护政策和建设措施陆续出台，黄河源头的三江源地区生态保护与治理取得显著效果，水源涵养功能得到及时恢复，水量、草量以及农民收入得到极大提升。《国民经济和社会发展第十一个五年规划纲要》（2006）指出："按照谁开发、谁保护、谁受益、谁补偿的几项基本原则，建立健全生态保护与补偿新机制。"十届人大五次会议《政府工作报告》（2007）第一次正式提出以矿产资源为对象的资源有偿使用制度。十一届人大一次会议《政府工作报告》（2008）指出："加快改革资源税费制度，以不断完善生态环境补偿方式与资源有偿使用机制。"《中华人民共和国水土保持法》自 2011 年修订实施以来，生态补偿水土保持的责任主体、补偿途径与类型，以及补偿资金来源等更加清晰与明确。近几年来，从地方诉求到国家层面，从不断呼吁到形成新模式，我国社会各界对流域生态补偿给予了高度重视，普遍认为生态问题已成为我国经济社会可持续发展的制约因素。目前，水源区开展生态补偿的实践多数是政府主导、市场辅助。在政府主导补偿方面，主要通过设立补偿基金、利用公共财政或通过政策法规、经济技术合作等方式进行补偿；在市场辅助补偿方面，主要是在政府引导下，通过水质水量协议奖惩模式或水权排污权转让机制等措施，使得流域上下游各方自觉自愿签订补偿协议。

三 国内生态补偿研究述评

国内对生态补偿的研究，主要涉及概念、机制、立法或必要性等宏观层面。首先，对补偿模型、损失计量或评价体系等层面的研究尚缺乏支撑。其次，补偿的模式、范围以及标准、方式等尚显单一，补偿主体的广泛性、利益相关者的权责与时空分配等尚未均衡。最后，补偿立法与模式创新尚显不足。

在理论研究方面，已有的理论研究成果以借鉴国外补偿体系和实践经验为主，尚缺乏系统全面的研究。研究的对象主要集中在省域层面（主要包括石漠化和土壤侵蚀等敏感区域）的生态功能区开发利用的补偿机制，以及国家层面围绕生态补偿的立法、标准、理论、评价、模式及运行机制等相关研究，与国家的政策导向、相关决策尚有一定距离。研究对象主要集中于森林资源的生态补偿，比如研究其资金筹集方式、公共财政的补偿方式与办法、补偿涉及的主体对象等方面。

在实践应用方面，已有的实践主要集中在流域、森林、矿产等的生态补偿，较少涉及沙漠化区域耕地、农业生态、湿地生态等方面。因此，基于我国自然资源与生态环境政策的现实情况，以及对流域、森林、矿产等的研究实践，对开展湿地生态环境补偿研究具有重要的参考价值。

在发展历程方面，我国生态补偿发展过程主要包括 20 世纪 90 年代之前针对采矿行业征收的税收和治理费，到 90 年代之后生态补偿制度全面实施，以及进入 21 世纪以后大范围开展生态补偿等三个阶段。

在实践工作方面，已有的实践主要涉及三个层面：一是国家层面，相关部委出台生态补偿政策并大力实施；二是地方层面，各地结合自身情况开拓符合当地实际的措施与手段，并进行自主实践；三是国际层面，参与全球层面的生态补偿市场交易。

简而言之，生态补偿的研究虽已成为国内外热点问题，但生态补偿机制尚需进一步探索与实践，而且我国的生态补偿制度难以有效实施，尚需完善，生态补偿机制、标准、程序等尚待进一步建立健全。

第四节　相关理论基础

一　生态补偿理论

（一）公共产品理论

公共产品理论是由奥地利和意大利学者首次提出的，随后学者们进一步丰富其内涵，以 Lindhl 及 Johansen 的研究观点为典型。公共产品的供应方是政府、市场或者非营利组织，在判断产品是否属于公共产品时，需要满足的条件分别是：第一，不可分割性；第二，在消费和使用这类产品时呈现非竞争性；第三，在获益方面具有非排他性，后两个条件是马斯格雷夫在 1959 年首次提出的。

第一，不可分割性。公共产品的服务对象是整个社会，不是个人，也不是某个团体，从而具有不可分割性。比如，水资源是全球共有的，不是某个人或者某个服务机构私有的。第二，非竞争性和非排他性。某个人或者某团体消费公共产品的时候，不会对其他个人或团体等带来影响，更不会限制其他个人、团体在该类产品上的使用权，从而，"搭便车"行为也随之出现了。该行为概念由经济学家曼柯·奥尔逊首次提出，主要是指人们认为公共产品不用支付费用即可获取，从而多数人不愿支付该类产品的使用成本。公共产品理论中提到，为了满足民众日常生活的需要和实现社会公共福祉，政府提供给社会公众的公共产品应具有因市场失灵而无法有效提供的特性。自然生态系统具有不可分割性、非竞争性与非排他性，个人一般都可享用生态效益，但是，人们常为了谋取自身利益而牺牲环境。大多数人是在强制约束力的约束下才开始投身于自然生态环境的保护。从而，为了有效攻克自然生态系统的生态恢复和生态保护难题，可制定基于公平产品理论的奖励激励政策。

南水北调中线工程输送的水资源所具有的特征满足了公共物品的基本条件。第一，南水北调中线工程受水区沿线的居民都可以使用该水资源，享受该工程所带来的便利，因此满足非竞争性这一条件。并且，居民在使用该水资源的时候，不会给他人带来不便，或限制他人使用，因此满足非排他性这一条件。第二，基于前文的分析，水资源具有不可分割性特征，南水北调中线工程输送的水资源显然也满足不可分割性这一条件。但是，南水北调中线工程水源区在开展生态保护的过程中，"搭便车"行为也是可能出现的。具体是，南水北调中线水源区居民付出了大量成本去维护水源区的生态环境，然后才享受到生态保护成果。南水北调中线工程受水区的居民也能受惠于水源区生态保护工作的成果，但是受水区居民和水源区居民的付出相比，几乎没有付出成本或者只付出了极少的成本。这不仅降低了水源区居民开展生态环境保护的动力，而且还可能降低优质水资源的供给量，长此以往，水源区居民若不再进行生态环境保护甚至是为获利而破坏生态环境，将严重影响受水区的经济和社会发展。因此，从长远的角度考虑，为了避免这些负面的影响，南水北调中线工程以及其他类似的调水工程，通常会采用生态补偿的方式来破解这一难题。

（二）外部性理论

目前，学者们针对外部性理论的探究仍在进行中。马歇尔 1890年首次提出"外部经济"概念后，有学者进一步开展了外部性问题的研究，研究成果延伸或者完善了马歇尔的外部经济理论，研究方法主要是现代经济学相关方法，其中，庇古的研究属于典型代表。经过学者们的长期探究，科斯定理被最终确定。

在生产和消费的过程中，公共产品都有外部性问题。水资源是公共产品，显然也存在外部性问题。生态补偿解决的核心问题其实就是外部性问题。并且，外部性也有两种具体的情况。第一，正外部性。这种情况是指一部分人的行为使另一部分人得到了收益，但是，前者又得不到后者的补偿，这就是正外部性。例如，水源区投入极大成本开展生态环境保护、产生生态效益，然后才享受到生态保护成果。受水区享受了该成果，却未补偿水源区。第二，负外部性。这种情况是指一部分人的行为使另一部分人的利益受损，但是，前者却无法补偿后者，这就是负外部性。例如，一部分人过度开发自然资源，造成的环境破坏严重影响了另一部分人的生态效益，但是前者却无法补偿后者。

庇古税和科斯定理是目前解决外部性问题常用的手段。第一，庇古税。为了实现帕累托最优，也即资源重新达到理想状态的分配，针对正外部性活动进行价格补贴，而对负外部性活动则征收税赋。第二，科斯定理。科斯 1927 年就提出了交易费用，认为可通过界定产权破解外部性效率问题。科斯认为有效解决外部性问题的手段是利用市场交易的形式，前提是产权界定清晰和交易成本为零或者可以忽略不计。那么，基于上文中所提及的两种方法，生态补偿制度就是矫正调水工程水源保护外部性问题的有效现实路径。在依托生态补偿制度破解水源保护外部性问题之后，发生"公地悲剧"和"搭便车"行为的概率将被有效降低甚至降为零，也更能推动水资源的有效配置和调水工程效益的正向长远发展。

（三）生态资源的产权理论

目前，学界常采用《新帕尔格雷夫经济学大辞典》中产权的定义。在此大辞典中，将产权界定为一种权利，并且权利的内容能对某个经济物品的多项用途进行挑选，但是，该权利要基于社会强制手段才得以实现。在影响资源配置的众多因素中，产权起到了决定性作用。针对稀缺资源配置，它还能发挥激励配置、制约配置和高效率配置的作用（王志伟，2010）。产权理论认为稀缺资源配置引发的利益冲突主要靠经济学来破解，换言之，经济学是解决这一问题的重要理论。在实施生态补偿过程中，利益相关者之间的冲突其实是一种产权利益的冲突（Fisher et al.，2009）。只有基于可界定及可执行的产权归属，生态补偿工作才能得以有效和顺利展开，特别是市场化的补偿和环境外部性补偿。

因此，应采取多元化的措施和手段保证生态补偿工作有序开展。第一，构建行为主体经济激励机制。不论在政府补偿模式中，还是在市场化补偿模式中，行为主体的激励机制是不可或缺的；第二，科学界定公共产品的具体产权属性。应基于产权理论，界定清晰、可执行的公共产品产权，如自然资源、生态环境等公共属性的产品；第三，建立和完善相关制度和权利。在生态环境方面，不仅应建立流域间用水权、排污权制度，还应对碳交易制度进一步完善和丰富，应改革林区产权，加大林区的所有权、承包权、经营权的落实力度。此外，政府还应进一步完善有偿使用制度和市场交易制度。在这两项制度完善之后，后续工作将会更为顺利地开展。具体来说，为了实现各利益主体的利益最大化从而提高各利益主体的生态保护积极性，政府应采用相关经济手段，量化生态环境的具体价值，比如计算出其具体的价格，这样自然资源产权所有者就能获得来自环境受益者或破坏者支付的、可量化及可执行的经济补偿。

（四）可持续发展理论

从20世纪60年代开始，学界就认识到可持续发展研究有着重要的研究价值，并开始了相关探究。随着学界围绕可持续发展领域开展研究，相关学者初步界定了其基本概念和原则，特别地，直到20世

纪 90 年代以前，学界主要是定性地对其基本概念和原则进行探究
（Vitousek et al.，1997）。世界环境与发展委员会（WCED）1987 年
正式提出"可持续发展"的概念。该委员会将其界定为一种兼具公平
性、持续性和共同性原则的发展模式，这种发展模式将有助于实现
"当代人发展需求被满足"与"子孙后代发展权益不被损害"的双赢
局面（徐素波等，2019）。

生态补偿机制与可持续发展理念密不可分，在某种程度上，生态
补偿机制的构建是可持续发展思想的深刻践行与体现，具体阐释
如下。

第一，可持续发展中的公平与合理性原则在生态补偿机制中得以
体现。在构建生态补偿机制的过程中，政府及相关部门在开发和利用
自然资源时，以可持续的生态环境为重要前提来推动相关工作，采用
系列化的措施和手段起到保障作用。具体而言，是先将自然资源的经
济价值量化成具体的价格，并处理相关主体之间潜在的利益冲突，保
证各主体之间的公平性（陈卫洪等，2019）。第二，生态补偿机制体
现了可持续发展理念中的可持续性原则。该机制解决了由传统生产发
展转化成循环发展而引发的损失问题，提升了个人和社会保护生态环
境的积极性和自觉性，实现了生态保护的可持续性（王前进等，
2019）。第三，生态补偿机制体现了可持续发展理念中的共同性原则。
生态补偿机制在不同国家、区域及项目中有着相同之处，也有其不同
之处，但是各国家、区域和项目开展生态补偿工作的最终目标是统一
的，都是为了生态环境的可持续发展，从而生态补偿是全球各主体共
同的责任（吕永龙等，2019）。

二　演化博弈理论

（一）博弈理论及其分类

博弈论（Game Theory）主要是研究同一个系统内，不同利益主
体间发生相互作用的时候，不同主体如何进行决策以及相互间如何达
到一种系统平衡的问题。从博弈论的研究方向和趋势来看，合作博弈
和非合作博弈构成了博弈论的两个主要研究分支。其中，合作博弈主
要基于团队理性，研究利益主体合作背景下的利益分配问题；非合作

博弈则主要从系统形成过程或者行为过程的角度出发，分析不同利益主体在相互影响的局势中如何选择使自己收益最大的行为策略，即非合作博弈主要是主体行为策略的选择问题。然而，博弈论研究内容远非如此。如图1-7所示，博弈总体上可以划分成两大类，即经典、非经典的博弈。其中，合作、非合作的博弈是经典博弈的子集，这两类博弈都是基于严格的假设，在这些所有假设中，有两个假设最为重要，即参与人的个体理性和团体理性。然而，无论是个体理性还是团体理性都有其局限性，而且决策的环境也是在不断变化中，个体和团体均需要不断调整自身参数以适应变化的环境，演化博弈就是博弈论向有限理性假设方向发展的一种研究工具。

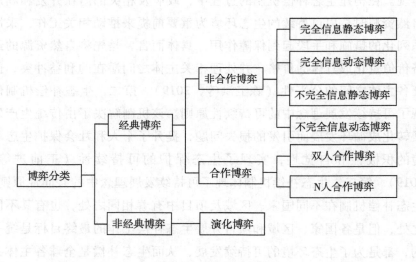

图1-7 博弈的分类

（二）演化博弈理论的兴起

目前主流经济学重要且核心的内容之一就是博弈论。博弈论广泛应用于学者们的研究中。但是，基于"完全理性"假设的传统博弈论在现实应用过程中却反而受限于人类"完全理性"这一假说，究其原因，人类在实际生产和生活过程中是"有限理性"的。因此，以"有限理性"这一假说为前提，演化博弈论与生物进化论迅猛发展起来，且被众多学者接纳并经常用于分析、解释和预测相关研究中。在一定程度上，人类在解决复杂问题的时候，也常倾向于凭借自身的本能或者模仿前人的经验等类动物化的行为模式。这也间接反映出人类在某种程度上是"有限理性"的，人类的这种局限性也导致其在个体或集体决策中可能出现短期利益行为或者错误决定。因此，传统博弈论中假设人的行为"完全理性"与之有出入。演化博弈论最早可以追溯到 Fisher（1930）、Hamilton（1967）等生物遗传学者在对动植物冲突与合作行为分析时的发现，多数情况下，动植物行为演化的结果可以在不依赖任何理性假设的前提下用博弈论方法来解释。但是，直到 Smith（1973）和 Price（1974）首次提出演化稳定策略才标志着演化博弈的正式诞生。此后，Taylor 和 Jonker（1978）又提出了演化博弈理论另一个重要的基本概念：模仿者动态，在此之后，演化博弈理论迅速发展起来了。

（三）演化博弈在生态补偿研究中的应用

多方利益主体均对水源区生态补偿工作有着不同程度和不同功能的影响。特别地，中央与地方政府、流域管理机构、居民、企业及社会组织等多方利益主体均涉及其中，这些利益主体之间或多或少存在博弈关系。在生态补偿实施过程中，不同的生态补偿利益主体均会根据自身的利益诉求及自身所处的社会经济环境与条件、当前区域生态补偿制度等因素，从理性思考的角度出发，做出对自己最有利的决策。尤其是部分利益诉求相同的利益相关者可能会形成利益联盟体，并与其他利益主体之间进行博弈，以实现整个利益联盟体和联盟内部每个个体的利益最大化或者达成某种利益协议均衡（徐素波等，2019）。演化博弈研究方法在经济学和社会科学研究中得到了广泛的应用，近年来国内外不少学者将演化博弈理论应用于区域生态补偿领域中，得出了一系列的研究成果，这些成果大体可以归纳为以下三个方面。

第一，生态补偿机制研究方面。王宏利（2021）将流域上游和下游政府作为博弈主体，分析流域管理过程中上下游政府的利益诉求，建立演化博弈模型，探寻跨省流域生态补偿长效机制构建的难点、必要条件和影响因素。郑密（2021）发现上下游地方政府实施策略的初始值会影响生态补偿最终策略。地方政府面临区域利益冲突、信息不对称和缺乏激励机制等困境时，其在完全且彻底地落实中央政府的污染治理政策的过程中会面临较多的挑战（李胜等，2011）。杨光明（2019）提出的推动三峡流域生态补偿相关工作顺利开展的关键要素，也是上下游政府协同开展生态补偿的必要条件，其研究发现，引入奖惩机制有助于对三峡流域上下游地方政府的环境收益进行控制，不仅可以提高三峡流域生态补偿资金的使用效率，还能够形成比较稳定的三峡流域上下游政府在生态补偿方面的利益均衡状态。

第二，生态补偿的补偿标准和补偿金额的测算方面。生态补偿标准和资金分配是生态补偿研究中的重点与难点问题。由于相关主体的利益诉求不一致，往往会通过深度博弈满足自身利益需求。一般情况下，各方深度博弈的结果是各相关主体的基本利益需求被满足，即达到各方的利益均衡。在此过程中，各方均在自身利益方面有所让步。例如，胡振华（2016）基于演化博弈的视角探究了跨界流域上下游政府之间的利益均衡与生态补偿机制，研究表明在跨界流域中仅仅通过地方政府自身演化无法达到最优稳定均衡策略（上游保护，下游补偿），必须引入上级政府的激励约束机制才能达到最优稳定均衡。在治理成本分摊的研究方面可以采用生态重建成本分摊法（黎元生，2007），也可以建立成本分摊博弈模型（赖苹等，2011）。

第三，流域生态补偿中区域内及跨区域地方政府间的博弈以及对中央政府充当角色的分析。任以胜（2020）在研究过程中运用尺度政治理论，并把制度黏性引入其中，选择新安江流域为研究区域，研究其生态补偿过程中中央政府、省级政府、市级政府等不同层级政府主体的博弈行为，发现这三者之间的博弈经历了三个阶段，分别是竞争、合作及竞合的博弈阶段。杨光明（2019）认为，只有中央政府介入三峡流域生态补偿过程，该流域的上游政府和下游政府的协同合作才能真正形成，生态补偿成效也随之提高。比如，通过中央政府构建三峡流域的生态环境工作相关奖惩机制以提升该流域生态补偿的成效。马俊（2021）基于微分博弈理论，构建了集中式生态补偿模型并引入成本分担契约的分散式生态补偿模型，讨论中央政府参与补贴及上下游政府选择分担污染治理成本行为之间的互动博弈策略，得出流域上下游政府各自相应的最优反馈策略和污染治理量随时间变化的最优轨迹。

经梳理现有文献后发现，目前的研究主要集中于分析利益相关者行为与特征后进行演化博弈模型的构建，并进行利益相关者之间的动态博弈分析。例如，跨省流域生态补偿的相关研究，一般先分析上游和下游涉及的利益相关者之间的冲突与博弈过程，然后构建相关机制并提出相应措施，这些机制和措施包括上下游协商机制、完善监督机制、完善绩效评估等。但是，现有研究仍有需要补充和完善之处。首先，现有研究在对利益相关者进行分析时，往往基于整体效用的视角展开探究，而在生态补偿的实施过程中，上游和下游所涉及的利益相关者的博弈范畴更为广泛且复杂，亟待深入和细化研究。其次，现有研究在进行上游和下游的利益分析时，常将这两个方面完全割裂开来，认为这两方面是绝对对立的，但是在实际中，上游和下游所涉及的利益相关者并非完全的绝对性对立，甚至在某种程度上，上游和下游是有正向关联的，比如下游的社会经济发展程度和上游的社会经济发展程度之间就是正相关的关系，下游的经济发展与上游的就业率也是正相关的关系。

第二章 南水北调中线工程水源区经济发展现状分析

第一节 跨流域调水工程现状分析

一 全球水资源分布情况

一般而言，全球水资源通常是指地球水圈内的水资源总量，包括海水和淡水。然而，由于海水资源需要经过人工淡化技术，变成淡水之后才能被人类所利用，而且目前国内外海水淡化技术还不成熟，淡化成本较高，海水淡化量在人类利用的水资源总量中比例非常小，几乎可以忽略不计，因此，准确来说，全球水资源更多的是指陆地上的淡水资源。据统计，陆地上的淡水资源只占到了地球总水体量的2.53%，且多集中于南北两极的高寒冰川地带，目前还无法大规模开发利用。除此以外，地下水的淡水资源储量虽然较大，但是绝大多数是深层地下水，开采利用难度较大。到目前为止，人类利用的淡水资源多为河流水、淡水湖泊水以及浅层地下水，仅占地球全部淡水资源总量的0.3%。全球各种水体储量见表2-1。

表2-1 全球各种水体储量

序号	水体类型	分布面积 （万平方千米）	水储量 （10^4 亿立方米）	占全球水 总储量的%	占全球淡水 总储量的%
1	海洋水	3613	1338000	96.5	—
2	地下水	13480	23400	1.7	54.7
	其中淡水	1083	12870	0.94	30.1

续表

序号	水体类型	分布面积（万平方千米）	水储量（10^4 亿立方米）	占全球水总储量的%	占全球淡水总储量的%
3	土壤水	8200	16.5	0.001	0.05
4	冰川和永久雪盖	1622.75	24064.1	1.74	68.7
5	永冻土底冻	2100	300	0.222	0.86
6	湖泊水	206.87	176.4	0.013	0.41
	其中淡水	123.64	91	0.007	0.26
7	沼泽水	268.26	11.47	0.0008	0.03
8	河床水	14880	2.12	0.0002	0.006
9	生物水	51000	1.12	0.0001	0.003
10	大气水	51000	12.9	0.001	0.04

据不完全统计，世界上各类河流的年均径流总量约为 57 万亿立方米（见表 2-2）。按照世界人口总数计算可知，全世界人均水资源拥有量为 7500 立方米。淡水资源的分布不均匀，65%的淡水资源集中在 10 个国家，而占人口总数 50%的 80 多个国家仍处于极度缺水状态。如果以人均水资源量小于 2000 立方米算作缺水国，以小于 1000立方米为极度缺水国，那么，世界上极度缺水的国家将达到近 20 个，这些国家多数处于非洲和亚洲地区，例如埃及、阿联酋、阿曼、也门、约旦、马耳他等。据联合国统计，全球缺乏安全饮水的人数高达15 亿，预计到 2025 年，安全饮水的情况将会更加不容乐观，预计将会有 60%的人面临水资源严重短缺的状况。

表 2-2　　　　　　　　　世界主要河流基本情况

排名	所在洲	河流名称	河长（千米）	流域面积（平方千米）	径流量（亿立方米）	河口流量（立方米/秒）
1	非洲	尼罗河	6670	3254853	810	2500
2	南美洲	亚马孙河	6436	6915000	69300	175000
3	亚洲	长江	6300	1800000	9600	30500
4	北美洲	密西西比河	6021	3220000	5800	18800
5	亚洲	黄河	5464	752443	580	1774

续表

排名	所在洲	河流名称	河长 (千米)	流域面积 (平方千米)	径流量 (亿立方米)	河口流量 (立方米/秒)
6	亚洲	澜沧江—湄公河	4880	810000	4750	14250
7	非洲	刚果河	4640	3700000	13026	39000
8	亚洲	黑龙江（阿穆尔河）	4444	1855000	3408	10800
9	亚洲	勒拿河	4400	2418000	5400	17000
10	亚洲	鄂毕河	4315	2990000	3850	12300
11	北美洲	马更些河	4240	1805000	3572	11328
12	非洲	尼日尔河	4160	2100000	2000	6300
13	亚洲	叶尼塞河	4086	2605000	6255	19300
14	北美洲	圣劳伦斯河—大湖	3800	1300000	4470	13410
15	欧洲	伏尔加河	3688	1380000	2540	8000
16	亚洲	萨尔温江—怒江	3240	325000	2520	8000
17	北美洲	育空河	3185	849520	2008	6368
18	亚洲	雅鲁藏布江—布拉马普特拉河	3100	622000	6180	4425（中国界） 20000（世界）
19	亚洲	印度河	2900	1034000	2070	6210
20	欧洲	多瑙河	2850	817000	2030	6430
21	南美洲	托坎廷斯河	2750	820000	5676	18000
22	南美洲	奥里诺科河	2735	950000	11984	38000
23	亚洲	伊洛瓦底江	2714	410000	4860	14580
24	非洲	赞比西河	2660	1350000	2232	7080
25	南美洲	拉普拉塔巴拉那河	2580	3103000	8000	25370
26	亚洲	恒河	2527	1050000	5500	25100
27	亚洲	珠江	2214	453690	3360	10080
28	南美洲	拉普拉塔乌拉圭河	2200	365000	1451	4600
29	亚洲	科雷马河	2129	643000	1230	3900
30	北美洲	哥伦比亚河	2000	669000	2340	7419

注：表中数据来源于《世界水利工程介绍》。

二 国外调水工程现状

国外最早进行跨区域调水的工程出现在距今 2400 年前的古埃及，为了满足今埃塞俄比亚境内南部的灌溉和航运要求，从尼罗河调水至埃塞俄比亚高原南部。早期兴建的跨流域调水工程只是通过开挖沟渠来满足引水灌溉，并开凿运河输送物资来解决干旱缺水、洪涝灾害及航运交通不便等一系列水利工程问题。随着工业革命的到来，全球尤其是西方发达国家的经济步入快速发展阶段，对水资源的需求量也随之增加，因此，到19世纪末，有些国家为了缓解日益突出的水资源短缺问题，已经陆续兴建了一些规模较小的跨流域调水工程。据统计，国外已有多达39个国家建成了343项不同规模的跨流域调水工程项目（见表2-3），其中的大中型引水灌溉调水工程，加拿大有60项，印度有46项，巴基斯坦有48项，南非共和国有7项，埃及有6项。总之，国外调水工程主要集中在加拿大、印度、巴基斯坦、美国和俄罗斯等国家。据不完全统计，国外调水工程每年的总调水量约为6000亿立方米，大约占世界河川总径流量的1.4%。其中加拿大每年调水为1410亿立方米，印度每年调水总量为1386亿立方米，巴基斯坦每年调水总量为1260亿立方米，俄罗斯每年调水总量为722.5亿立方米，美国每年调水总量为342亿立方米，这些国家年调水总量占全世界调水总量80%以上。

表2-3　　　　　　　　世界六大洲调水工程主要参数统计

大洲名称	调水工程项目数量	人均水资源量（立方米/年）	年调水总量（亿立方米/年）	调水工程干线长度（千米）	调水工程灌溉受益面积（平方千米）	有调水工程的国家（个）
欧洲	53	3994.56	404.5	4345	412.1	10
亚洲	165	3491.97	3447.7	19732	4345.9	13
非洲	23	4658.08	202.3	8953	340.5	8
北美洲	93	17108.26	2027	7867	323.5	3
南美洲	8	34372.16	66	359	21.7	4
大洋洲	1	72728.10	23.6	225	16.8	1

三　国内调水工程现状

数据显示，2020年全国水资源总量为31605.2亿立方米，较上年增加2564.2亿立方米；人均水资源量为2239.8立方米/人，较上年增加 176.9 立方米/人；全国地表水资源总量为 30407.0 亿立方米，地下水资源总量为 8553.5 亿立方米，地表水与地下水资源重复量为 7355.3 亿立方米（见表 2-4）。

表 2-4　　2020 年全国 31 个省（区、市）水资源分布情况

排名	地区	水资源总量（10^8 立方米）	人均水资源量（立方米/人）	地表水资源量（10^8 立方米）	地下水资源量（10^8 立方米）	地表水与地下水资源重复量（10^8 立方米）
	全国	31605.2	2239.8	30407.0	8553.5	7355.3
1	西藏	4597.3	126473.2	4597.3	1045.7	1045.7
2	四川	3237.3	3871.9	3236.2	649.1	648.0
3	湖南	2118.9	3189.9	2111.2	466.1	458.4
4	广西	2114.8	4229.2	2113.7	445.4	444.3
5	云南	1799.2	3813.5	1799.2	619.8	619.8
6	湖北	1754.7	3066.7	1735.0	381.6	361.9
7	江西	1685.6	3731.3	1666.7	386.0	367.1
8	广东	1626.0	1294.9	1616.3	399.1	389.4
9	黑龙江	1419.9	4419.2	1221.5	406.5	208.1
10	贵州	1328.6	3448.2	1328.6	281.0	281.0
11	安徽	1280.4	2099.5	1193.7	228.6	141.9
12	浙江	1026.6	1598.7	1008.8	224.4	206.6
13	青海	1011.9	17107.4	989.5	437.3	414.9
14	新疆	801.0	3111.3	759.6	503.5	462.1
15	重庆	766.9	2397.7	766.9	128.7	128.7
16	福建	760.3	1832.5	759.0	243.5	242.2
17	吉林	586.2	2418.9	504.8	169.4	88.0
18	江苏	543.4	641.3	486.6	137.8	81.0
19	内蒙古	503.9	2091.7	354.2	243.9	94.2
20	陕西	419.6	1062.4	385.6	146.7	112.7
21	河南	408.6	411.9	294.8	185.8	72.0
22	甘肃	408.0	1628.7	396.0	158.2	146.2
23	辽宁	397.1	930.8	357.7	115.2	75.8
24	山东	375.3	370.3	259.8	201.8	86.3

续表

排名	地区	水资源总量 （10^8 立方米）	人均水资源量 （立方米/人）	地表水资源量 （10^8 立方米）	地下水资源量 （10^8 立方米）	地表水与地下 水资源重复量 （10^8 立方米）
25	海南	263.6	2626.8	260.6	74.6	71.6
26	河北	146.3	196.2	55.7	130.3	39.7
27	山西	115.2	329.8	72.2	85.9	42.9
28	上海	58.6	235.9	49.9	11.6	2.9
29	北京	25.8	117.8	8.2	22.3	4.7
30	天津	13.3	96.0	8.6	5.8	1.1
31	宁夏	11.0	153.0	9.0	17.8	15.8

　　我国幅员辽阔，人口众多，水资源分布的空间差异性较大。在全国 31 个省（市、自治区）中，西藏的水资源最充沛，拥有 4597.3 亿立方米，占全国水资源总量的 14.5%，超过了 1/7。水资源量排名第二的是四川，为 3237.3 亿立方米，人均水资源量排名第五，为 3871.9 立方米/人。水资源拥有量较少的是宁夏、天津和北京，对应的人均水资源量也较少。西藏的人均水资源量为 126473.2 立方米/人，位居榜首。人均水资源量排名第二的是青海，为 17107.4 立方米/人，拥有水资源 1011.9 亿立方米。只有西藏和青海的人均水资源量在 10000 立方米/人以上，其他地区均未超过 5000 立方米/人。天津的人均水资源量排名最末，仅为 96.0 立方米/人。

　　我国水资源空间分布不均，与生产力布局不匹配。北方水资源贫乏，南方水资源丰富，且相差悬殊（见表 2-4）。为了缓解水资源空间分布不均匀的问题，我国建设了一系列跨流域调水工程，主要有广东省的东深引水工程、山东省的引黄济青工程、江苏省的江都江水北调工程、大连市的引碧入连工程、西安市的黑河引水工程、河北省与天津市共建的引滦入津工程，以及甘肃省的引大入秦工程等（见表 2-5）。总的来说，这一系列跨流域调水工程的建设缓解了水资源空间分布不均匀的问题。换言之，跨流域调水工程不仅保证了所惠及地区水源的稳定性，而且促进了这些地区的经济发展、改善了人民的生活质量。

表 2-5   中国调水工程基本情况

区域	工程名称	引入水源	供水目的地	供水目标	引水流量（立方米/秒）	年引水水量（亿立方米）	管线长度（千米）	受益省份/城市	建设状态
华东、华北	南水北调东线	扬州	烟台、天津	生活、工业	560	88	1446.5	苏、皖、鲁、冀、京、津	一期完工
华中、华北	南水北调中线	丹江口水库	北京、天津	生活、工业	500	95	1432	豫、冀、京、津	一期完工
西南、西北	南水北调西线	雅砻江、大渡河、通天河	黄河上中游	工业、生活、生态	—	170	—	青、甘、宁、晋、陕	在建
东北	引松供水	丰满水库	吉林中部	生活、工业	38	8.01	550.6	长春、四平、辽源	规划
	引松入长	丰满水库	长春	生活、工业	11	3.08	53	长春	已建
	引嫩入白	镇赉县	白城、镇赉	生活、灌溉、生态	65	8	52.4	白城、镇赉、莫莫格湿地	一期完工
	辽宁东水西调	东水西调中线	大伙房水库	生活、工业	70	50	980	抚顺、沈阳等 7 市	一期完工
	三江连通	黑龙江、松花江、乌苏里江	三江平原	生活、工业、灌溉	12	44	—	黑龙江	规划
西北	引大入秦	大通河	兰州市以北	灌溉	32	4.43	249.72	秦王川地区	完工
	引大济湟	大通河	湟水流域	生活、工业、灌溉	35	7.5	116.42	湟水流域	在建
	引洮供水	洮河	兰州等 5 市	生活、灌溉	32	5.5	256.65（一期）	兰州等 5 市	二期在建
	引汉济渭	汉江	西安等 4 市	生活、工业	70	15	81.6	西安等 4 市	在建

续表

区域	工程名称	引水水源	供水目的地	供水目标	引水流量（立方米/秒）	年引水量（亿立方米）	管线长度（千米）	受益省份/城市	建设状态
西北	景泰川电力提灌	黄河五佛段	景泰等4市	灌溉	40	2.57	177	景泰等4市	完工
	黑河引水	黑河水库	西安市	生活、工业	30.3	4	143	西安市	完工
	引额济克	额尔齐斯河	克拉玛依	工业、灌溉	—	7.6	324	克拉玛依	完工
	引额济乌	额尔齐斯河	乌鲁木齐	工业、农业	30.5	5.6（一期）	379.26	乌鲁木齐	完工
	塔里木河生态输水	大西海子水库	塔里木河下游	生态	—	3.1	—	库车市、库尔勒	完工
	引哈济党	苏干湖水系	党河水系	工业、生活、生态	12	1	196	敦煌市	在建
西南	滇中调水	金沙江龙嘴	滇中	工业、生活	145	34.2	877	云南	规划
	黔中调水	乌江干流三岔河	黔中十余县	生活、工业、灌溉	22.77	7.41	156.5	贵州	一期完工
	漓江生态补水	漓江上游	桂林	防洪、补水	—	3.14	—	桂林	在建
华北	引滦入津	潘家口水库	天津	工业、生活	100	10	234	天津	完工
	引滦入唐	大黑汀水库	唐山	生活、工业、农业	60	5~8	52	唐山	完工
	引黄入晋	万家寨水库	太原等3市	生活、工业	48	12	449.8	太原等3市	完工

续表

区域	工程名称	引水水源	供水目的地	供水目标	引水流量（立方米/秒）	年引水水量（亿立方米）	管线长度（千米）	受益省份/城市	建设状态
华北	引黄入冀	渠村引黄闸	白洋淀	灌溉、生态	80	9	482	冀、豫	在建
	引黄济津（一）	位山闸	天津、白洋淀	生活、工业、生态	50	5	586	鲁、冀、津	完工
	引黄济津（二）	潘庄闸	天津、白洋淀	生活、工业、生态	100	10	392	鲁、冀、津	完工
	引黄济青	打渔张引水闸	青岛	生活、工业	10	0.9	290	青岛	完工
华东	引江济太	常熟枢纽	太湖	生态、生活	—	25（入太10）	—	江、浙	完工
	引江济淮	长江	淮河	生活、工业、航运	—	48.99（入淮26.05）	723	豫、皖	开建
	江水北调	江都枢纽	苏北	灌溉、排涝	400	34.5	404	江苏	完工
	青草沙水源地原水	青草沙水库	上海	生活、工业	83.2	26.4	179	上海	完工
	淠史杭	淠、史、杭河	豫、皖	防洪、灌溉	—	—	2.4万（总长）	豫、皖	完工
	沂沭泗	沂、沭、泗河	南四湖	防洪	—	—	—	苏、鲁	在建

续表

区域	工程名称	引水水源	供水目的地	供水目标	引水流量 （立方米/秒）	年引水水量 （亿立方米）	管线长度 （千米）	受益省份/城市	建设状态
华东	闽江北水南调	福州市竹岐乡	福州等4县市	生活、工业	100	22	181	福州等4县市	在建
	福建北溪引水	龙海江郭洲头	厦门市	工业、生活、灌溉	40	1.68	51	厦门市	完工
华南	东深引水	东江	香港	生活	69	17.43	68	香港、深圳	完工
	西江引水	西江	广州	生活	40.5	12.8	71.6	广州	完工
	南渡江引水	南渡江	海口	生活、工业、灌溉	17.02	2.39	50.34	海口市	完工

注：表中少数数据缺失，采用"—"表示。

根据我国最新批复的七大流域（主要包括长江、黄河、海河、淮河、松辽、太湖、珠江）综合规划可知，未来30年内，我国规划建设的调水工程约19项，新增调水总量大约297亿立方米。这些工程竣工后，我国调水工程的调水总量接近900亿立方米，其中规模较大的规划建设调水工程包括南水北调中线、东线后续工程和西线工程、滇中引水工程、引江济淮工程、西江调水工程等。按照《全国水资源综合规划》，到2030年，我国跨一级区调水总量将由目前的278亿立方米增加到476亿立方米（见图2-1），占调水总量的6.7%。

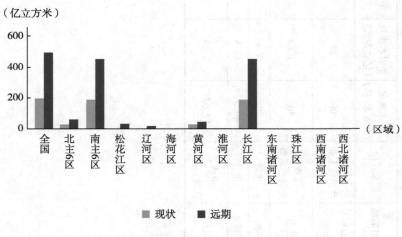

图2-1 中国跨水资源一级区调水情况统计

第二节 南水北调中线工程基本情况介绍

一 南水北调中线工程概况

在我国开展的众多跨流域调水工程中，南水北调中线工程可谓典型工程，是一项举足轻重的社会民生工程，关系到受水区经济社会的可持续发展以及居民生活水平的持续提高。该工程不仅可以缓解我国北方水资源严重短缺的现象，同时可以提高受水地区的生态文明建设成效。南水北调中线工程是从位于河南南阳淅川的丹江口水库陶岔闸取水口引水，流经长江与淮河流域分水岭的方城垭口，沿唐白河流域和黄淮海平原西部边缘开挖渠道，在河南荥阳通过隧道穿黄工程，一路沿京广铁路西侧北上，自流到北京、天津。南水北调中线干线工程全长1432千米（包括天津输水线路156千米），受益人口超过8000万，每年给受水区创造直接经济效益超过300亿元。不仅如此，南水北调中线干线工程调水规模为130亿立方米/年，尤其是一期工程已经达到95亿立方米/年。

南水北调中线工程在2003年12月开始动工，从长江水域中的最大支流汉江中上游的丹江口水库引水，沿着华北平原中西部引水渠，途经黄河，向北延伸至京广铁路西侧，在河北徐水县（曾用名）西黑山处分为两路：一路继续北上至北京市颐和园团城湖；另一路北上至天津外环河。南水北调中线一期工程于2014年12月正式通水，该工程经过11年的规划建设，总长达1432千米，计划年调水量为90亿立方米。这项举世瞩目的工程有效缓解了我国北方四个省市（河南、河北、北京、天津）长期水资源供应不稳定、不充足的情况。该工程沿线居民生活和工农业用水的稳定性与安全性均得到了极大提升，与此同时，受水地区的水资源生态环境也得到了极大改善，这些积极的变化与南水北调中线工程的建设是密不可分的。

南水北调中线工程主要由三部分构成，分别为：水源工程、输水工程和治理工程（汉江中下游）。水源工程主要涉及保障水源的质量、水量的重组和移民的妥善安置；输水工程主要涉及输水的平稳进行以及供水的稳妥安全；治理工程（汉江中下游）的主要作用是缓解甚至消除调水对汉江中下流域造成的不利影响。

二　南水北调中线工程水源区基本情况

（一）地理位置介绍

南水北调中线工程水源区位于汉江上游流域，主要包括丹江口水库周边地区及库区上游的整个集水区域，位于北纬31°20′—34°10′和东经106°—112°，涉及陕西、湖北、河南、四川等4省（市）11个地市46个县（区），土地面积达到9.54万平方千米。水源区主要由北部的秦岭山区、南部的大巴山区以及秦岭与大巴山之间的盆地、丘陵、部分南阳盆地及周边山地构成，山地植被垂直分异性特征明显。
水源区高山和盆地这两种类型的地形占据了水源区的绝大部分面积。
水源区的各地海拔高度差异较大，下至 100 米，上至 3177 米，平均
值为 915 米。水源区的地貌有着"两山夹一川"的显著特征。具体
而言，水源区的地貌类型主要为山地（88.9%）、丘陵和冲积
（3.9%）和洪积台地（6.9%）。水源区的北部和南部以山地（秦岭
南麓、大巴山北麓）为主，中部主要是盆地（汉中、安康盆地）。
水源区人类活动的主要区域为中部地势低平的汉中和安康盆地区
域。此外，水源区坡度最低是 0°，最高是 68.8°，坡度范围宽，差
异较为明显。

（二）气候水文

水源区属于北亚热带季风气候，具有明显的大陆性季风气候特
征。水源区常年平均气温为 16℃ 左右，年内的温度变化较大，夏季最
高气温可达 43℃，冬季温度低至-13℃，年平均日照时间为 2033 小
时，无霜期长达 232 天。水源区年降水量分布区间为 800—1000 毫
米，多年平均降水量为 880 毫米，整体上呈现"南多北少，东湿西
干"的分布特点。在时间上，降水量分布也不均衡，夏季降雨量多，
冬季降雨量偏少。按照月份分布来看，水源区每年 5 月到 10 月的降
水量占全年总降水量的 4/5 左右，这几个月也称为水源区的丰水期。
水源区的枯水期一般从当年 11 月开始，到次年 4 月结束，这期间水
源区的降水量占全年总降水量的 1/5 左右。经过统计分析可知，水源
区各大流域的年平均径流量大约为 369 亿立方米，平均径流深是
384.8 毫米。但是，水源区各大流域的径流量年内分布不均，丰水期
主要在 5—10 月，这期间的径流量占据了年平均径流量的 78%，枯水
期时间较长，河流径流量较少。此外，水源区径流量具有较强的季节
性特点，最大径流量一般出现在夏季，最小径流量则一般是在冬季出
现。特别地，该径流量最大值为 456.2 亿立方米，最小值为 211.75
亿立方米（均用多年平均径流量计算出）。

（三）维护土地利用与植被覆盖

为了保护水源地的生态环境，治理水土流失，增强水源质量，国

家逐步在丹江口库区推进自然保护区建设，对坡度大于 15 度的耕地实施退耕还林或者还草。水源区土地利用状况分别为：林地（46%）、草地（30%）和耕地（22%）（见表 2-6）。林地主要分布于水源区东部和西北部的高地；草地在水源区内的分布较广，很多区域均有草地；耕地主要分布于水源区西南部地势平缓地带。水源地位于北亚热带常绿阔叶混交林地带，森林植被由阔叶林、针叶林、灌木林以及灌草丛组成，植被类型丰富，主要有栓皮栎、锐齿槲栎、山杨、胡枝子、火棘等（白红英，2014）。

表 2-6　　　　　　　　　水源区土地利用类型

土地利用类型	面积（平方千米）	比例（%）
耕地	20988	22
林地	43884	46
草地	28620	30
水域	1125.72	1.18
建设用地	763.2	0.8
未利用土地	19.08	0.02

水源区土壤类型不仅包括黄棕壤、棕壤、黄褐土、粗骨土等，还有石灰土、新积土和水稻土等土壤类型，以黄棕壤和石灰土为主，土层厚度范围为 20—40 厘米，其中耕地土层厚度一般低于 30 厘米，且土壤有机质含量较低，砂石含量较高，土壤肥力较为瘠薄（白红英，2014；发改委，2005；廖炜，2011）。水源区经济发展水平偏低，85% 左右的县市人均 GDP 低于全国平均水平，工业化程度较低，近半区域农业产值占区域 GDP 的 30% 以上，其中白河、山阳、紫阳等少数市（县）超过 50%；区内以农业人口为主，所占比例超过 50%，人口密度较低，大多数地区人口密度小于 300 人/平方千米（见表 2-7）。

表2-7　南水北调中线水源区行政区划情况

省份	地（市）	县（市、区）名称	县数	气候特征及地带性	日照时数（小时）	年平均气温（度）	年均降雨量（毫米）	GDP（亿元）	人口（万人）
陕西	汉中	汉中市、南郑县、洋县、西乡县、勉县、略阳县、宁强县、镇巴县、留坝县、佛坪县	11	北亚热带湿润季风气候	1417	15.1	901.6	523.6	356.2
	宝鸡	太白县、凤县	2	温带季风气候	1946	9.5	613.2	161.4	15.6
	安康	汉滨区、汉阴县、石泉县、宁陕县、紫阳县、岚皋县、平利县、镇坪县、旬阳县、白河县	10	北亚热带大陆性湿润季风气候	1826	16	1231.9	416.4	271.6
	商州	商州市、洛南县、丹凤县、商南县、山阳县、镇安县、柞水县	7	暖温带半湿润季风山地气候	1945	12.9	721.5	356.1	241.5
	西安	周至县	1	温带季风气候	1512	12.8	730	66.27	67.2
湖北	十堰	丹江口市、郧县、郧西县、竹山县、竹溪县、房县、张湾区、茅箭区	8	亚热带季风性湿润气候	1958	15.3	821.4	862.7	336.4
	神农架	神农架林区	1	亚热带季风气候	1858	17.2	1650	18.6	7.9
河南	三门峡	卢氏县	1	大陆性季风气候	2118	12.6	623.9	46.9	38.4
	洛阳	栾川县	1	暖温带大陆性季风气候	2103	13.7	872.6	140	35.2
	南阳	西峡县、内乡县、淅川县	3	季风大陆半湿润气候	2009.4	15.1	823.6	452.6	179.1
四川	达州	万源县	1	亚热带半湿润气候	1321	14.7	1600	108.4	59.9

资料来源：水源区各行政区域2018年的统计年鉴。

注：南郑县、旬阳县、商州市、万源市为曾用名。

三　南水北调中线工程受水区基本情况

（一）行政范围

南水北调中线工程受水区范围为河南、河北、北京、天津 4 省（直辖市）的 18 个省辖市、25 个县级市和 99 个县城。其中，河南省的受水区范围包括南阳、平顶山、漯河、周口、许昌、郑州、焦作、新乡、鹤壁、安阳、濮阳等 11 个省辖市及 7 个县级市和 25 个县城；河北省的受水区范围包括邯郸、邢台、石家庄、保定、沧州、衡水、廊坊等 7 个省辖市及 18 个县级市和 74 个县城。南水北调中线工程受水区具体范围如表 2-8 所示。

表 2-8　　　南水北调中线工程受水区行政区域范围

省	地（市）	县（区）名称	县数（个）	受益人口（万人）
河南	南阳	邓州、万城、新野、社旗、唐河	5	619.86
	周口	商水	1	297.98
	漯河	临颍	1	220.02
	许昌	禹州、许昌、襄城、长葛	4	393.22
	新乡	辉县、获嘉、新乡、卫辉	4	284.4
	郑州	中牟、新郑	2	952.97
	平顶山	宝丰、叶县	2	242.42
	焦作	修武	1	133.4
	鹤壁	浚县、淇县	2	156.6
	安阳	安阳、内黄、滑城、汤阴	4	392.97
	濮阳	濮阳	1	96.35
河北	石家庄	莱城、新乐、鹿泉、栗城、高邑、儿氏、深泽、新集、普州、赞皇、正定、赵县、无极	13	1064.05
	保定	定州、安国、定兴、容城、安新、望都、唐县、顺平、易县、高阳、清苑、涿州、高碑店、徐水、雄县、博野、莱水、满城、蠡县	19	924.26
	邢台	沙河、临西、南宫、巨鹿、内邱、平乡、临城、柏乡、南和、宁晋、降务、任县、威县、广宗、新河、清河	16	801.37

续表

省	地（市）	县（区）名称	县数（个）	受益人口（万人）
河北	邯郸	成安、广平、馆陶、水年、林漳、大名、肥县、邱县、鸡泽、磁县、曲周、魏县	12	954.97
	沧州	泊头、吴侨、任氏、肃宁、黄骅、献县、河间、盐山、青县、孟村、海兴、东光、南皮	13	754.43
	衡水	深州、故城、冀州、枣强、安平、绕城、五邑景县、武强	8	448.6
	廊坊	霸州、大城、故女、文安、水清	5	114.76
北京	中心城区		—	2189.3
天津	中线城区	武清、新四区、宝坻、宁河、蓟县、静海、滨海区	7	1386.6

（二）社会经济

通过查阅河南、河北、北京、天津 4 省（市）2020 年的统计年鉴和《国民经济和社会发展公报》，统计各区域的社会经济指标，如全年全市生产总值、三次产业生产总值以及城镇和农村居民可支配收入等经济指标，可以衡量受水区社会经济发展水平，具体如表 2-9 所示。

表 2-9　　　2020 年南水北调中线工程受水区社会经济发展情况

省	地（市）	生产总值（亿元）	第一产业总值（亿元）	第二产业总值（亿元）	第三产业总值（亿元）	城镇居民可支配收入（元）	农村居民可支配收入（元）
河南	南阳	3925.86	652.46	1260.81	2012.58	33910	16091
	周口	3267.19	562.02	1343.01	1362.17	28864	12950
	漯河	1573.9	150	674.1	749.9	34108	11757
	许昌	3449.2	183.5	1818.9	1446.8	34926.1	19708.1
	新乡	3014.51	293.36	1352.45	1368.7	34097.2	17471.4
	郑州	12003	156.9	4759.5	7086.6	42887	24783

续表

省	地（市）	生产总值（亿元）	第一产业总值（亿元）	第二产业总值（亿元）	第三产业总值（亿元）	城镇居民可支配收入（元）	农村居民可支配收入（元）
河南	平顶山	2455.84	204.64	1108.03	1143.18	34813.81	15550.2
	焦作	2123.6	149.8	1480.2	1131.2	34431.5	20556
	鹤壁	980.97	78.01	553.88	349.08	33427	19573
	安阳	2300.5	239.3	1008.3	1052.9	35343	16996
	濮阳	1649.99	240.02	583.25	826.72	33643	14881
河北	石家庄	5935.1	498.6	1745.2	3691.3	40247	16947
	保定	3353.3	391.6	1109.7	1852	34112	16883
	邢台	2200.4	311.6	823.2	1065.6	33109	14943
	邯郸	3636.6	376.6	1571.3	1688.6	35498	16888
	沧州	3699.9	315	1433.8	1951.2	37838	15909
	衡水	1560.2	235.1	489.6	835.5	33223	15100
	廊坊	3301.1	221.5	1022	2057.6	37286	16467
北京	主城区	36102.6	107.6	5716.4	30278.6	69434	—
天津	主城区	14083.73	210.18	4804.08	9069.47	43854	—
平均		5530.87	278.89	1732.89	3550.99	37252.58	16858.54
全国		1015986	77754	384255	553977	43834	17131

由表 2-9 可得，2020 年受水区城镇居民人均可支配收入为 37252.58 元，是全国人均可支配收入水平（43834 元）的 85%；农村居民人均可支配收入为 16858.54 元，为全国人均水平（17131 元）的 98.4%。如果将时间跨度向前延伸 10 年的话，则可以看出，在 2014 年之前，受水区居民人均收入提升速度较慢，甚至少数地区呈现下降趋势；而在 2014 年南水北调中线工程通水之后，受水区居民人均收入普遍呈现上升趋势，表明南水北调中线工程为受水区带来的经济利益比较可观，据不完全统计，南水北调中线工程每年为受水区创

造的直接经济效益为 300 亿元。此外，受水区有些地区，如北京和天津的城镇人均可支配收入均超过全国人均收入水平。受水区第二、三产业总值普遍远超第一产业，说明受水区社会经济发展水平较高且经济发展实力较雄厚，部分地区的三产经济指标甚至赶超全国平均水平，说明这些地区有较强的经济能力对水源区水质保护行为提供补偿。

四　水源区生态环境变化过程分析

（一）水源区主要污染物排放情况

丹江口水库入库支流较多，给水源区水资源提供了丰富的补给量，所以水源区水质整体良好，常年稳定保持在Ⅱ类以上标准，为南水北调提供了良好的水质条件。但是，部分支流水污染问题依然较为突出，《丹江口库区及上游水污染防治和水土保持"十三五"规划》显示，2015 年，水源区主要污染物化学需氧量排放总量达到 17 万吨，总氮排放总量达到 5.96 万吨，氨氮排放总量达到 2.23 万吨，其中农业农村的污染排放量占污染物化学需氧量、总氮和氨氮排放量的比例分别为 49%、74%、43%，显然农业农村的面源污染已成为水源区水质污染的主要来源，如图 2-2 所示。

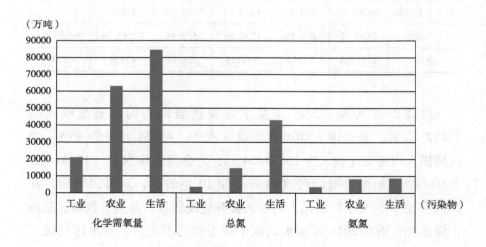

图 2-2　水源区主要污染物排放量

（二）水源区主要污染物排放量变化情况

在我国众多基础设施工程项目中，南水北调中线工程的地位及其发挥的作用具有不可替代性。该工程不仅能缓解我国华北地区水资源的短缺，同时也能优化水资源配置并能提高所涉及地区的生态文明建设成效。但是，南水北调中线工程水源区涉及面积较大，范围较广，依然存在一些水污染现象。淅川县是该工程渠首所在地和核心水源地，所以本小节以淅川县为例进行阐述。

淅川县隶属于河南省南阳市，目前淅川县的生态保护工作效果相较于南水北调中线工程建设之前有了极大的提升。但是，该工程的建设与通水也给淅川县带来了一定的影响。本书收集并分析淅川县2009—2018年这十年间主要污染物的排放量情况，包括化学需氧量、总氮、总磷等，探究水质变化情况，并以此反映近年来水源区生态环境的变化情况。

2009—2018年，淅川县在这十年间化学需氧量与总氮的排放量与总磷排放量的整体趋势相同，均呈上升趋势。特别地，2018年前两者的排放量分别是1717.38吨/年，1687.96吨/年，而后者的排放量则达到391.35吨/年，如图2-3及图2-4所示。

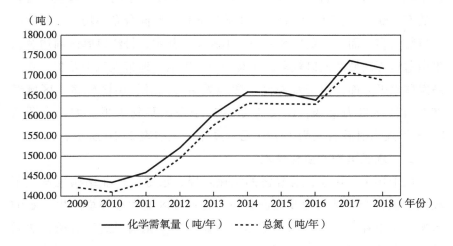

图2-3　淅川县2009—2018年化学需氧量（COD）和总氮（TN）排放量

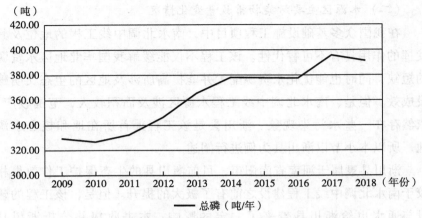

图 2-4 淅川县 2009—2018 年总磷（TP）排放量

第三节 南水北调中线工程水源区
社会经济状况分析

一 经济发展总体水平

据 2018 年的统计数据显示，水源区的总人口数量为 1280.63 万人，其中城镇人口数为 538.38 万人，占比为 42.04%；农村人口数量占总人口的 57.96%，为 742.25 万人。水源区人口的空间分布不均，一些地区人口数较多，而另一些地区人口数则较少。其中，丹江口库区周边及伏牛山盆地等区域的人口较多，而秦岭山脉等山区地带人口则较少。在经济发展水平方面，由于水源区多数地处秦岭山脉，山区较多，区域经济发展整体实力偏弱，GDP 总量落后于全国平均水平。如，水源区 2018 年人均财政收入为 17110 元，具体情况如表 2-10 所示。

二 水源区产业变化情况

近十年来，由于社会经济的快速发展，水源区产业结构也发生了较大变化，产业结构的改变也势必会对水源区的生态环境产生一定的影响。本书在此先对水源区整体的产业结构变化情况进行分析，然后针对水源区内的南阳、洛阳、三门峡、宝鸡、安康、汉中、商洛、十堰、达州等地区产业结构的变动情况依次进行分析。

表 2-10　　　　　南水北调中线工程水源区社会经济情况

省	市	县（区）	城镇人均收入（元）	城镇人口（万人）	农村人均收入（元）	农村人口（万人）	人均财政收入（元）
陕西	汉中	汉台区	31583	35.89	11173	24.81	25962
		南郑	31203	18.63	10938	43.25	18251
		城固	31075	16.28	11054	43.40	19096
		洋县	30600	17.24	10729	24.84	17260
		西乡	30450	16.08	10665	21.35	17474
		勉县	30874	18.53	10825	26.25	20044
		略阳	29850	8.84	10413	10.74	18391
		宁强	30051	6.57	10574	29.44	17868
		镇巴	29816	10.57	10362	16.52	16416
		留坝	29908	2.05	10473	2.62	17624
		佛坪	29890	1.22	10520	2.35	18641
	宝鸡	太白	27825	2.22	11148	3.04	17500
		凤县	30354	6.68	11930	4.82	28817
	安康	汉滨区	25723	48.29	10098	61.41	17765
		汉阴	24918	14.36	10034	19.47	15051
		石泉	25593	8.44	10352	11.36	15922
		宁陕	24661	1.97	9844	5.87	15710
		紫阳	24770	10.71	9783	26.09	14794
		岚皋	25482	6.44	10181	11.81	15643
		镇坪	25213	2.54	10238	3.90	15253
		平利	25115	6.43	10523	19.03	16176
		旬阳	25339	14.06	10436	35.74	16357
		白河	25027	5.93	9959	17.76	15266
	商洛	商州区	25029	26.43	10488	32.14	15856
		洛南	23764	24.65	9377	24.73	14676
		丹凤	20462	18.18	9131	15.60	13243
		商南	23084	14.84	8405	11.82	13990
		山阳	23338	26.05	10386	24.31	15120
		镇安	27929	13.22	9780	14.05	15531
		柞水	24668	7.69	9281	9.33	15032

续表

省	市	县（区）	城镇人均收入（元）	城镇人口（万人）	农村人均收入（元）	农村人口（万人）	人均财政收入（元）
陕西	西安	周至	20963	17.00	12767	59.41	15001
湖北	十堰	丹江口	27556	15.60	11029	35.21	18451
		郧县	8978	9.54	3676	61.25	7127
		郧西	22860	12.43	8779	10.10	13478
		竹山	24726	17.09	9861	29.93	14394
		竹溪	24210	12.45	9737	22.11	8786
		房县	28146	16.90	10731	26.80	16383
		张湾区	35458	37.60	12424	3.50	34289
		茅箭区	35025	36.27	12275	0.89	35250
	神农架	神农架林区	28627	3.74	10777	4.83	18614
河南	三门峡	卢氏	27021	8.05	10298	34.10	15536
	洛阳	栾川	31965	18.18	12711	17.55	20965
	南阳	西峡	27560	21.28	14892	26.31	20021
		内乡	27557	29.98	13466	48.95	18197
		淅川	31088	28.08	12938	39.98	19460
四川	达州	万源	28220	12.78	10638	50.68	21549

资料来源：历年统计年鉴、统计公报。

（一）水源区产业总体变动情况分析

由图 2-5 可以看出，2010—2020 年，水源区的 GDP 上升了 11430 亿元，增幅达到 129.8%，年平均增长率为 11.8%，其中 2010—2015 年的 GDP 增长速度较快，2015—2019 年增长速度相对缓慢。然而，2019—2020 年水源区 GDP 增速明显下降，基本没有增长。从产业分类情况来看，在 2010—2020 年间，水源区第一、二、三产业的产值均得到了不同幅度的增长，但是增长幅度不一致。其中，第一产业产值由 2010 年的 1271 亿元增长到 2020 年的 2376 亿元，增幅为 86.9%；第二产业产值由 2010 年的 4885 亿元增长到 2020 年的 8381 亿元，总增长量为 3495 亿元，增长幅度为 71.5%；第三产业产值由 2010 年 2650 亿元增长到 2020 年的 9480 亿元, 总增长量为 6830 亿元, 增幅为 257.8%。由此可见, 在水源区三大产业发展过程中, 第三产业增加幅度和总增长量最大; 第二产业产值在 2010—2018 年期间, 呈现总体增长态势, 但是由于水源区产业转型、高质量发展内涵建设等综合要素的影响, 自 2019 年开始, 水源区第二产业产值开始出现下降趋势。

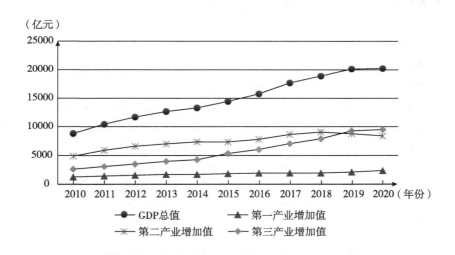

图 2-5 2010—2020 年水源区产业结构总体变化曲线

(二) 安康市产业变动情况分析

由图 2-6 可知, 2010 年以来, 安康地区的 GDP 呈现逐年增加的趋势, 从 2010 年的 976.09 亿元上升到 2020 年的 2276.95 亿元, 增幅达到 133.3%, 年平均增长率为 12.2%。其中, 2010—2017 年的 GDP 增长速度较快, 2017—2018 年增长速度相对缓慢, 在 2018—2019 年间, 安康市的 GDP 出现了下降。在 2019—2020 年, 安康市经济发展受到了较大影响, 但是在政府和全体民众的共同努力下, 安康市的经济发展依然呈现增长的态势。从产业分类情况来看, 在 2010—2020 年间, 安康市第一、二、三产业的产值均得到了不同程度的增长, 但是增长幅度不一致。其中, 第一产业产值由 2010 年的 104.2

亿元增长到2020年的205.14亿元，增幅为96.9%；第二产业产值由2010年的614.4亿元增长到2020年的1261.2亿元，总增长量为646.8亿元，增长幅度为105.3%；第三产业产值由2010年的257.5亿元增长到2020年的810.6亿元，总增长量为553.2亿元，增幅为214.8%。由此可见，在安康市三大产业发展过程中，第三产业产值增加幅度和总增长量最大；第二产业产值在2010—2018年间呈现总体增长态势，但是在2018年以后呈现逐年下降的趋势。

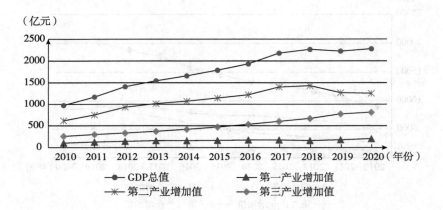

图2-6 2010—2020年安康市产业结构变化曲线

（三）南阳市产业变动情况分析

由图2-7可知，2010年以来，南阳地区的GDP总体呈现逐年增加的趋势（2014年例外），从2010年的1955.8亿元上升到2020年的3925.9亿元，增幅达到100.7%，年平均增长率为9.2%。从南阳市GDP变化曲线可知，南阳市GDP变化分为三个阶段，即2010—2013年、2013—2014年、2014—2020年，其中2010—2013年和2014—2020年南阳市GDP呈现稳步增长态势，而且增长速度比较均衡，但是在2013—2014年期间，南阳GDP出现了下降的趋势。从产业分类情况来看，在2010—2020年间，南阳市第一、二、三产业的产值均得到了不同幅度的增长，但是增长幅度不一致。其中，第一产业产值由2010年的401.2亿元增长到2020年的652.5亿元，增幅为

62.6%；第二产业产值由 2010 年的 1017.1 亿元增长到 2020 年的
1260.8 亿元，总增长量为 243.74 亿元，增长幅度为 24%；第三产业
产值由 2010 年的 537.6 亿元增长到 2020 年的 2012.6 亿元，总增长
量为 1475 亿元，增幅为 274.4%。由此可见，在南阳市三大产业发展
过程中，第三产业产值增加幅度和总增长量最大，第二产业产值增长
速度最慢，十年间共增长了 24%，远低于河南省甚至全国平均水平，
究其原因主要在于南水北调中线工程建设和运行对南阳工业企业发展
影响巨大，也迫切要求南阳市转变经济发展方式，实现南阳市绿色生
态经济的转型发展。

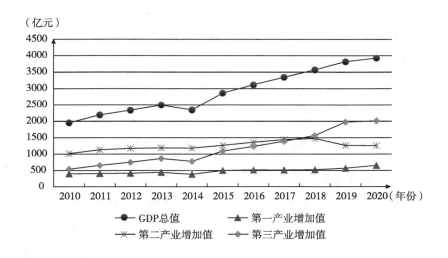

图 2-7　2010—2020 年南阳市产业结构变化曲线

（四）汉中市产业变动情况分析

如图 2-8 所示，2010—2020 年，汉中市 GDP 逐年攀升。该市的
GDP 从 2010 年的 509.7 亿元上升到 2020 年的 1593.4 亿元，增幅为
212.6%，年平均增长率为 19.4%。其中，汉中市 GDP 在 2010—2018
年增长较快，增幅为 188.8%；2018 年以后，汉中市的 GDP 增长速度
明显放慢，平均增长速度大约为 16%。此外，这十年间，汉中市第
一、二、三产业产值的增幅均超过 100%，分别达 136.8%、221.5%

和245.6%，总的来说，汉中市三大产业产值的变化趋势呈上升状。第三产业产值的增长速度比较稳定，呈现逐年增长的态势，自2016年开始，汉中市第三产业产值逐年接近第二产业产值，且自2019年以来，汉中市第三产业产值开始超越第二产业产值，成为汉中市GDP占比最大的产业。

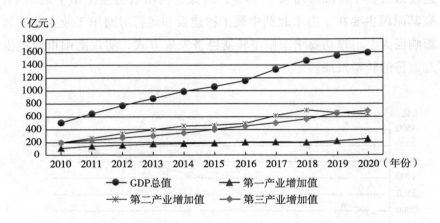

图2-8　2010—2020年汉中市产业结构变化曲线

（五）商洛市产业变动情况分析

由图2-9可知，2010—2019年，商洛地区的GDP总体呈现逐年增加的趋势，但是在2019—2020年，商洛地区的GDP首次出现下降，从2019年的837.21亿元下降到2020年的739.46亿元，下降幅度达到11.6%。在2010—2019年，商洛地区的GDP由2010年的285.9亿元上升到2019年的837.21亿元，增幅达到192.8%，年平均增长率为21.4%。从商洛市GDP变化曲线可知，商洛市GDP变化分为三个阶段，即2010—2017年、2017—2019年、2019—2020年，其中2010—2017年和2017—2019年商洛市GDP呈现稳步增长态势，但是增长速度不一致，2010—2017年的增长速度较大，而2017—2019年的增长速度出现了明显下降，增长比较缓慢。从产业分类情况来看，在2010—2020年间，商洛市第一、二、三产业的产值均得到了不同幅度的增长，但是增长幅度不一致。其中，第一产业产值由

2010 年的 58.05 亿元增长到 2020 年的 114.49 亿元，增幅为 97.2%；
第二产业产值由 2010 年的 117.82 亿元增长到 2020 年的 265.94 亿元，
总增长量为 148.12 亿元，增长幅度为 125.7%；第三产业产值由 2010
年的 110.03 亿元增长到 2020 年的 359.02 亿元，总增长量为 248.99 亿
元，增幅为 226.3%。由此可见，在商洛市三大产业发展过程中，第三
产业产值增加幅度和总增长量最大，第一产业产值增长速度最慢，十
年期间共增长了 97%。此外，根据第二产业变化曲线可知，2017 年
之前商洛市的第二产业产值逐年增加，但是此后出现了持续下降的趋
势，且每年的下降幅度均比较大。

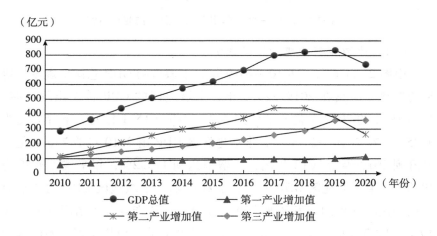

图 2-9 2010—2020 年商洛市产业结构变化曲线

（六）洛阳市产业变动情况分析

如图 2-10 所示，洛阳市的 GDP 在 2010—2020 这十年间上升
了 2807.2 亿元，增幅为 120.94%，年平均增长率为 12.1%。2015 年
以前，洛阳市的 GDP 增长较慢，2015 年以后，洛阳市 GDP 增长速度
较快。在 2010—2020 年间，洛阳市第一、二、三产业的产值均得到
了不同幅度的增长，增长幅度有较大的差距，其中，第三产业产值的
增幅较高，为 247.45%，是第一产业产值增幅（35.45%）的 7 倍左
右，约是第二产业产值增幅（65.61%）的 4 倍。

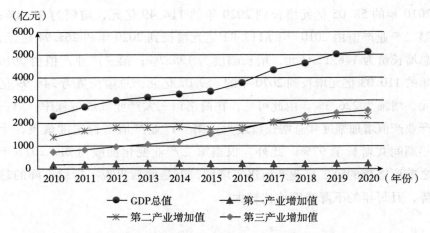

（亿元）

图 2-10　2010—2020 年洛阳市产业结构变化曲线

（七）十堰市产业变动情况分析

由图 2-11 可知，2010—2019 年，十堰市的 GDP 总体呈现逐年增加的趋势，但是在 2019—2020 年，十堰地区的 GDP 首次出现下降，从 2019 年的 2012.7 亿元下降到 2020 年的 1915.1 亿元，下降幅度为0.95％。在 2010—2019 年，十堰地区的 GDP 由 2010 年的 736.8 亿元上升到 2019 年的 2012.7 亿元，增幅达到 173.2％，年平均增长率为19.2％。由十堰地区 GDP 的变化曲线可知，十堰地区 GDP 的变化总体还是比较均衡的，发展速度也比较稳定。从产业分类情况来看，在2010—2020 年间，十堰市第一、二、三产业的产值均得到了不同幅度的增长，但是增长幅度不一致。其中，第一产业产值由 2010 年的77.8 亿元增长到 2020 年的 190.3 亿元，增幅为 144.6％；第二产业产值由 2010 年的 402.1 亿元增长到 2020 年的 793.2 亿元，总增长量为391.1 亿元，增长幅度为 97.3％；第三产业产值由 2010 年的 256.9 亿元增长到 2020 年的 931.6 亿元，总增长量为 674.7 亿元，增幅为262.6％。由此可见，在十堰市三大产业发展过程中，第三产业产值增加幅度和总增长量最大，第二产业产值增长速度最慢，十年期间共增长了 97％。此外，根据第二产业变化曲线可知，2019 年之前十堰市的第二产业产值逐年增加，但是 2019 年以后该地区的第二产业产值出现了下降，且下降幅度比较大。

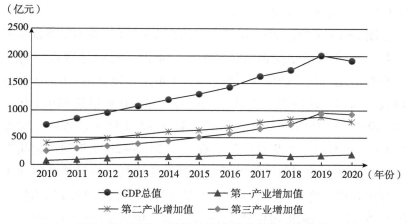

图 2-11　2010—2020 十堰市产业结构变化曲线

（八）三门峡市产业变动情况分析

如图 2-12 所示，2010—2018 年，三门峡市 GDP 的整体变化趋势呈现上升状，从 2010 年的 874.4 亿元上升到 2018 年的 1528.12 亿元；2018—2020 年间，三门峡市的 GDP 出现了下降趋势，从 2018 年的 1528.12 亿元下降到 2020 年的 1450.7 亿元，下降幅度达到5.06%。在不同产业发展方面，三门峡市的第一、三产业产值总体上呈现上升趋势，但是第二产业上升幅度最小，仅为 14.7%，而第三产业则成为三门峡市增长幅度最大和增长速度最快的产业，增长总量为411.31 亿元，增长幅度达到了 200.4%。

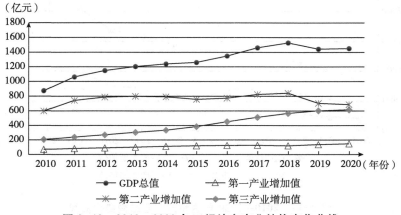

图 2-12　2010—2020 年三门峡市产业结构变化曲线

（九）达州市产业变动情况分析

由图 2-13 可知，2010 年以来，达州市的 GDP 总体呈现逐年增加的趋势，2020 年虽然受到疫情影响，但是由于达州地区疫情防控得力，没有造成大规模的传播，所以 2020 年达州地区的 GDP 依然出现了增长。2010—2020 年，达州地区的 GDP 由 2010 年的 819.2 亿元上升到 2020 年的 2117.8 亿元，增长总量为 1298 亿元，总增长幅度为 158.5%。从不同产业发展情况来看，在 2010—2020 年间，达州市第一、二、三产业的产值均得到了不同幅度的增长，但是增长幅度不一致。其中，第一产业产值由 2010 年的 194.99 亿元增长到 2020 年的 393.57 亿元，增幅为 101.8%；第二产业产值由 2010 年的 409.59 亿元增长到 2020 年的 720.3 亿元，总增长量为 310.7 亿元，增长幅度为 75.9%；第三产业产值由 2010 年的 214.62 亿元增长到 2020 年的 1003.93 亿元，总增长量为 789.31 亿元，增幅为 367.8%。由此可见，在达州市三大产业发展过程中，第三产业产值增加幅度和总增长量最大，第二产业产值增长速度最慢，十年间共增长了 75%。此外，根据第二产业变化曲线可知，2014 年之前达州市的第二产业产值逐年增加，但是此后该地区的第二产业产值呈现下降与上升交替的趋势。

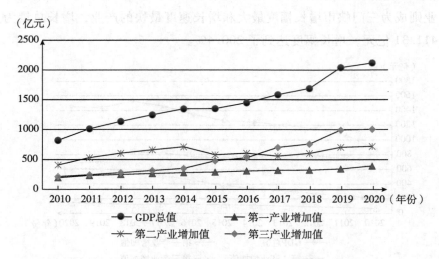

图 2-13　2010—2020 年达州市产业结构变化曲线

（十）宝鸡市产业变动情况分析

由图 2-14 所示，2010 年至 2020 年，宝鸡市 GDP 变化趋势整体呈上升状，该市的 GDP 从 2010 年的 976.09 亿元上升到 2018 年的 2265.16 亿元；2018—2020 年间，宝鸡市的 GDP 增长速度出现了明显放缓趋势，从 2018 年的 2265 亿元增长到 2020 年的 2276 亿元，增长量不到 10 亿元。在不同产业发展方面，宝鸡市的第一、二、三产业产值总体上呈现上升趋势，但是第一产业上升幅度最小，仅为 96.9%，而第三产业则成为宝鸡市增长幅度最大和增长速度最快的产业，增长总量为 553.76 亿元，增长幅度达到了 214.8%。

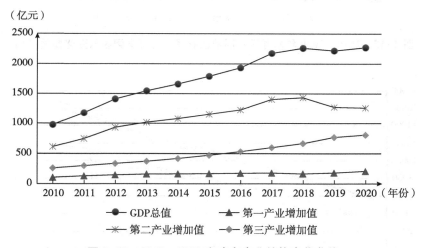

图 2-14　2010—2020 宝鸡市产业结构变化曲线

三　水源地人均纯收入变化特征

（一）农村居民人均可支配收入变化情况

2010—2020 年，南水北调中线工程水源区农村居民人均可支配收入呈现逐年增加的趋势（见图 2-15、图 2-16），从 2010 年的 4724 元上升到 2020 年的 13947 元，增幅为 195.2%，年平均增长率为 19.5%。从不同地区来看，达州地区农村人均可支配收入的增长量最大，为 11792 元，而商洛地区的农村人均可支配收入增长量最小，仅为 7168 元。从增长速度来看，多数地区的增长速度非常接近，大约在 185% 左右，但是十堰地区的增长速度最大，为 235%。

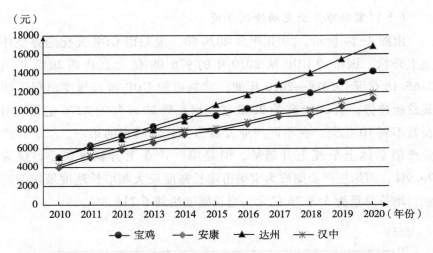

图 2-15 2010—2020 年水源区不同地区农民人均可支配收入变化曲线（1）

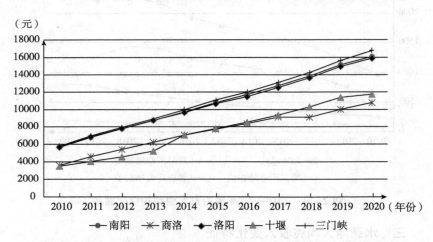

图 2-16 2010—2020 年水源区不同地区农民人均可支配收入变化曲线（2）

（二）城镇居民人均可支配收入变化情况

2010—2020 年，南水北调中线工程水源区城镇居民人均可支配收入呈现逐年增加的趋势（见图 2-17、图 2-18），从 2010 年的 15107元上升到 2020 年的 33360 元，增幅为 120.8%，年平均增长率为12.1%。从不同地区来看，达州地区城镇居民人均可支配收入的增长量最大，为 23377 元，而商洛地区的城镇居民人均可支配收入增长量最小，仅为 11805 元。从增长速度来看，不同地区城镇居民人均可支配收入的增长幅度差异性比较大，其中达州地区增长幅度最大，达到了 185%，而商洛地区的增长幅度仅为 79.7%。

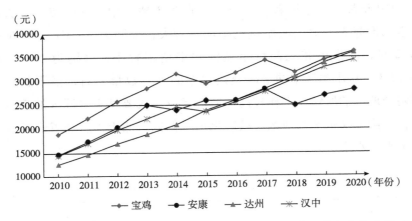

图 2-17　2010—2020 年水源区不同地区城镇居民人均可支配收入变化曲线（1）

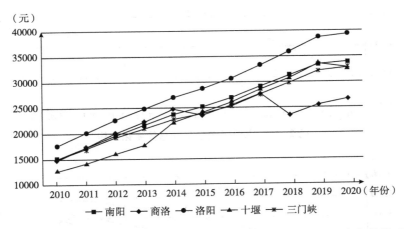

图 2-18　2010—2020 年水源区不同地区城镇居民人均可支配收入变化曲线（2）

四　水源区城镇化率变化特征

如图 2-19 所示，水源区总体的城镇化率在 2010—2020 这十年间逐年攀升，年均增长率为 1.7%。在 2020 年攀升至最高点（52.7%），增幅约为 17.1%。特别地，在这十年发展进程中，虽然每年水源区总体的城镇化率都在攀升，但是这一数据和全国平均的城镇化率相比仍然偏低，需加快城镇化步伐。如图 2-20 和图 2-21 所示，水源区各地区的城镇化率在 2010—2020 年这十年间也有不同程度的增长，且部分地区呈现波动增长。总的来说，各地区的城镇化率相较于 2010 年都有了不同程度的上升。在各个地区中，汉中市、十堰市和宝鸡市等 3 个地区的城镇化率增幅较大，分别为 23.5%、19.6%、18.26%；商洛市和三门峡市城镇化率增幅较小，分别为 14.5% 和 14.35%。从水源区不同地区城镇化率的绝对数量来看，洛阳和三门峡两个地区的城镇化率比较高，城市建设步伐要高于水源区的其他地区；南阳和汉中两个地区的城镇化水平偏低，低于其所在省份甚至是全国平均水平。

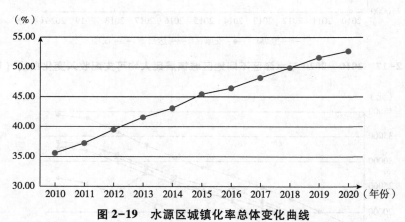

图 2-19　水源区城镇化率总体变化曲线

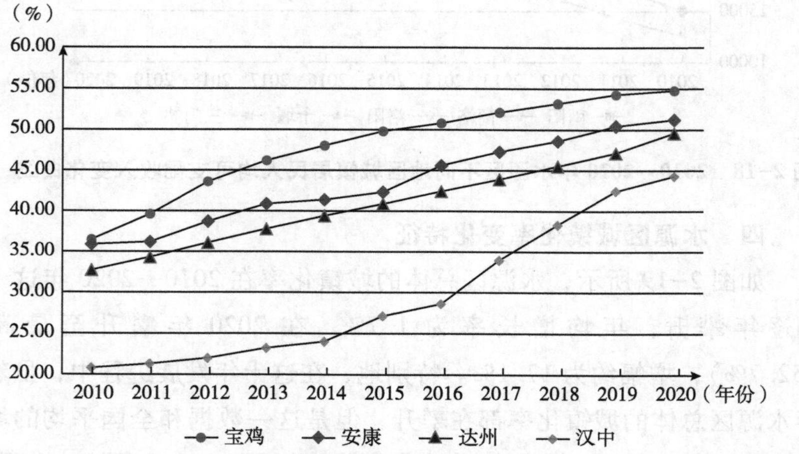

图 2-20　水源区不同地区城镇化率变化曲线（1）

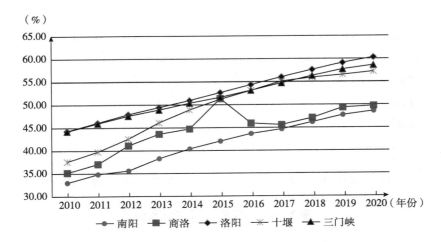

图 2-21　水源区不同地区城镇化率变化曲线（2）

五　水源区人口变化特征

（一）总人口变化情况

2010 年以来，水源地总人口数呈现先增加后减少的变化趋势。在 2010—2016 年间，水源区总人口数由 4193.87 万人增加到 4227.79 万人，共增加人口 33.92 万人，增加幅度为 0.81%；在 2016 年以后，水源区人口数量出现了减少趋势，由 2017 年年初的 4227.79 万人减少到 2020 年年末的 4135.58 万人，共减少了 92.21 万人，减少幅度为 2.18%。水源区各个地区人口数变化趋势各有不同，其中总体呈现增长趋势的地区包括宝鸡（+5.47 万人）、安康（+5.12 万人）、商洛（+6.07 万人）、洛阳（+50.3 万人）；人口总数呈现减少趋势的地区包括达州（-22.7 万人）、汉中（-1.15 万人）、南阳（-55.9 万人）、十堰（-25.6 万人）和三门峡（-19.9 万人）。在人口总数方面，南阳地区的人口数量最多，约占水源区总人口数量的 1/4，三门峡的人口数量较少，仅占水源区总人口的 5%。

（万人）

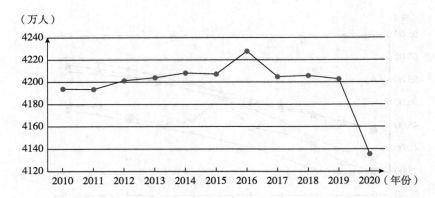

图 2-22　水源区总人口变化曲线

（万人）

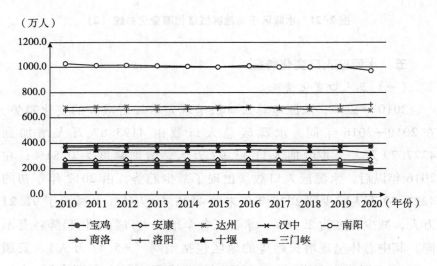

　　宝鸡　　　安康　　　达州　　　汉中　　　南阳
　　商洛　　　洛阳　　　十堰　　　三门峡

图 2-23　2010—2020 年水源区不同地区人口变化曲线

（二）城镇人口变化情况

　　2010 年以来，水源区城镇人口数呈现稳步增加的趋势，由 2010 年的 1495.65 万人增长到 2020 年的 2182.21 万人，城镇人口共增加 686.56 万人，增长幅度达到了 45.9%。水源区城镇人口的增加主要得益于水源区城镇化水平的不断提升，推动了水源区乡村人口陆续进城安家置业。从水源区不同地区来看，各地区的城镇人口总数均出现增加的趋势，其中增长绝对值最大的地区为洛阳市（增加135万人），究其原因主要在于作为河南省副中心城市，洛阳市加快了城镇化建设步伐，推动了更多的乡村人口转变为城镇市民；增长绝对值最小的地区为三门峡（增加20.3万人），其原因主要是三门峡地区的总人口数量较少。从增长幅度来看，城镇人口增长幅度最大的地区为汉中市（增幅为112.48%），增长幅度最小的地区为三门峡市（增幅为20.53%）。

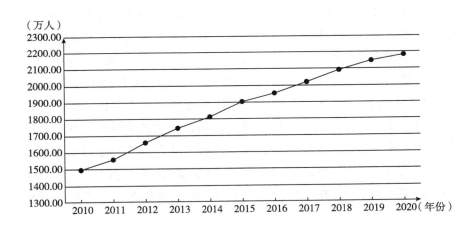

图2-24　水源区城镇人口总量变化曲线

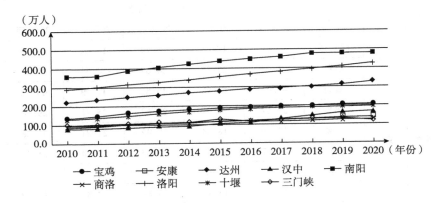

图2-25　水源区不同地区城镇人口变化曲线

第四节 南水北调中线工程水源区
农业发展现状

一 农业发展总体规模

农业是南水北调中线工程水源区的重要支柱产业，农业产值在水源区 GDP 中占据了重要的地位。从表 2-11 可以看出，2018 年水源区第一产业增加值达到了 3808 亿元，占据了水源区 GDP 的近 1/10。在农业生产方面，随着科学技术的不断提升，水源区农业生产的科技含量也在不断提升，机械设备在农业生产过程中经常被使用。2018 年，水源区使用机械设备进行农业生产的总用电量达到了 700 万千瓦时，比 2011 年增长了 20%，虽然与我国其他地区相比依然比较落后，但是发展速度还是比较快的。近年来，伴随着我国各界对环境保护工作的认识程度与重视程度的增加，我国水源区的生态文明建设工作成效也日益提升。特别地，我国水源区的灌溉面积在 2018 年达到了561.73 千公顷，与 2011 年相比，水源区灌溉面积在短短 7 年内就增加了 95.94 千公顷。

表 2-11　　　水源区 2014—2018 年第一产业增加值　　单位：亿元

省	市	县（区）	第一产业增加值				
			2014 年	2015 年	2016 年	2017 年	2018 年
陕西	汉中	汉台区	16.86	17.03	18.74	18.82	14.66
		南郑	21.71	22.38	24.62	24.55	30.35
		城固	42.45	43.90	46.81	47.19	43.62
		洋县	22.87	23.52	25.63	25.71	29.44
		西乡	17.79	18.54	20.42	21.21	21.28
		勉县	19.97	20.57	22.65	22.54	21.22
		略阳	8.19	8.97	9.77	9.83	8.53
		宁强	17.71	18.19	19.86	19.87	16.19
		镇巴	15.70	16.17	17.25	17.40	17.14
		留坝	2.93	2.64	2.79	2.87	2.98

续表

省	市	县（区）	第一产业增加值				
			2014 年	2015 年	2016 年	2017 年	2018 年
陕西	汉中	佛坪	1.20	1.25	1.34	1.36	1.75
	宝鸡	太白	5.38	5.76	5.97	6.42	6.67
		凤县	6.48	6.67	7.04	7.44	7.15
	安康	汉滨区	22.65	22.79	24.25	24.88	31.61
		汉阴	11.93	12.30	13.08	13.52	14.67
		石泉	6.45	6.57	7.12	7.30	8.32
		宁陕	4.15	4.22	4.44	4.63	5.00
		紫阳	11.18	11.05	11.60	11.91	14.14
		岚皋	6.16	6.41	6.83	7.02	8.27
		镇坪	3.04	3.12	3.29	3.44	4.02
		平利	9.92	10.28	10.74	10.98	10.79
		旬阳	12.34	12.48	13.30	13.60	17.73
		白河	7.15	7.38	7.78	7.95	9.81
	商洛	商州区	13.91	13.25	13.99	14.33	14.03
		洛南	20.22	19.98	22.20	22.00	21.22
		丹凤	11.29	10.96	11.30	11.36	10.84
		商南	12.11	11.76	12.60	12.35	12.02
		山阳	16.87	17.92	19.68	19.76	18.81
		镇安	12.14	11.59	12.05	12.27	12.28
		柞水	6.19	6.24	6.56	6.66	6.21
	西安	周至	30.21	29.65	33.94	34.10	33.23
湖北	十堰	丹江口市	26.27	26.01	29.34	30.46	28.65
		郧县	18.76	20.26	22.79	23.32	24.35
		郧西	20.01	20.55	21.89	23.43	25.60
		竹山	19.30	19.89	21.19	22.07	24.02
		竹溪	17.41	22.57	25.59	24.11	25.99
		房县	22.71	23.73	25.81	27.38	29.54
		张湾区	3.54	3.48	3.35	2.79	2.90
		茅箭区	1.11	1.19	1.63	1.60	1.50
	神农架	神农架林区	1.92	1.95	2.22	2.31	2.18

续表

省	市	县（区）	第一产业增加值				
			2014 年	2015 年	2016 年	2017 年	2018 年
河南	三门峡	卢氏	19.85	20.60	21.47	20.61	22.50
	洛阳	栾川	13.34	13.69	14.57	13.24	14.97
	南阳	西峡	26.51	27.75	29.25	28.23	29.81
		内乡	33.39	35.11	36.57	36.11	38.13
		淅川	33.74	35.50	37.11	36.43	38.47
四川	达州	万源	26.89	27.67	30.58	30.53	31.10

资料来源：水源区各省份、地市的相关年份统计年鉴、统计公报。

二 农业内部结构发展现状

根据水源区各行政区域 2018 年统计年鉴数据得知，水源区农林牧渔业的增加值比上年增长 4.2%。其中，种植业增长 4.6%，林业增长 8.6%，畜牧业增长 0.3%，渔业增长 2.3%，农林牧渔服务业增长 6.9%。农林牧渔业产值结构也得到了明显改善，农业、渔业和牧业的产量比例均有所下降，林业产值比例和农林牧渔服务业产值比例上升较大，其农业内部结构及占比如图 2-26 所示。

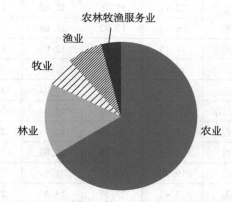

图 2-26 水源区第一产业内部结构示意

2010 年以来，水源区农业发展速度较快，粮食产量从 2010 年的 3299 万吨增长到 2018 年的 7133 万吨，增加幅度超过 100%。农林牧渔总产值也稳步增长，2010—2018 年也增长了将近一倍，尤其是在水源区退耕还林政策的支持下，水源区林业产值增长速度较快，年均增长速度达到了8.2%左右，粮食产量也实现了连续11年增长，具体如图2-27所示。

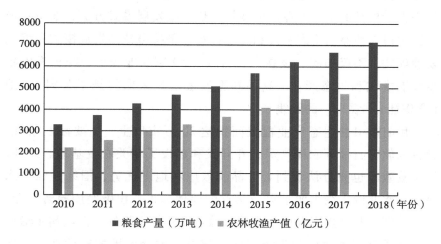

图 2-27　水源区 2010—2018 年粮食产量和农林牧渔产值趋势

三　农业发展主导模式

资源驱动模式及劳动力成本模式是目前水源区农业发展主要采用的两种模式，详细阐述如下。

（一）资源驱动模式

水源区农业发展的资源驱动模式有两种。第一种模式是自然资源驱动模式，第二种是旅游资源驱动模式。通过前文对水源区地形地貌的分析可知，水源区的农业和旅游业具有得天独厚的地理优势和资源优势，并且由于水源区隶属秦岭山脉，地形复杂多变，不同地貌适合不同农作物的生长。因此，水源区农产品种类繁多，并且这些农作物都能够充分利用地形地貌的优势，长势良好，例如小麦、蔬菜和水果在水源区生长态势良好，产量较高。此外，由于水源区水资源供应充足，且水质较好，污染较少，因此，水源区农作物的质量较好，多数农作物符合国家生态产品的标准。

本节选择南阳市淅川县这一典型地区来进行分析。作为南水北调中线工程核心水源地和渠首所在地，淅川县地处于三省（豫鄂陕）七县市接合部，淅川县境内有丹江、刁河等五大河流，丹江及其支流占淅川县面积的 93.5%。根据淅川县社会经济发展统计数据，淅川县是农业大县，农业产值占据全县 GDP 的重要地位，从表 2-11 可知，近年来，淅川县的第一产业产值增加较快。在发展模式方面，淅川县依托当地得天独厚的生态资源和环境优势，坚持可持续发展模式和绿色发展模式。不仅如此，该县先后引进了 49 家农业企业，积极探索新型发展模式和生态产业。这种新型发展模式采取的是"公司+基地（合作社）+农户"的路线。

目前淅川县生态产业覆盖面积达 20 万亩以上，主要涉及茶叶、核桃及软籽石榴等农副产品，并开发和建设了相关农业基地。此外，淅川县政府也充分认识到渠首品牌效应和地理优势，围绕丹江口水库、南水北调中线水源地以及渠首的地理标识，积极发展旅游产业。目前，淅川县的生态农业与旅游业融合发展势头较好，已经初步形成了一些具有规模效应的生态农业与旅游业融合发展的产业业态，例如，仓房柑橘、毛堂茶叶、香花辣椒等产业发展态势较好，成为淅川县资源驱动模式较好的典型代表。

（二）劳动力成本驱动模式

南水北调中线工程水源区地处偏远山区，高标准的生态环境阈值限制了水源区工业产业的发展步伐，经济水平相对来说偏低，因此，水源区从事农业生产的人口比例相对较高，农村人口占比较大，大约为 80% 左右。伴随着近年来乡村旅游业产业的快速发展，农业与旅游业的融合发展使得新增就业岗位增多，形成了较大的用工需求。而水源区乡村劳动力资源丰富，这些劳动力涌入到与水源区农产品的生产和开发相关的工作岗位中。这既解决了水源区劳动者的就业问题，也降低了相关企业的用工问题。

以南阳市淅川县为例，该县的地域面积总共为 2820 平方千米，下辖城关镇等 17 个乡镇（街道），拥有行政村 499 个（社区）。截至 2018 年年底，淅川县常住人口总数量为 62.61 万人，人口自然增长率为 4.04‰，具体如表 2-12 所示。淅川县生态产业、农业与旅游业融合等现代化产业逐渐兴起，不仅为淅川县当地居民增加了大量的就业岗位和机会，也增加了淅川县居民的收入，改善了当地居民的民生福祉。同时，对居民的生活方式、思维习惯及农业生产模式等均产生了重要的影响，为淅川县经济的发展提供了强大的动力，提升了淅川县的区域综合竞争力，促进了淅川县脱贫攻坚与乡村振兴的无缝衔接。

表 2-12　　　　　　　　淅川县 2014—2018 年人口相关数据

年份	2014	2015	2016	2017	2018
总人口（万人）	66.1	66.2	66.27	65.42	62.61
人口自然增长率（‰）	5.13	4.6	5.3	6.2	4.04
失业率（%）	3.54	3.50	3.60	2.86	2.60
就业人数（万人）	32.65	40.5	41.62	41.59	50.88

资料来源：淅川县 2014—2018 年国民经济和社会发展统计公报。

四　农业发展的利弊分析

（一）水源区农业发展的优势

1. 灌溉优势

水源区年均降水量比较丰富，河流径流量比较大，基本能够满足水源区工业和农业发展的需求。另外，近年来，国家加大了水源区的基础设施建设投资，水源区发展所需的相关基础设施的数量有了较大幅度的增加，质量有了较大幅度的提高，尤其是水利灌溉设施。随着水源区基础设施条件的提升，农业发展所需的物质资料的数量和质量显然也发生了质的改变，从而助推了水源区农作物生产的提质增效。总的来说，水源区不仅具有一定程度的灌溉优势，并且有较大的农业发展潜力待挖掘。

2. 农业产业结构比较完善

根据国家对南水北调中线工程水源区的发展规划，中线工程水源区的首要任务就是保证区域生态环境保护与建设工作的可持续性与高成效性。换言之，水源区的首要任务是始终践行两山理念，持续保证南水北调中线工程水质和水量的稳定性、优质性，保障南水北调中线工程永续进行。在这种发展规划理念与背景下，水源区政府申请建设了一批国家级的生态建设项目，大力推动无公害农产品在水源区的发展，打造水源区生态农产品地理标识，保障农产品的质量和数量。迄今为止，水源区政府已经对农业产业结构进行了一些必要调整，围绕生态农产品进行了一系列的产业优化和布局。目前，水源区已经形成了比较完善的生态农业产业结构，并且构筑了生态农业生产模式，该模式具有科学化且高效率的特征。生态农业生产模式的科学运行不仅提高了农业生产效率，而且延伸了水源区农业产品产业链，拓宽了水源区农业的发展业态。

3. 良好的农业发展外部环境

南水北调中线工程贯穿我国中部的南北地区，相当于为中部的南北地区搭建了一个供这两个地区社会各界开展交流与合作的渠道和平台，比如开展经济合作、共享资源等。水源区政府在发展地区农业时，应着重把握这一得天独厚的外部优势，努力与各地区开展合作与交流，提升竞争力；同时，水源区政府还应挖掘当地的优势发展要素，如自然资源、旅游资源、人力资源等，创新发展模式，优化产业结构，重构产业链。

4. 充足的农村剩余劳动力

以淅川县为例，截至 2020 年年底，淅川县农业人口近 65 万人，占全县人口的 89%，其中农村劳动力大约为 40 万人，占农村人口的65% 左右，农村富余劳动力大约为 16 万人，占农村劳动力的 40%。淅川县充足的农村剩余劳动力为淅川县政府大力推动农业与旅游业融合发展提供了人力支持。

5. 稳固地开展生态文明建设工作

南水北调中线工程的供水稳定性与安全性一直是该工程运行过程中的首要任务。为此，从中央到相关地方各级政府围绕这一首要任务，制定了一系列的生态保护相关政策和规章制度，从政府层面保障该工程的稳步运行，极大地保障了水源区生态文明建设工作的稳步推进。不仅如此，水源区相关政府部门也极其重视水源区生态保护工作的落实和推进情况，构建了具体的水源区生态保护的实施路径，比如建设一系列的生态工程和实施具体的生态保护措施，有效地推动了生态文明建设工作。

（二）水源区农业发展的弊端

1. 耕地面积减少

水源区的人地矛盾仍然未完全调和。这是由于水源区被占用了较多的土地用以南水北调中线工程的建设和丹江口水库蓄水，特别是淅川县，该县大面积的土地被占用，导致水源区农作物产量减少。比如，由于丹江口水库大坝的加高和蓄水，使得淅川县 $0.88×10^4$ 公顷的耕地埋入水库里面，同时，南水北调中线工程干渠修建永久占地 $0.64×10^4$ 公顷，临时占地 $0.35×10^4$ 公顷。此外，水源区城镇化建设步伐加快，对于非农用地的需求不断上升，这也将造成水源区耕地面积的减少，加之水源区人口规模不断增加，在一定程度上抑制了水源区农业的发展。

2. 农产品产量降低

中线工程的建设和通水运行给水源区生态环境保护提出了更高的要求，对水源区的农业生产与经营方式也提出了更大的挑战。为了保护水源区的水质，减少农业面源污染，限制水源区农业生产过程中农药、化肥的施用量，给农产品产量带来了较大影响，造成农产品产量下降。

3. 农业生产成本增加

由于水源区的大量土地被占用，并且采取了生态保护的相关措施，导致农作物产量减少，一定程度上也限制了农民收入来源，直接对农民收入造成了负面影响。因此，一些农民为了改善当前生计情况，开始着手从其他途径来提高农产品的产量，比如加大机械设备的投入等，这些措施都直接或者间接地提高了农业生产成本。

第五节　南水北调中线工程水源区旅游业发展现状

一　旅游业发展总体规模

南水北调中线工程水源区拥有比较丰富的人文与自然景观，南水北调中线工程的建设与运行提升了水源区的知名度，也加快了水源区旅游业发展速度。2014 年中线一期工程正式通水，2021 年 5 月 12—14 日，习近平总书记到南阳视察并主持召开南水北调后续工程高质量发展座谈会，水源区旅游业发展速度迅猛。从具体数据方面来看，2014 年，水源区旅游接待量为 1.9 亿人次，这一数据在 2018 年增加到 3.6 亿人次，增长了 96%，水源区旅游接待人数平均每年的增长率为 13.63%。

表 2-13　　　　　　　2014-2018 年水源区旅游总人数　　　　　单位：万人

省	市	县（区）	旅游总人数				
			2014 年	2015 年	2016 年	2017 年	2018 年
陕西	汉中	汉台区	672	773	872	914	1115
		南郑	636	723	991	653	780
		城固	357	448	573	381	458
		洋县	881	628	630	576	709
		西乡	215	250	292	381	420
		勉县	617	668	867	630	817
		略阳	122	185	240	388	470
		宁强	209	221	262	397	470
		镇巴	36	45	59	77	61
		留坝	147	175	225	294	347
		佛坪	51	59	73	107	153
	宝鸡	太白	131	160	213	320	216
		凤县	304	346	395	514	687
	安康	汉滨区	609	532	575	645	695
		汉阴	172	203	240	275	325
		石泉	321	382	412	481	564
		宁陕	297	351	402	483	590
		紫阳	118	181	252	305	385
		岚皋	282	367	423	489	640
		镇坪	78	93	112	135	162
		平利	219	286	374	489	640
		旬阳	181	201	229	262	326

续表

省	市	县（区）	旅游总人数				
			2014 年	2015 年	2016 年	2017 年	2018 年
陕西	安康	白河	146	184	232	260	293
	商洛	商州区	436	471	499	653	797
		洛南	403	442	492	663	809
		丹凤	415	466	508	667	821
		商南	463	539	574	725	887
		山阳	437	492	547	676	827
		镇安	427	479	531	689	917
		柞水	490	599	616	738	913
	西安	周至	1007	1407	1454	3539	4653
湖北	十堰	丹江口市	915	1075	1261	1501	1730
		郧县	391	482	508	654	807
		郧西	372	450	496	503	599
		竹山	100	141	175	227	293
		竹溪	69	90	113	156	202
		房县	289	358	444	576	714
		张湾区	627	703	805	894	1005
		茅箭区	674	753	865	866	1064
	神农架	神农架林区	703	881	1104	1330	1601
河南	三门峡	卢氏	53	57	64	199	414
	洛阳	栾川	953	1035	1235	1340	1501
	南阳	西峡	499	530	566	686	797
		内乡	487	552	563	600	640
		淅川	1144	1378	1660	2000	2405
四川	达州	万源	177	211	249	307	366

资料来源：水源区各地市、县、区的历年统计年鉴、统计公报。

在旅游收入方面，近几年水源区旅游收入也实现了比较大的突破。例如，2014 年水源区旅游总收入为 900 亿元左右，2018 年水源区旅游总收入达到了将近 2000 亿元，旅游总收入增长率超过 100%，旅游收入占 GDP 的比例也在逐年上升，2018 年的比例为 22.79%。

表 2-14　　　　　　2014—2018 年水源区旅游总收入　　　　单位：亿元

省	市	县（区）	旅游总收入				
			2014 年	2015 年	2016 年	2017 年	2018 年
陕西	汉中	汉台区	33.98	42.29	52.31	59.68	78.28
		南郑	22.09	26.19	36.90	37.37	49.27
		城固	15.59	20.83	28.21	21.12	27.97
		洋县	44.63	26.16	26.31	28.21	37.23
		西乡	7.91	10.22	13.30	17.20	22.63
		勉县	20.87	23.72	31.16	32.28	42.72
		略阳	5.00	7.48	9.78	14.65	19.10
		宁强	8.76	8.99	12.04	20.79	19.13
		镇巴	19.59	2.49	3.30	4.34	3.42
		留坝	7.33	8.74	11.25	14.92	16.63
		佛坪	2.10	2.68	3.37	4.37	5.64
	宝鸡	太白	7.87	10.70	14.76	22.37	4.08
		凤县	26.38	30.20	36.85	50.65	63.41
	安康	汉滨区	29.99	26.47	29.75	34.85	40.58
		汉阴	8.91	10.23	11.84	15.85	18.26
		石泉	15.35	19.36	22.32	30.77	39.43
		宁陕	15.99	18.88	23.44	30.47	40.18
		紫阳	4.67	12.14	14.78	18.46	24.37
		岚皋	13.83	17.96	23.48	31.40	41.81
		镇坪	3.60	4.37	5.32	6.38	7.79
		平利	13.33	17.70	23.66	31.40	41.81
		旬阳	8.37	9.73	11.74	15.92	21.06
		白河	9.56	12.41	16.23	18.47	21.10
	商洛	商州区	22.17	24.09	26.66	35.47	44.41
		洛南	20.51	23.57	26.28	36.04	45.23
		丹凤	21.09	24.07	27.11	36.23	45.78
		商南	23.53	27.80	30.65	39.35	49.48

续表

省	市	县（区）	旅游总收入				
			2014 年	2015 年	2016 年	2017 年	2018 年
陕西	商洛	山阳	22.98	26.19	29.21	36.72	46.14
		镇安	21.74	24.79	28.37	37.40	51.17
		柞水	12.50	31.86	32.96	40.08	50.95
	西安	周至	13.05	14.20	14.86	26.01	41.42
湖北	十堰	丹江口市	48.03	58.59	70.75	86.76	114.56
		郧县	18.95	24.37	35.20	47.14	60.29
		郧西	18.49	22.97	25.40	30.09	36.07
		竹山	6.01	9.26	11.87	15.66	21.10
		竹溪	3.97	5.29	6.82	9.42	12.05
		房县	15.69	19.96	25.55	33.70	42.98
		张湾区	61.27	75.46	89.36	103.31	139.68
		茅箭区	66.16	81.69	96.89	96.79	145.75
	神农架	神农架林区	25.15	31.34	39.70	47.71	57.57
河南	三门峡	卢氏	8.88	9.48	2.86	9.42	19.89
	洛阳	栾川	50.67	63.41	62.79	75.82	87.83
	南阳	西峡	19.59	20.77	23.09	37.92	43.01
		内乡	13.68	15.48	15.76	16.85	18.07
		淅川	38.27	45.99	55.64	66.87	80.40
四川	达州	万源	12.19	15.11	19.83	24.57	28.23

资料来源：历年统计年鉴、统计公报。

二　旅游业发展主导模式

政府投资驱动与资源驱动这两类模式构成了旅游业发展可以选择的主要模式，具体阐述如下。

（一）政府投资驱动模式

水源区旅游产业在发展初期所需的资金投入较高，故而，水源区在旅游产业发展初期时若仅依靠农户或者企业、民间组织投入的资金，远远不能满足水源区旅游产业发展的需求。水源区旅游产业的发展在很多方面需要国家和地方政府的大力投资，尤其在旅游产业基础设施建设、旅游产业人才引进等方面。南水北调中线工程正式通水后，中央政府和水源区地方政府为旅游业的发展制定了一些配套的政策与制度，并投入了大量的资金，引进了较多的旅游管理人才。比如，在南水北调中线工程核心水源区中，有一个城市有着"中国水都"的美誉，该城市就是湖北省的丹江口市（武当山所在地）。丹江口市从 2014 年开始，连续五年投入旅游产业发展的资金额累计接近 600 亿元，具体如表 2-15 所示。2018 年，丹江口市的旅游人数规模超过了 1700 万人，与 2014 年相比，增长率接近 100%。在旅游收入方面，丹江口市的旅游收入增长速度也是比较快的，2018 年的旅游收入达到了 114.9 亿元，比 2014 年增加了 139%，年均旅游收入增长速度超过 20%。

表 2-15　　　　丹江口市 2014—2018 年旅游业部分统计数据

年份	2014	2015	2016	2017	2018
旅游产业投资（亿元）	76.39	104.4	111.49	144.3	131.4
游客人数（万人）	897.34	1071.2	1254	1491	1707
游客人数增长率（%）	17.20	17.10	17.10	18.30	15.00
旅游总收入（亿元）	48.06	58.67	70.46	86.50	114.90
收入增长率（%）	19.80	21.80	20.10	22.50	33.00

资料来源：丹江口历年统计年鉴及社会发展公报。

由此可见，丹江口市政府投资拉动旅游产业发展的效果明显，当地政府的投资策略和产业发展政策有力地推动了丹江口市旅游业的迅猛发展。本书通过收集和分析相关资料发现，丹江口市的相关政府部门投入了大量资金推动旅游业的发展，发展旅游产业是丹江口市政府历年的重要工作之一。

（二）资源驱动模式

水源区在发展旅游业的过程中，有着得天独厚的资源优势，具体来说，一是充足的人文和地理旅游资源；二是丰富的旅游形式、旅游地点和景区。这些条件有助于水源区开发旅游业时满足各层次游客的需求。同时，水源区的诸多景区往往依托当地实际情况进行规划设计，地域特色鲜明，很难被其他景区复制或者模仿，各个景区景色和项目风格迥异，从而促使水源区旅游产业快速成长。以河南省栾川县为例，在森林覆盖率方面，栾川是全省第一，素有河南甚至是中原之肺的美称。栾川生态资源丰富，空气清新，海拔高度适中，比较适合人们休闲养老以及长期居住。近几年来，栾川县的乡村旅游发展速度很快，建设了一大批国家级和市级旅游景区，具体如表2-16所示。不仅如此，栾川县约79%的乡镇都开展农旅产业，成绩斐然。栾川县创新构建了"山水+森林+农家+滑雪"四位一体的乡村旅游，同时提出了"春夏秋冬"全季旅游和全域旅游的发展思路，力图全方位满足游客需求，提升游客的游览体验。

表 2-16　　　　　　　　栾川县 A 级景区分布

序号	景区名称	景区级别	所属乡镇
1	老君山风景名胜区	5A 级	栾川乡
2	鸡冠洞	4A 级	栾川乡
3	重渡沟	4A 级	重渡沟
4	天河大峡谷	4A 级	叫河镇
5	伏牛山	4A 级	石庙镇
6	养子沟	4A 级	栾川乡
7	龙峪湾	4A 级	庙子镇
8	抱犊寨	4A 级	三川镇
9	大王庙村	古村落（国家级）	潭头镇
10	倒回沟	森林公园（省级）	叫河镇
11	陶湾康养小镇	3A 级	陶湾镇
12	庄子山村	3A 级	庙子镇
13	蟠桃山	3A 级	石庙镇
14	仓房村	A 级	重渡沟
15	北乡水乡	A 级	重渡沟
16	白马潭	A 级	庙子镇
17	隐心谷	A 级	三川镇

续表

序号	景区名称	景区级别	所属乡镇
18	大红川	A 级	三川镇
19	伏牛山虎园	A 级	潭头镇
20	拨云岭	A 级	潭头镇
21	荷香风情小镇	A 级	秋扒乡
22	叫河村	A 级	叫河镇
23	七姑沟	A 级	石庙镇
24	大南沟	A 级	城关镇
25	王府竹海	A 级	狮子庙镇
26	阳山古寨	A 级	合峪镇

三 旅游业发展的利弊分析

(一) 水源区旅游业发展的优势

1. 南水北调中线工程品牌的影响力和知名度

无论在国内还是国外，作为我国重要基础设施工程项目的南水北调中线工程自启动以来就享有盛名。南水北调中线工程的源头在丹江口水库陶岔取水口，陶岔取水口位于淅川县，这将为水源区旅游产业发展带来巨大的品牌效应。如果进行合理科学的宣传，南水北调中线工程水源区旅游产业知名度和品牌信任度也将极大提升。在旅游产业发展方面，发挥品牌效应是强化宣传效果的有效手段，也是增加客源的有力方法，对水源区发展农业和旅游业也有着极大的推动作用。因此，发挥南水北调中线工程品牌的影响力与知名度是水源区发展农业和旅游业不可忽视的重要途径。

2. 水源区得天独厚的旅游资源

南水北调中线工程的建设提高了该工程水源区的生态环境质量，并且推动该工程顺利开展的相关政策也支撑了水源区生态环境工作的推进，为水源区发展旅游业提供了重要机遇。多样化且富有特色的人文和地理旅游资源也是水源区旅游业发展的重要基础。水源区的旅游资源将几千年的中华文明融合交叉在一起，为水源区深化旅游产业开发的内涵提供了基础；同时，水源区丰富的旅游资源也为水源区旅游业发展奠定了资源基础。总之，水源区较高的旅游资源品质和品位为水源区旅游产业特色化奠定了关键基础。

3. 水源区旅游格局基本形成

南水北调中线工程的建设与运行不仅提高了水源区旅游产业发展的知名度，也为水源区旅游业发展格局的形成提供了良好的机遇。经过多年摸索，水源区旅游业发展格局基本形成，同时，水源区优异的生态环境也为旅游业发展提供了核心竞争力，实现了旅游产业的规模效应。

4. 旅游资源的优化配置和市场拓展助力旅游业发展

南水北调中线工程贯穿我国南北，全国4个省市因水而形成命运共同体，并逐步发展成为特色旅游区。中央政府和水源区地方政府根据区域资源的分布，已经对水源区旅游业的开发和建设形成了科学规划，水源区逐步将资源优势转化为旅游产业发展的核心要素。同时，南水北调中线工程自启动以来享有盛名，水源区目前已经采取了相关的品牌推广活动，旅游景区和旅游项目的游客认可度也随之提升，并且游客重游率也在逐步提高。比如，一些地区围绕"饮水思源"这一宣传点，实施了南水北调水源区相关旅游项目，这些项目的游客量也在不断上升。综上所述，通过对旅游资源的优化配置以及旅游市场的开拓，水源区旅游业在不断壮大。

5. 依托横向生态补偿，吸引投资，助力旅游发展

南水北调中线工程水源区的政府、企业和居民为工程的建设与运行做出了巨大牺牲，为了弥补这些主体的损失，国家和受水区政府采取了多元化的措施为水源区政府、居民和企业提供补偿。中线工程的开放程度与影响力也将伴随着其知名度和吸引力的提升而不断攀升。另外，水源区相关政府部门为了挖掘多元化的生态补偿渠道，正在努力优化水源区投资环境，完善旅游业相关的基础设施，以期吸引更多的投资者开发当地旅游市场等。基于此，不仅国内的投资者关注到水源区旅游市场的巨大潜力并启动了相关投资项目，国际投资者也将目光逐渐转向水源区旅游业，水源区景区的游客量随之提高。这一系列因素推动着旅游业发展逐步进入正向循环发展模式。

（二）抑制水源区旅游业发展的因素

1. 环保政策限制旅游业

基于我国南水北调中线工程相关的环保政策与规章制度，中线水源区在发展旅游业的过程中必须优化其原有的一些配套设施以达到相关环保标准。比如，改造原有设备或者限制某些设备的使用次数等。水源区内的许多景区都开发了水上游览项目，为了保护水源区生态环境，这些项目所用的游船、游艇等均应符合相关环保要求才能投入使用，并且游船、游艇等每日使用的次数和数量都有一定限制。这样就需要投入较多的资金和时间对原有的船只进行改造以避免环境污染，旅游业的发展也会因此而受到一些间接的、短期的影响。比如，南阳市淅川县按照 18 万元/只的成本对船只进行改造，仅是船只改造部分的成本就超过 1260 万元，同时还减少了原来投入水上游览项目的船只数量。除此之外，淅川县发展旅游业还需继续投入超过 5000 万元的运营成本，以保障相关旅游设备能顺利运行。与此同时，景区内配套的住宿酒店（宾馆）与餐饮、娱乐项目等均需符合相关生态环保政策的规定，这些配套的服务与娱乐设施在运行过程中若不符合相关环保政策或规章制度的规定且在一定期限内未完成整改的，会被进行停业整顿甚至是停止经营。所以，在更高的环保标准的要求下，水源区旅游业也有了更高的运营要求，这在一定程度上影响了水源区旅游业的经济效益。

2. 对旅游资源的破坏

水源区被占用了较多的土地，特别是淅川县，该县的大面积土地被占用。在南水北调中线工程的建设过程中，水源区内的一些自然景观可能遭到一定程度的破坏。同时，一些重要的历史文化古迹也可能遭到一定程度的破坏。这些均对水源区旅游业的长期发展带来了不同程度的负面影响。

第三章　南水北调中线工程水源区生态系统服务价值分析

第一节　南水北调中线工程水源区生态系统服务价值的基本理论

在人类社会漫长的发展与演变过程中，生态系统为人类社会发展与演化提供的产品与服务起到了举足轻重的促进作用，人们对于生态系统服务价值的认识也在不断深入。自 1972 年 Odum 针对生态系统服务价值提出定量评估的设想以来，生态系统服务价值测算开始成为学术界研究的热点领域，学者们从不同角度展开了相关研究，并取得了比较丰硕的研究成果。总体而言，学者们对于区域生态系统服务价值的研究经历了萌芽阶段、定性分析与探索阶段、理论体系构建阶段、评价理论与方法完善阶段等 4 个阶段。目前，综合运用各学科的理论与方法对全球不同区域的生态系统服务价值进行评价已经成为学术界研究的热点，且随着研究的不断深入，生态系统服务价值评估技术和方法也在不断进步中。

一　生态系统服务概念

（一）生态系统功能

生态系统功能的概念最早由生态学家 Odum 提出，其学术著作《生态学基础》（*Fundamentals of Ecology*）认为，生态系统功能是生态系统在不同生存环境、生物遗传以及整个生态系统构成与演进的进程中所表现出来的特征与属性。生态系统功能的内涵包括以下两个方面：

第一，生态系统功能表现为生态系统形成的过程及其表现性质，是生态系统为实现预期目标而产生的一系列相互作用。此内涵表明生态系统具有物质循环、能量流动和信息传递三大基本功能。其中，物质循环主要是指地球上各种元素在区内外发生的生物化学循环过程；能量流动是指各种能量在生态系统内外部之间进行的交换过程；信息传递则是指构成生态系统的各个要素之间进行的物理、化学、行为和营养等诸多信息的双向传递过程。这三个基本功能相互作用、密切联系。其中能量流动和物质循环是基本功能，信息传递主要起到调节控制作用，物质主要是在能量流动与信息传递过程中起到媒介作用，是它们的依附载体，而能量流动和信息传递反过来也可以促进和推动物质循环。

第二，生态系统功能是每个生态系统与生俱来的一种基本属性，独立于人类而存在。例如物质循环中的碳循环功能，首先是大气中的二氧化碳被植物吸收，然后转化为某种有机物进入生物系统，新陈代谢之后又以二氧化碳的形式返回到大气中，从而完成碳循环功能。这种循环在生态系统中周而复始地进行，人类的干预活动会加剧这种循环。

（二）生态系统服务

生态系统服务对于人类生存和发展的重要性很早前就已经被人类祖先所认知。在古希腊，柏拉图就曾经思考过生态系统的供给服务能否满足人口日益增长的需求。到了 19 世纪末，学者们开始将生态系统作为一门学科进行探讨。从生态系统服务的内涵构成与演化过程可知，生态系统服务的概念最早产生于 19 世纪中叶，美国学者 George Msrsh（1864）在其出版的著作《人与自然》（*Men and Nature*）中针对区域生态系统服务的价值与贡献做了初步阐述，并且利用地中海森林消失、全球水土流失、河流干涸的案例分析了生态系统服务对人类活动的影响。此后，学者们逐步认识到人类不能凌驾于生态系统之上，应该通过不断研究，逐步了解和掌握生态系统结构，明晰生态系统为人类生存和发展提供的服务价值与作用机制，实现人与自然的和谐相处（Aldo Leopold，1949）。20 世纪中叶以来，诸多学者从不同角度出发，对生态系统服务的概念进行了界定（见表 3-1），在这些概念中，千年生态系统评估（Millennium Ecosystem Assessment）给出了较为完整的生态系统服务概念，而且该概念在实际应用过程中的操作性比较强，是目前认可度和接受度比较高的概念之一。

表 3-1　　　　　　　　　　生态系统服务典型概念

序号	研究者	时间	定义
1	Wilson & Matthews	1972	生态系统服务主要是指生态系统为自然环境和人类生产所提供的包括昆虫授粉、土壤进化及水土保持等服务功能
2	Daliy	1997	生态系统服务主要指生态系统为了满足人类生存和社会经济发展的需要而为其提供的自然环境系统及其产品形成的条件与过程
3	Costanza et al.	1997	生态系统服务是人类从生态系统中获取产品和服务以满足自身生存与发展的需求
4	De Groot	2002	生态系统服务主要是指为了保障人类生产和发展而体现出来的生态系统功能，包括服务过程和产品，且只有那些能够满足人类需求的产品和功能才是生态系统的组成成分
5	千年生态系统评估（Millennium Ecosystem Assessment，简称MA）	2005	生态系统服务主要是指包括自然和人工改造过的生态系统在内的系统直接或间接为人类提供的有形或无形服务，具体为产品供给、气候调节、技术支持和文化营造等四大类服务。总之，生态系统服务是一种比较正常的生态现象，是生态系统为人类民生福祉改善而主动或被动提供的服务
6	Fisher	2008	生态系统服务作为一种非常常见的生态现象，指生态系统为了人类福祉改善而主动或者被动提供的服务总和
7	欧阳志云、王如松等	1999	生态系统服务主要表现为生态系统为保障人类生存与发展而提供的比较丰富的各类能源与产品，包括生物遗传资源、太阳能、碳固定、有机物合成、无机物生产等，此外还包括污染物的分解、栖息地保障和一些自然文化景观的形成等具有教育、文化价值的产品或服务
8	谢高地	2003	生态系统服务是指为了保障人类生存与发展而提供的各类产品和服务的总称

（三）水源区生态系统服务的内涵

南水北调中线工程水源区是我国重要的饮用水水源保护区，也是重要的生态功能区，其生态系统服务的构成要素具有比较典型的系统特征与功能属性，与我国其他区域生态系统服务的构成要素的差异比较明显，也就是说，水源区生态系统服务的内涵具有其独特性。参照前文给出的生态系统及生态系统服务的定义，本书将南水北调中线工程水源区的生态系统服务定义为在水源区生态系统形成与发展过程中，为人类提供赖以生存的自然资源条件，包括生态产品和功能。水源区生态系统服务构成要素及各要素作用的过程如图 3-1 所示。由图3-1 可知，南水北调中线工程水源区生态系统主要由自然资源生态系统、社会生态系统和经济系统三个子系统构成，是一个复杂巨系统，不同系统内部的构成要素（如森林、草地、湖泊、河流、人）因水而组成了一个有机整体，其系统内部的自然生态条件和社会经济的复杂性和异质性显著。南水北调中线工程水源区域内的物质、能量、信息等要素的传递循环过程与效率，直接与水源区生态系统服务功能的种类密切相关，其中，水源区内的水量、水质是水源区生态系统服务的终极目标。总之，水源区生态系统服务效率与区内的社会经济安全、工程建设及运行目标密切相关。

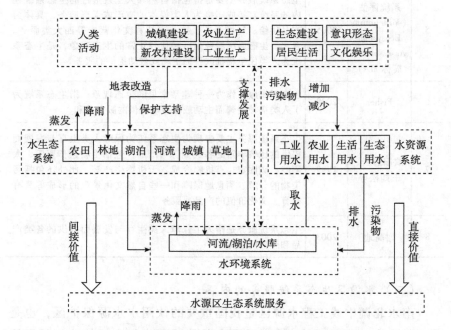

图 3-1　水源区生态系统服务构成要素及形成过程

　　根据以上定义可知，水源区生态系统主要包括生物和非生物两大组成部分。水源区生态系统是复杂多样的，具有自我调节和恢复能力，是一个开放式的复杂巨系统。水源区生态系统服务是指人类通过水源区生态系统的结构变迁、演化过程和功能直接或间接获得生命的支持产品和服务。水源区生态系统服务功能形成机理如图 3-2 所示。

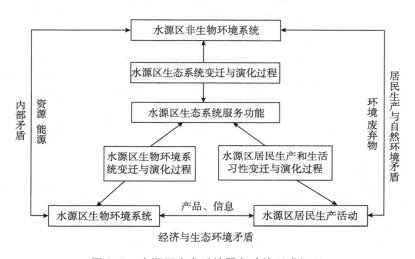

图 3-2　水源区生态系统服务功能形成机理

二　生态系统服务类型

　　生态系统服务价值评估的前提是科学划分生态系统服务功能的种类，如果划分过细或者相对宽泛，则将对生态系统服务价值评估的结果造成影响。本书总结国内外学者和机构组织关于生态系统服务分类的研究进展，结合南水北调中线工程水源区自身的实际情况，合理制定水源区生态系统服务类型划分标准，并对其生态系统服务价值进行科学评估与测算。

　　（一）国内外生态系统服务类型划分

　　国内和国外学者以及相关研究机构很早就对生态系统服务分类开展了研究。从早期 Costanza 的生态系统服务分类的研究成果开始，许多研究者都从自己的角度出发，基于不同研究目的和研究尺度，对生态系统服务功能进行了分类，代表性的分类结果如表 3-2 所示。

表 3-2　　　　　　　国内外典型生态系统服务功能分类体系

序号	作者	年份	主要生态功能分类	体系	特点
1	Costanza et al.	1997	大气调节、气候调节、扰动调节、水文调节、水资源供应、侵蚀控制、土壤形成、营养物质循环、废弃物处理、传粉、生物控制、栖息地、食物供应、原材料、基因资源、娱乐、文化	17类	最早提出，体系较为完整，功能分类应用范围较广
2	Daily	1997	缓解干旱和洪水、废物降解、产生和更新土壤、植物授粉、控制农业害虫、稳定局部气候、支持不同的人类文化传统、提供美学和文化、娱乐等	13类	分类较少，但每种类型的内部研究较为具体详细
3	千年生态系统评估（Millennium Ecosystem Assessment，简称MA）	2005	供给服务（食物、淡水、燃料、纤维、基因资源、生化药剂）；调节服务（气候调节、水文调节、疾病控制、水净化、授粉）；文化服务（精神与宗教价值、故土情节、文化遗产、审美、教育、激励、娱乐与生态旅游）；支持服务（土壤形成、养分循环、初级生产、制造氧气、提供栖息地）	4层面23类	整体分类具有系统性，分类覆盖度广
4	《生态系统与生物多样性经济学》（The Economics of Ecosystems and Biodiversity，简称TEEB）	2010	提供服务（包括食物、水、原料、药用和遗传、观赏植物资源）；监管服务（监管空气质量、气候、水土流失、水质、土壤肥力、极端事件、水流、授粉和生物控制）；生态系统和生物多样性的经济学分类的栖息地，迁徙物种的生命周期的维护（基因库保护）；文化和审美服务（审美信息、遇冷和旅游的机会、文化艺术和设计的精神体验及供应认知发展的信息）	4类	分类比较全面，注重文化等服务功能的测度
5	Rocco Scolozzi et al.	2012	气候大气调节、干扰的预防、淡水的调节和供应、废物的吸收、营养调节、珍稀物种和栖息地的保护、娱乐、美学和舒适性、土壤保持和形成、授粉	10类	分类较为全面，但不够详细

续表

序号	作者	年份	主要生态功能分类	体系	特点
6	Burkhard et al.	2012	保持生态完整性服务（无生命的非均质性、生物多样性、生物水流、代谢效率、获得能量、减少养分损失、存储容量）；调节生态系统服务（调节当地气候、调节全球气候、防洪、地下水补给、空气质量监管、侵蚀监管、调控营养、净化水、授粉）；提供生态系统服务（作物、牲畜、饲料、捕捞渔业、水产养殖、野生食物、木材、木头燃料、生物能源、生化和医学药剂、淡水）；文化生态系统服务（娱乐与审美价值、生物多样性的内在价值）	4 层面 29 类	分类比较系统、全面，体系较为复杂
7	徐嵩龄	1998	一是能进行市场交易的功能服务；二是仅有某些商品的相似性能，但不能在市场中进行交易的功能服务，如调节服务；三是完全不能进市场交易的功能服务，如信息传递服务	3 类	依据服务产品是否能以商品形式进行市场交易而进行类型划分
8	张象枢	1998	物质性、维持、环境容量和舒适性等资源功能	4 类	依据生态系统提供的服务功能的属性进行类型划分
9	欧阳志云	1999	物质生产、养分循环与贮存、维持平衡氧气和二氧化碳、水源涵养、水土保持和净化环境污染	6 类	按照生态系统提供的服务功能的属性进行类型划分
10	谢高地	2009	初级产品提供、淡水供给、环境净化、废物处理、养分蓄积、大气调节、气候调节、水文调节、维持生物多样性、防风固沙、土壤保育、休闲旅游、科研文化历史、促进就业	14 类	划分比较系统
11	李琰	2013	将生态系统服务分成了福祉的构建服务、维护服务和提升服务 3 大类，将终端生态服务效益与人类福祉的各个层面相关联	3 类	依据生态系统服务与民生福祉关系进行分类
12	孙刚等	2000	生物生产、调节物质循环、土壤的形成与保持、调节气象气候及气体组成、净化环境、生物多样性的维持、传粉播种、防灾减灾和社会文化源泉	9 类	对各类别进行了简单的概括

（二）水源区生态系统服务类型划分

水源区生态系统服务功能是一种自然环境条件及效用，该条件及效用由水源区生态系统与生态过程形成及维护，也是人类生存所必备的。水源区生态系统服务不仅为水源区人民提供了食物、粮食等物质材料，维持了人们赖以生存的环境和生命物质，而且促进了水源区的能量循环，调节了水源区的大气平衡，维护和建设了水源区生态环境，为实现"一库清水永续北上"目标奠定了基础。本书根据Costanza（1997）、谢高地（2009）等人关于生态系统服务的相关研究成果，结合水源区实际情况，将水源区生态系统服务功能划分为四个方面，即供给、调节、支持及文化等服务，具体如表3-3所示。

表 3-3 水源区生态系统服务类型划分

一级类型	二级类型	不同服务类型的内涵
供给服务	食物供给	指水源区生态系统利用光合作用，将太阳能转化为可以被人类或其他动植物利用的食物或产品，例如粮食、果蔬、水产品和其他食物、产品等
	原材料供给	指水源区生态系统利用光合作用，将太阳能转化为可为人类生产、生活过程中能够直接或间接使用的生产资料或者工具，例如木材、纤维等
	能源供给	指水源区生态系统为满足人类生活、生产需要而提供的必要的原材料，包括风能、水能、矿物质与生物质能源等
	水资源供给	指水源区生态系统为水源区及工程沿线人民生存与发展提供的水资源保障，以保证工农业生产、人民生活所需等
	中药材资源供给	指水源区生态系统提供的各种天然的中草药资源以及人工种植的中药材
	景观资源	指水源区生态系统所拥有的可供人们观赏的历史、文化及自然景观资源
	基因资源	指水源区生态系统为维护生物多样性，为动植物繁殖以及科学研究而提供的基因信息

续表

一级类型	二级类型	不同服务类型的内涵
文化服务	文化娱乐	指水源区生态系统为区域内外的居民提供休闲、文化娱乐及艺术鉴赏的服务
	历史遗产	指水源区生态系统内拥有的具有较高价值的历史文化及物种文化遗产
	科研教育	指水源区生态系统可以为科研教育提供相关研究基础材料
	视觉感官	指水源区生态系统为人类提供良好的视觉感官体验与美好感受服务
调节服务	空气调节	指水源区生态系统通过光合作用，吸收大气中的二氧化碳和水，生成碳水化合物，释放出氧气，并通过系统自身吸附和储存作用，调节大气中的二氧化硫、尘埃等成分的比例，以达到大气调节的功效
	气候调节	指水源区生态系统通过对太阳能的吸收、热量释放等作用，调节区域气候环境，改善气候条件，例如气温调节、水汽调节等，减少不良气候对人类的正常生活与生产运行带来的破坏性影响
	废弃物调节	指水源区生态系统净化、存储、分解、循环水源区周边人类活动所产生的或外界输入的各种有机或无机废物
	水土保持	指水源区生态系统通过保持土壤、保护土壤养分和减少泥沙淤积达到对区域水土保持的目的
	生物控制	指水源区生态系统在病虫害调控方面所起到的作用
	疾病控制	指水源区生态系统通过调节、控制或改变病菌体数量，从而达到调节和控制疾病的作用
	干扰调节	指水源区生态系统对外部环境的干扰、侵扰等影响所表现出来的容纳、消减和中和作用
	水源涵养	指水源区生态系统通过降雨，可以使土壤水分维持充足，还可以对地下水进行补充，同时还可以调节水源区河流的流量使其保持充沛
	授粉传种	指水源区生态系统为植物授粉传播种子的作用
	噪音调节	指水源区生态系统消减环境噪声的作用

续表

一级类型	二级类型	不同服务类型的内涵
支持服务	积土造陆	指在水源区生态系统内，在生物和非生物共同作用下形成的土壤以及河流携带泥沙冲淤形成的陆地（河口三角洲、江心洲等）
	初级生产	指水源区生态系统利用光合作用进行有机物合成的过程，从而为人类或者生态系统提供物质和能量服务
	栖息地	指水源区生态系统为系统内外的动植物提供休养生息、物种繁殖等活动空间
	生物多样性	指水源区生态系统通过为野生动植物提供栖息和生存环境，维护野生动植物的基因来源和进化，实现水源区生物的多样性

三　生态系统服务特征

南水北调中线工程水源区生态系统服务具有以下基本特征。

（一）复合性

南水北调中线工程水源区是由于南水北调中线工程建设和运行而形成的一种特殊地理区域，该区域隶属秦岭山脉，以山区丘陵地带为主，区位特征比较典型。水资源是水源区生态系统的核心构成要素，区内的河湖是水源区水资源的重要载体，也是水源区生态系统的重要组成部分。水源区生态系统不仅为水源区社会经济发展与演化提供生态资源保障，同时也为水源区生态系统内部的生命延续与繁殖提供重要的物质保障，以维持生态系统内部的生物多样性，维持生物新陈代谢、纳污吐新活动，以保持水源区内的生态平衡与稳定，保障水源区内水资源的水质和水量。随着南水北调中线后续工程高质量发展战略的推进，南水北调中线工程沿线地区的水资源需求量和水质标准都会日益提升，水源区和受水区在社会经济发展领域和生态系统领域的耦合作用日益加强，从而形成了水源区与受水区"资源—环境—社会—经济"的耦合发展系统。

近年来，我国加快了城镇化建设的步伐，水源区城镇化建设水平虽然低于全国平均水平，但是建设速度依然比较可观，水源区城镇化规模也在不断扩大，导致水源区资源消耗总量不断提升。与此同时，由于人类生存和生产而排放的污染物总量也在不断增加，导致水源区生态环境系统承受巨大压力。然而，水源区为了保障水质和水量，不断提升区域内的环保阈值，高标准的环保阈值导致水源区经济发展受限，严重阻碍了水源区的经济发展水平，不利于水源区经济协调与可持续发展。只有优化水源区的社会、自然和经济系统之间的关系，适当调控水源区经济发展压力，多方位多渠道给予水源区适当补偿，建立复合平衡的自然经济社会系统，才能实现水源区经济、社会和生态多维度的和谐统一，确保实现"一库清水永续北送"的目标。

（二）流动性

水源区生态系统的流动性主要表现在水源区的河湖体系中，在自然或人为因素的驱动下，水资源沿着河流流动，水资源的流动过程其实也是水源区生态系统功能形成与提供服务的过程。作为水源区生态系统各个子系统的连接纽带，水资源对于维护水源区生态系统的完整性、维持其生态系统功能、改善水源区生态系统服务价值都具有决定性的重要意义。与此同时，水资源是生态系统服务功能的重要载体，在生态系统发展和演化过程中，水资源传递了生态系统的功能与价值，传递形式多种多样，传递的距离远近不一，在水资源传递过程中，水源区内纵横交错的河流是水源区生态系统服务价值和功能传递的重要通道。例如，南水北调中线工程水源区内的河流水资源可以灌溉农田，水资源所含的营养物质可以给水源区内平原土壤补充微量元素和有机质（谭菊萍，2013；王立久等，2014）。因为水资源既会受到自然环境的影响，也会受到人类的干扰，所以以水为媒介进行转移的生态系统服务在作用时间上有长有短，在空间范围上也会有大有小。

（三）整体性

水源区不仅是一个完整的地理单元，也是一个综合的生态系统，其构成要素众多，且不同构成要素在生态系统中发挥的功能各异，但是这些不同的要素和功能通过水资源而整合成一个有机系统。水源区生态系统的整体性主要体现在构成要素的完整性和系统进程的系统性两个方面，其中构成要素可以分为物理要素、化学要素和生物要素等三类，而系统进程主要包括生态系统结构和功能两个方面。水源区生态系统的整体性主要表现在当系统受到外来干扰的情况下，系统能否继续维持原来该有的良好状态，系统能否保持稳定性并进行自我修复，是正常发挥水源区生态系统服务功能的基础。只有从整体性原则出发，以行政区划为单元来研究水源区生态系统问题，才能在不损害水源区生态系统整体健康的基础上，让水源区生态系统继续为区域社会经济发展提供服务，推动区域生态系统良性循环、健康发展。

（四）动态性

水源区生态系统的构成要素五花八门、种类繁多，数量和空间配置方式方法各异，但是这些要素通过特定的途径形成了一个比较稳定的结构，能够确保系统维持阶段性相对稳定的状态。但是，随着全球气候变化的不断加剧、人类活动的日新月异，水源区生态系统也在不断发生动态变化。一方面，水源区内外的人类生产和生存活动会对生态系统产生直接或间接的或大或小的影响，从而也会对生态系统产生影响；另一方面，水源区生态系统发生的变化又反过来影响人类生产和生存状况，进而影响人类民生福祉。此外，水源区生态系统外部的其他因素也会对水源区内的人类生产与生存状况产生影响，这些因素也将驱动水源区生态系统不断演进发展。

（五）空间异质性

南水北调中线工程水源区涉及我国多个省份，区域内的地理特征、气候属性、地形地貌等各不相同，而且不同行政区域的人口规模与经济水平也存在较大的空间差异性。虽然水源区生态系统总体上是一个比较稳定的平衡系统，但是其内部的差异性依然还是比较明显的，生态系统所提供的服务和功能也具有比较显著的空间差异性。水源区生态系统的空间差异性可以从自然和人为两个层面进行分析。在自然层面上，造成水源区生态系统服务空间差异性的主要原因在于不同行政区域的地形地貌差别较大。以水土保持为例，不同行政区域生态系统的水土保持功能与区域内的植被覆盖程度呈现直线正相关关系。而人为因素则主要体现在不同区域对于生态系统服务的供需能力不同，上游和下游涉及的不同利益主体的生产活动会对区域之间的利益关系产生不平衡的影响，所以水源区上游和下游之间的矛盾冲突越来越明显。

第二节　南水北调中线工程水源区土地利用情况分析

一　土地利用结构特征分析

（一）土地利用结构研究现状

土地利用是人类生产实践活动在自然资源上的最直接反映，包括人类对土地资源进行的一切开发利用活动。土地利用结构主要是指在一定区域范围内，国民经济不同组成部分占土地资源面积的比重及其空间布局。国民经济的各组成部门对于区域土地资源的使用最直接体现就是形成了不同的土地类型，反映了土地资源的利用效率，同时，土地利用结构的变化还将影响区域水土保持、气候变迁、生态安全等。因此，国内外诸多学者从不同的角度给了土地利用类型变化足够的重视，得到了较多研究成果，大体分为三个方面。

第一，土地利用结构的科学界定。代表性观点主要有：（1）土地利用结构主要指某一区域内不同土地利用类型的数量关系及空间布局；（2）土地利用结构仅表示区域内不同类型土地的比例和总量。两种观点的争论焦点在于土地空间布局是否属于土地利用结构范畴。

第二，土地利用结构优化。一般而言，可以从经济、社会和生态等层面对土地利用结构优化程度进行评价，同时在每一个层面下面又可以另设许多子目标，例如经济目标有收入最大、农业净产值最大、土地利用效益最大等。在研究方法上，常见方法有偏最小二乘法、模拟退火算法、遗传神经网络法、信息熵、多目标突变决策等。

第三，土地利用空间布局。关于土地利用空间布局的研究，大多数学者从土地空间布局方法和空间结构效应两个方面进行研究。在空间布局方法研究方面，主要采用了空间立群结构模型、生态位模型、土地利用空间转移矩阵等方法。在空间结构效应研究方面，主要利用以复杂适应系统理论为指导的复杂空间决策方法。总体而言，关于土地利用结构的研究成果较为丰富，但多数成果是以土地利用截面数据为依据而得到的，较少学者对区域土地利用的演化过程与驱动机制进行分析。

（二）分析数据来源

本研究过程中采用的数据主要有两类，即人口与经济数据、土地利用数据。其中人口与经济数据由水源区所包含的 4 省 11 市 46 县的统计年鉴（2007—2014）及《社会经济发展公报》（2007—2014）可以得到。土地利用数据的来源包括：（1）以水源区 4 省 11 市 46 县 2006—2013 年土地调查数据为基础，通过分类释义和转换可以得到水源区不同年份相应的土地利用类型的面积；（2）通过获取 2008 年、2010 年和 2013 年的 Landsat TM 影像资料，采用 1：100000 地形图在 ERDAS IMGING9.2 数据处理平台上进行处理，结合野外实测调查结果，采用最大似然分类法，对遥感影像进行分类从而得到三个时期不同土地类型的数据；（3）利用 ERDAS IMGING9.2 分析得出的 2008 年、2010 年、2013 年三年的土地利用数据，对步骤（1）得出的数据结果进行修正。具体结果如表 3-4 所示。

表 3-4　　　　　　　　2006—2013 年水源区土地利用类型的面积 单位：平方千米

年份 土地利用类型	2006	2007	2008	2009	2010	2011	2012	2013
耕地	18696.63	18267.83	19034.18	19756.24	19812.56	19268.59	19068.59	18963.27
林地	72068.11	72538.52	72698.65	73186.96	73206.42	73457.24	73088.24	72503.51
草地	3206.78	3179.71	2338.64	1106.42	1029.35	1236.56	1626.56	1956.49
水域	826.31	883.98	785.35	796.46	801.26	873.26	1121.45	1503.82
建设用地	241.71	224.62	289.67	348.37	366.86	412.35	365.31	352.12
未利用地	353.68	299.56	248.73	201.77	179.77	148.22	126.07	117.01
合计	95393.22	95394.22	95395.22	95396.22	95396.22	95396.22	95396.22	95396.22

（三）分析方法

1. 水源区土地类型结构熵

一般来说，对于系统的有序程度和稳定性可以采用熵值指标来进行定量表达，熵值越小，系统有序度越高，系统组成结构也越稳定；反之亦然。通过测算水源区土地类型结构熵，定量描述水源区土地利用结构的稳定状态，同时，根据结构熵值的纵向发展，可以了解水源区土地类型结构的变化方向。水源区土地类型结构熵测算公式如下：

$$H = - \sum_{i=1}^{n} p_i \ln p_i \text{ 且 } p_i = \frac{A_i}{\sum_{i=1}^{n} A_i}$$

式中，A_i 表示水源区第 i 种土地类型的面积，p_i 为水源区第 i 种土地占总面积的比例。当水源区各类型面积相等时，H 取值最大，即 $H_{max} = \ln n$。同时，本书引入均衡度 J 和优势度 Y 来反映土地利用类型间的差异程度，计算式为：

$$J = \frac{H}{H_{max}} = \frac{H}{\ln n} \text{ 和 } Y = 1 - J$$

2. 水源区土地类型定量转换关系

本书在此采用马尔科夫转移模型来描述南水北调水源区土地类型的定量转换关系，反映每个时间段内水源区各种土地类型减少面积去向或增加面积的来源。表达式为：

$$C = \begin{bmatrix} C_{11} & C_{12} & \cdots & C_{1j} \\ C_{21} & C_{22} & \cdots & C_{2j} \\ \vdots & \vdots & \vdots & \vdots \\ C_{i1} & C_{i2} & \cdots & C_{ij} \end{bmatrix}$$

其中，C_{ij} 表示的是水源区第 i 种和第 j 种土地类型之间相互转换的数量。

3. 水源区土地利用动态变化速度

水源区土地利用类型的动态变化速度采用土地利用类型的调整指数进行定量测算，该指数综合反映了水源区土地类型的变化速度，测算公式如下：

$$V_i = \frac{A_{bi} - A_{ai}}{A_{ai}} \times \frac{1}{T} \times 100\%$$

其中，V_i 为某时期内第 i 种土地类型调整指数；A_{bi} 和 A_{ai} 分别表示期末和期初第 i 种土地类型的面积；T 为时间间隔，一般以年表示。

（四）水源区土地利用结构特征分析结果

1. 水源区土地利用类型变化过程

水源区土地类型以林地和耕地为主，其中林地占比 76% 左右，耕地占比 19% 左右，两者总共占比 95% 左右。在土地利用类型变化方面，耕地呈现先大幅增加后缓慢下降的变化过程；林地先增加后下降；草地先下降后增长，草地面积总体减少；水域在大坝蓄水之前总量较稳定，蓄水后水域面积呈现快速增加的趋势；建设用地在 2012 年以前由于水源区城镇化和新农村建设而呈现逐年增加趋势，但是在 2012 年以后由于移民搬迁和水库蓄水淹没的原因，导致建设用地缓慢减少；未利用土地面积呈现逐年下降趋势。

2. 水源区土地利用信息熵、均衡度和优势度

水源区土地类型结构熵的变化可以分为两个阶段。第一阶段为 2006—2011 年，此阶段水源区土地结构熵从 0.722Nat 减少到 0.657Nat，呈现逐年递减趋势；第二阶为 2012—2013 年，此阶段熵值从 0.678Nat 上升到 0.704Nat，呈现增加趋势。均衡度与熵值走势相同，优势度的变化趋势与前两种正好相反。究其原因，可以归纳为：第一，耕地和林地变化。由于南水北调中线工程的施工建设，中央和地方政府加大了对水源区进行水土保护、植树造林等生态保护工程项目的建设力度，水源区林地在 2006—2011 年持续增长，有效遏制了水源区的水土流失现象；同时，国家耕地保护的红线政策也为水源区耕地面积保护提供了政策支持。由于林地和耕地总量在增加，所以使得水源区的其他类型土地面积逐年减少。第二，2012 年以后，丹江口水库坝基加高并开始蓄水，淹没了部分良田和林地，增加了水域面积，减少了林地和耕地面积，土地类型结构出现了波动，熵值逐渐变大。

表 3-5　水源区不同年份土地利用信息熵、均衡度和优势度测算结果

土地利用类型 ＼ 年份	2006	2007	2008	2009	2010	2011	2012	2013
信息熵	0.722	0.714	0.692	0.655	0.652	0.657	0.678	0.704
均衡度	0.403	0.398	0.386	0.365	0.364	0.367	0.378	0.393
优势度	0.597	0.602	0.614	0.635	0.636	0.633	0.622	0.607

3. 水源区土地类型间转换数量关系分析

本书在此采用马尔科夫转移矩阵对水源区土地类型间转换的数量关系进行分析，探究水源区土地利用类型变化的时间特征，结果见表 3-6 和表 3-7。

表 3-6　　2006—2010 年水源区不同土地利用类型间的转换关系

单位：平方千米

时间		2010					
	类型	耕地	林地	草地	水域	建设用地	未利用地
2006	耕地	13692.13	4393.32	585.37	22.32	2.63	0.86
	林地	5878.71	65889.12	132.46	133.72	24.74	9.36
	草地	23.67	2569.86	286.56	286.34	39.56	0.79
	水域	214.36	247.32	1.36	358.22	5.05	0
	建设用地	3.69	0.23	0.14	0.42	236.11	1.12
	未利用地	0	106.57	23.46	0.24	56.05	167.36

从表 3-6 测算结果可知，水源区的土地类型变化呈现一定的波动性。2006—2010 年，水源区大约有 26.8% 的耕地转化为林地、草地、水域、建设用地等，其中绝大多数转化为林地，转化成林地类型的耕地占比为 23.5%。同时，也有部分林地转化为耕地，并且该面积绝对数量要比耕地转化为林地面积的数量多，因而使得水源区耕地面积略有增长。在水域面积方面，2006—2010 年，由于水源区上游来水量不断减少，使得水源区的水域面积略有减少，减少的水域面积主要转化为耕地和林地。同时，草地也在不断转化为水域面积。2010—2013 年

（见表3-7），水源区林地转化为耕地的面积大于耕地转化为林地的面积，同时，林地还转化为草地和水域等，使得水源区林地面积减少，耕地面积略有增加。与前阶段相比，2010—2013年，土地利用类型变化最为显著的特点就是水域面积显著增长，而且这些增加的水域面积主要来源于淹没的耕地、林地和草地面积。总体而言，水源区土地利用变化主要发生在耕地、林地和草地之间，因此，在2010—2013年间，林地、耕地和草地转化为水域也是该时期的一个较为显著的特点。

表3-7　　2010—2013年水源区不同土地利用类型间的转换关系

单位：平方千米

时间		2013					
	类型	耕地	林地	草地	水域	建设用地	未利用地
2010年	耕地	14856.7	3698.96	856.87	396.34	3.69	0
	林地	3712.27	68663.58	557.82	238.67	26.34	7.63
	草地	377.02	63.51	535.41	35.57	12.47	5.32
	水域	13.64	2.36	0.36	784.34	0.56	0
	建设用地	2.36	6.23	2.38	39.23	302.32	14.43
	未利用地	1.28	68.31	3.65	9.67	7.23	89.63

4. 单一土地利用类型调整度分析

单一土地类型调整指数主要用来衡量水源区单一土地类型的动态变化率，描述该土地类型的变化速度。本书从2006—2010年、2010—2013年及2006—2013年三个时间层面来分析水源区单一土地利用类型的动态变化情况，具体结果见表3-8。

表3-8　　　　　水源区单一土地利用类型动态调整度

土地利用类型	土地类型变化率（%）		
	2006—2010年	2010—2013年	2006—2013年
耕地	1.19	-1.07	0.18

土地利用类型	土地类型变化率（%）		
	2006—2010 年	2010—2013 年	2006—2013 年
林地	0.32	-0.24	0.08
草地	-13.58	22.52	-4.87
水域	-0.61	21.92	10.25
建设用地	10.36	-1.00	5.71
未利用地	-9.83	-8.73	-8.36

由表 3-8 可知，2006—2010 年水源区各种土地利用类型均发生了不同程度的变化，其中变化最为明显的是草地、建设用地和未利用地。由于该时期内水源区新农村建设和城镇化建设加速，水源区建设用地增长较快，未利用地和草地急剧下降。其中，草地、建设用地和未利用地的动态调整度分别为-13.58%、10.36% 和-9.83%。然而，由于保护措施得力，此时期内水源区的林地和水域变化微乎其微。在 2010—2013 年间，水源区的草地和水域动态变化调整最为明显，而且两者均呈现增加趋势。其中，草地、水域、未利用地的动态调整度分别为 22.52%、21.92% 和-8.73%，表明此间草地和水域面积显著增加，其他土地利用类型变化速度较慢。从整个时间段来看，2006—2013 年水域、建设用地明显增长，草地和未利用地明显减少，其他土地类型变化并不是非常明显，尤其是林地面积变化速度非常小，为 0.08%。

5. 水源区综合土地利用类型调整度分析

根据水源区土地类型转换数量关系矩阵和土地类型调整指数，计算得出 2006—2010 年水源区综合土地利用类型调整指数为 1.86%，2010—2013 年为 2.01%。根据计算得出的两个时期内的综合调整指数可以知道，2010—2013 年土地类型调整指数比 2006—2010 年指数高 0.15%，说明在社会经济不断发展的同时，人类的生活和相关生产活动对土地的干扰和影响度也在不断上升。

（五）水源区土地利用结构特征分析结论

本书以水源区 4 省 11 市 46 县的土地利用现状调查数据和 Landsat TM

的影像资料数据为基础，利用信息熵、马尔科夫转移矩阵、动态调整指数等理论与方法对水源区土地利用类型变化特征进行分析，得出以下结论：

（1）在水源区土地利用类型结构中，耕地和林地占整个水源区面积的 95% 左右。耕地和林地面积的变化均表现为先大幅增加，然后缓慢下降的变化趋势（见图 3-3 和图 3-4）；草地面积变化为先大幅下降而后缓慢增长，总体呈现减少态势（见图 3-5）；前期由于受自然环境影响，上游来水量减少，水域面积缓慢减少，但是丹江口水库蓄水后，水源区的水域面积快速增加（见图 3-6）；建设用地面积在 2011 年以前呈现逐年增加的趋势，2011 年以后缓慢下跌（见图 3-7）；未利用地的面积呈现逐年下降的趋势（见图 3-8）。

（平方千米）

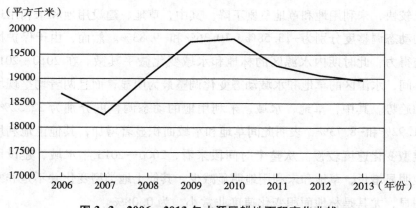

图 3-3　2006—2013 年水源区耕地面积变化曲线

（平方千米）

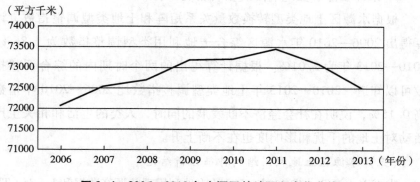

图 3-4　2006—2013 年水源区林地面积变化曲线

（平方千米）

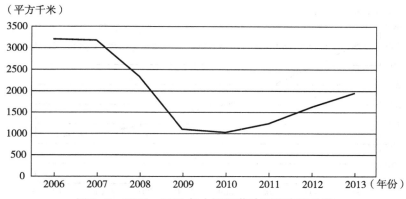

图 3-5　2006—2013 年水源区草地面积变化曲线

（平方千米）

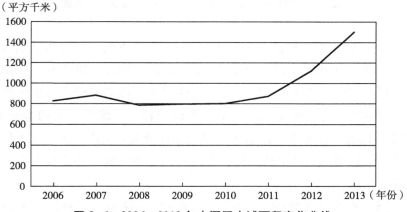

图 3-6　2006—2013 年水源区水域面积变化曲线

（平方千米）

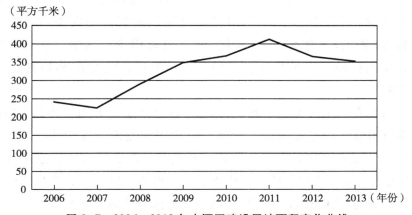

图 3-7　2006—2013 年水源区建设用地面积变化曲线

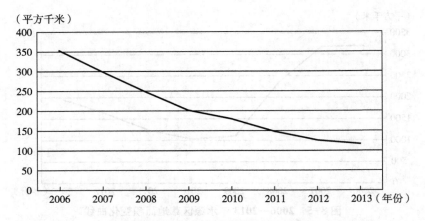

图 3-8　2006—2013 年水源区未利用地面积变化曲线

（2）在水源区土地利用类型结构的稳定性方面，可以将其划分为两个阶段，即 2006—2011 年和 2012 年以后。2006—2011 年，水源区土地利用结构熵值逐年下降，侧面反映了中央政府对于水源区实施的各项政策的效应逐渐显现，土地结构改变较小，趋于稳定均衡态势；2012 年以后，在水库逐渐蓄水、移民搬迁等因素的影响下，水源区土地利用信息熵值呈现增长态势，土地利用类型结构的稳定性和有序度出现了波动。

（3）整个水源区的土地利用类型转化主要表现在耕地、林地和草地之间的相互转换，但是耕地、林地和草地也有少量面积向水域面积转变。水源区各土地利用类型空间位置变换的面积大小依次为林地>耕地>草地>水域>未利用地>建设用地。其中，林地的位置转换面积最大，平均达到 5359 平方千米，大约占林地总面积的 7%。

（4）在水源区土地利用类型的动态变化速度方面，2006—2010 年建设用地增加比较明显，草地和未利用地萎缩速度较快；2011—2013 年水域和草地面积呈现快速增长趋势，两者平均增长速度达到 21% 左右，未利用地依然呈现快速萎缩。2006—2013 年，变化速度增加较快的是水域面积，快速萎缩的是水源区的草地和未利用地，变化不明显的是林地和耕地两种土地利用类型。

（5）本书主要分析了水源区土地利用类型的时间变化特征，对于水源区政府制定和调整区域土地利用规划具有一定的参考价值。本书对于水源区土地利用类型的空间变化特征涉及较少，在今后的研究过程中，将着力综合运用 RS 和 GIS 理论与方法探讨水源区土地利用类型的空间变化特征与演化过程。

二　土地利用生态安全评估的重要性

作为我国最为重要的跨流域调水工程，南水北调中线工程的建设和平稳运行对于区域水资源的合理配置，缓解我国华北及京津地区的水资源短缺局面均将起到积极作用，主要体现在优化区域产业结构、提升华北地区水资源承载力、改善沿线居民饮水安全状况、维持生物多样性等方面。综观南水北调中线工程水源区社会经济发展和环境保护的历程可知，土地的健康状态起到了至关重要的作用。不同类型的土地对水源区社会发展和环境保护的作用不同，例如，农业用地为水源区居民乃至其他区域的居民提供粮食作物，同时也为水源区社会经济生产提供原材料，净化水源区生态环境。因此，研究水源区土地生态安全能有效地缓解水源区人地矛盾，有利于推动水源区生态环境与社会经济协同发展。迄今为止，国内外诸多研究者围绕土地生态安全问题，从各自研究视角出发，以不同区域作为研究对象，从土地生态安全评价体系的构建、评价标准的设计、评价模型的开发与应用等方面开展了大量的研究。但是，国内外关于土地生态安全评价的理论与方法还没有达到系统化的程度，没有形成一套被广泛认可的土地生态安全评价理论，尤其是对于水源区这种比较特殊区域的研究成果还不多见。南水北调中线工程水源区土地生态安全状况与水源区生态环境保护的好坏密切相关，也将影响整个工程水源的安全，对工程建设和运行目标的实现具有至关重要的作用。因此，对中线工程水源区的土地生态安全进行全面、科学评价是十分必要的，也是非常紧迫的。

三　土地利用生态安全评估对象界定

南水北调中线工程水源区主要涉及河南、陕西、湖北、四川 4 省的 11 市 46 县，区域总面积 9.54 万平方千米。由于水源区涉及城市较多且隶属不同省份，因此本书以河南省南阳市作为典型代表，对水源区土地生态安全状况进行研究和探讨。南阳市位于河南省西南部（北纬 32°57′—33°07′，东经 112°21′—112°38′），除了南部是丘陵，其余三面均环山，整个地形呈现出一个近似马蹄形的盆地，土地总面积 2.6509 万平方公里。在南阳的地形地貌构成方面，丘陵、山区、平原的面积总体相等。南阳现有耕地面积为 1312 万亩。在经济发展方面，南阳市作为豫陕鄂交界处的中心城市，在 2021 年被确定为河南省副中心城市，是豫西南地区的政治、经济、文化、科教、交通、金融和商贸中心，城市规模位居河南第三。

四 土地利用生态安全评估数据来源与研究方法

（一）数据来源

本书研究的基础数据主要来源于：（1）河南省土地利用变更调查数据（2004—2013）；（2）《河南省土地利用总体规划（2006—2020）》；（3）《南阳市土地利用总体规划（2010—2020）》；（4）2004—2014 年的《河南统计年鉴》、《南阳市统计年鉴》、南阳市环境质量公报、南阳市统计公报。

（二）评价指标选择与体系构建

建立一个相对完善的评价指标体系是科学、正确地对水源区土地生态安全进行评价的基础。本书结合水源区土地系统自身的特点，遵循科学与代表性、数据可靠与易获取性、系统与完整性、指标多样与层次性等原则，利用 P-S-R 评价框架，对水源区土地生态安全评价指标进行筛选，构建了包含 21 个指标的水源区土地生态安全评价指标体系，具体参见表 3-9。评价指标可以分为原始指标和构建指标两类，原始指标主要是指直接查阅统计年鉴就可获得的数据，如人口增长率；构建指标是指需要利用一些原始数据进行简单计算而得出的指标数据，如自然保护区所占面积比例。

表 3-9 水源区土地生态安全评价指标体系

系统	类型	要素指标	指标代码	指标属性	权重
压力（P）	土地资源压力	人口增长率（‰）	X_1	逆向	0.0325
		人口密度（人/公顷）	X_2	逆向	0.0378
	土地环境压力	单位面积土地的化肥使用量（千克/公顷）	X_3	逆向	0.0400
		单位面积土地的农药使用量（千克/公顷）	X_4	逆向	0.0273
		工业废水排放量（吨/公顷）	X_5	逆向	0.0279
		单位耕地面积使用地膜数量（千克/公顷）	X_6	逆向	0.0530
	社会经济压力	城镇化水平（%）	X_7	正向	0.0081
		第一产业占 GDP 比重（%）	X_8	逆向	0.0519
状态（S）	土地资源状态	人均耕地面积（公顷/人）	X_9	正向	0.0185
		人均水资源拥有量（立方米/人）	X_{10}	正向	0.1125
	土地环境状态	森林覆盖率（%）	X_{11}	正向	0.0686
		自然保护区占土地面积比重（%）	X_{12}	正向	0.1137
	土地利用状态	土地垦殖率（%）	X_{13}	正向	0.0310
		粮食单产（千克/公顷）	X_{14}	正向	0.0081
响应（R）	经济响应	经济密度（亿元/平方千米）	X_{15}	正向	0.0163
		第三产业占 GDP 比重（%）	X_{16}	正向	0.0279
		环保支出占 GDP 比重（%）	X_{17}	正向	0.0178
	环境响应	工业废水排放达标率（%）	X_{18}	正向	0.0766
		工业固体废弃物综合利用率（%）	X_{19}	正向	0.0614
	社会响应	万元 GDP 能耗（标准煤吨/万元）	X_{20}	逆向	0.0916
		农业机械化程度（%）	X_{21}	正向	0.0776

（三）评价指标的无量纲化

不同指标表达的意义不同，矢量单位也不尽相同，因此很难对指标值直接进行相应的数值运算。为了消除矢量单位的影响，首先需要对指标要素进行归一化处理。归一化处理公式如下：

当 X_{ij} 为正向指标时，$C_{ij} = \dfrac{X_{ij} - Min(X_{1j}, X_{2j}, \cdots, X_{mj})}{Max(X_{1j}, X_{2j}, \cdots, X_{mj}) - Min(X_{1j}, X_{2j}, \cdots, X_{mj})}$

当 X_{ij} 为负向指标时，$C_{ij} = \dfrac{Max(X_{1j}, X_{2j}, \cdots, X_{mj}) - X_{ij}}{Max(X_{1j}, X_{2j}, \cdots, X_{mj}) - Min(X_{1j}, X_{2j}, \cdots, X_{mj})}$

其中，C_{ij} 为指标 X_{ij} 的标准化值，$Max(X_i)$ 为每项指标的最大值，$Min(X_i)$ 为每项指标的最小值。

(四) 指标权重的测算方法

测算指标权重的方法主要有层次分析法、TOPSIS 法、熵值法等，熵值法在确定指标权重时不依赖人的主观意志，客观性较强。熵值法主要通过计算各指标的信息熵，根据信息熵的大小来确定指标的权重。熵值法测定指标权重主要依据指标本身数据的变化情况，没有人为主观干扰，因此该方法是一种比较客观的指标权重赋值法。一般来说，若某个指标的信息熵取值较大，则表明该指标数值波动幅度大，在综合评价中应该给予这个指标更大的权重，反之亦然。具体计算步骤如下：

(1) 计算指标的熵值：$e_i = -k \sum_{i=1}^{m} C_{ij} \ln C_{ij}$，$k = \dfrac{1}{\ln(n)}$；

(2) 计算第 j 项指标的信息效用值 g_i：$g_i = 1 - e_i$；

(3) 计算指标 X_{ij} 的权重：$w_i = \dfrac{g_i}{\sum_{i=1}^{m} g_i}$

(五) 评价模型

1. 水源区土地利用结构变化评价

对于土地利用结构变化的衡量指标较多，笔者在此采取土地利用结构信息熵来对水源区土地利用变化情况进行衡量，通过信息熵值的变化情况来寻求水源区土地利用变化规律，从而为水源区土地利用结构优化措施的制定起到一定的参考作用。水源区土地利用结构信息熵 (H) 计算公式为：

$$H = -\sum_{i=1}^{N} P_i \ln P_i$$

其中，H 为水源区土地利用结构变化的信息熵，N 为水源区土地利用类型的数量，P 为不同种类的土地利用面积占总面积的比例。一般来说，当水源区未开发时，H 取值最小为 0；相反，当水源区各种类型的土地趋于稳定、均衡时，H 取值最大，$H_{\max} = \ln(N)$。

2. 土地生态安全综合测算模型

在指标权重测算的基础上，本书采用综合指数模型法对水源区土地生态安全进行综合评价，土地生态安全综合评价测算模型为：

$$SS_i = \sum_{j=1}^{n} C_{ij} w_{ij} (i = 1, 2, \cdots, m; j = 1, 2, \cdots, n)$$

其中 SS 为土地生态安全评价综合值，$SS \in [0, 1]$，w_{ij} 为指标权重。

3. 土地生态安全等级分类

本书采用土地生态安全测算模型，计算出水源区土地生态安全的综合指数，然后，在众多研究的基础上，结合水源区土地资源利用特点，将水源区土地生态安全等级划分为 5 个等级，各等级划分及状态描述请参见表 3-10。

表 3-10　　　　　　　　　水源区土地生态安全等级划分

安全值	等级	系统状态	系统状态描述
≥0.9	1	安全级	土地资源基本未受到干扰破坏，土地生态系统结构完整，功能完善，土壤肥沃，污染较少，土地自我净化能力强，生态灾害较少发生，人与自然基本处于和谐发展状态
0.7-0.9	2	比较安全级	土地生态系统服务功能比较完善，系统受到的破坏较少，结构较完整，功能较好，土地肥力较强，污染程度较低，水土保持较好
0.6-0.7	3	敏感级	土地生态服务功能有所退化，生态环境受到一定程度的破坏，但是能够保持基本功能，土壤肥力降低，生态问题比较突出
0.4-0.6	4	风险级	土地生态系统受到较为明显的人为破坏，系统结构和功能不全，土地自我恢复能力较差，生态问题较严重，生态灾害时常发生
≤0.4	5	恶化级	土地生态系统受到人为干扰和破坏严重，系统结构残缺不全，基本失去功能，恢复和重建相当困难，生态灾害时常发生

五 土地利用生态安全评价结果

（一）水源区土地利用结构变化分析

本书根据土地利用结构信息熵模型，计算得出南阳市土地利用结构信息熵，具体如表3-11所示。依据表3-11的计算结果可知，研究期内南阳市土地利用结构信息熵总体呈现上升态势，信息熵值最低为0.9861（2004年），最高为1.2912（2013年）。按照南阳市土地利用信息熵值波动曲线（见图3-9），可以将南阳市土地结构变化划分为三个阶段，即2004—2007年、2007—2009年和2009—2013年。第一阶段，南阳市土地利用信息熵值呈现波动上升趋势，并且期间还出现了小幅下降，总体为上升的态势；第二阶段，南阳市土地利用信息熵值呈现快速上升趋势，此阶段南阳市土地利用结构变化明显，由于城镇化建设加速推进，基础设施建设也加速入场，导致南阳市土地利用结构逐渐向非稳定均衡状态发展；第三阶段，南阳市土地利用信息熵值变化呈现缓慢增长的趋势，《南阳市土地利用规划（2010—2020）》的作用逐渐显现，土地利用的均衡性有所增强，单一类型的优势度有一定程度的下降。

表3-11　　　　　2004—2013年南阳市土地利用结构信息熵

年份	2004	2005	2006	2007	2008	2009	2010	2011	2012	2013
信息熵	0.9861	0.9632	1.0241	1.0247	1.1257	1.2634	1.2756	1.2762	1.2876	1.2912

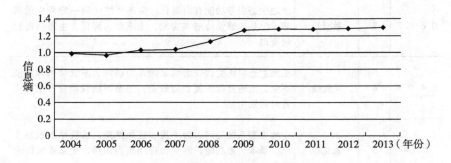

图3-9　南阳市土地利用信息熵值变化曲线

（二）南阳市土地生态安全综合评价

根据前文给出的水源区土地生态安全评价方法与测算模型，计算出不同年份（2004—2013年）南阳市土地生态安全综合评价的结果，并对该结果进行分类，详情参见表3-12。为了更加清晰地显示出南阳市土地生态安全各子系统变化规律和南阳市土地生态安全综合变化趋势，绘制其动态变化曲线，如图3-10所示。

表 3-12　　　　　　　　南阳市土地生态安全评价结果

年份	分类指数			综合指数	等级
	压力	状态	响应		
2004	0.3441	0.3062	0.0632	0.7135	2
2005	0.3264	0.2563	0.0996	0.6823	3
2006	0.2747	0.2336	0.154	0.6623	3
2007	0.2463	0.2235	0.1436	0.6134	3
2008	0.2364	0.2103	0.136	0.5827	4
2009	0.2038	0.1684	0.1512	0.5234	4
2010	0.1764	0.1732	0.1395	0.4891	4
2011	0.1867	0.1768	0.113	0.4765	4
2012	0.1901	0.1231	0.1557	0.4689	4
2013	0.1432	0.1346	0.135	0.4128	4

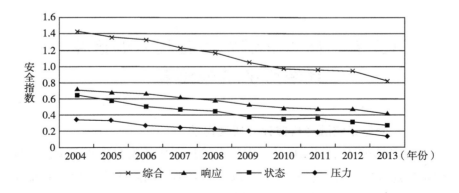

图 3-10　南阳市土地生态安全变化曲线

根据计算结果可以得知:

（1）南阳市土地生态压力指数。2004—2010 年间，随着社会、经济的不断发展，对土地的需求越来越强烈，给南阳市土地生态系统带来的压力也越来越大，从而导致压力指数对南阳市土地生态安全的贡献率越来越小；2010 年以后，由于地方政府加大了对水源区的水土保持和环保力度，南阳市的土地压力指数呈现缓慢上升的趋势，但是由于土地生态一旦遭到破坏，短时间内很难恢复，需要很长一段时间才能将环保效益逐渐显现出来，所以虽然在 2010 年后出现了短暂上升，但是随后继续呈下跌趋势。

（2）南阳市土地状态指数的走势与压力指数非常相似，2010 年以前逐年下跌，对生态安全贡献率逐年降低；2010—2013 年间短暂回升，随后下跌，并且呈现比较平稳的变化趋势。

（3）南阳市土地响应指数。在 2004—2006 年期间，呈现较快下降速度，2007—2008 年间出现了小幅度的下跌，随后平稳发展，呈现波浪线的变化态势，但是总体上呈现逐年下降的趋势。

（4）对于南阳市生态安全综合指数，2004—2013 年间呈现逐年下跌的趋势，但是下降的速度有所不同。2004—2010 年间，南阳市土地生态安全指数呈现快速下降走势，在 2010 年以后，南阳市土地生态安全指数趋于平缓，表明南阳市针对南水北调中线工程水源区的环境保护措施正在逐步发挥作用。

第三节　南水北调中线工程水源区生态系统服务价值测算

一　生态系统服务价值评估研究现状

早在 1965 年，Marsh 在《人与自然》书中首次对生态系统的服务价值问题进行研究，分析地中海地区的人类活动对于周边生态系统功能的影响情况。此后，Holder 和 Ehrlich（1974）、Pimentel（1997）等人基于全球视野对生态系统服务价值的相关问题做了一些有益探

索，指出生物多样性的丧失将会影响生态系统服务价值。国内学者从
20 世纪 80 年代开始关注生态系统服务价值的评估问题，并聚焦于森
林资源的价值评测。1997 年，Daily 首次较为全面、系统、综合地从
多个角度对生态系统服务价值进行了研究和测算。此外，Costanza
（1997）等人将全球生态系统服务划分为 17 大类，并采用多元统计方
法，定量测算了全球生态系统服务价值，测算后得出其价值约为 33
万亿美元/年。综观生态系统服务价值测算的研究进程，可以将生态
系统服务价值测算研究分为四个阶段（见图 3-11）。

（1）定性分析阶段。1997 年之前，生态系统服务的概念比较模
糊，学者们对于生态系统服务的相关研究主要停留在概念界定的层
面，甚至有些学者采用"生态效益"代替"生态系统服务"，主要考
虑生态系统为人类提供的效用（苏志尧，1994）。在定性分析阶段，
学者们将研究视角聚焦于森林生态系统的生态效益构成体系，并讨论
森林生态效应的补偿问题。大多数学者采用定性分析或者描述性统计
的方法进行研究，通过对森林生态效应的简单评估，依据评估结论提
出森林生态系统的生态补偿策略。总之，学者们在定性分析阶段，主
要从概念、内涵界定等层面开展研究，研究成果较少，且多数成果的
深度和广度有限，但是，这个阶段的研究成果为后期研究体系的构建
奠定了良好的基础。

（2）快速发展阶段。1997—2005 年间，众多学者围绕生态系统
服务价值展开研究。Costanza 等（1997）对可再生的生态系统服务进
行科学分类，共分成了 17 类，并首次全面地开展了全球生态系统服
务价值的评估研究，其研究成果填补了全球生态系统服务价值在评估
方面的空白，为后续不同区域生态系统服务价值评估提供了全新可行
的方法。此后，国内外学者们对于生态系统服务价值的研究进入快速
上升期。综观该阶段的研究成果发现，多数学者们参考 Costanza 等
（1997）提出的单位面积生态系统服务价值参数，对不同尺度、不同
区域范围的各类生态系统服务价值进行测算（谢高地，2003；高清
竹，2002）。2003—2005 年间，部分学者开始利用遥感手段对生态系
统服务价值的相关参数或者指标进行数据收集及测量，构建生态系

服务价值测算指标体系的多尺度收集体系，进一步提高了区域生态系统服务价值的测算精度（王新华，2004）。

（3）多元化发展阶段。2005—2012年间，学者们对于区域生态系统服务价值测算的研究处于多元化发展阶段，该阶段的主要特征表现在以下三个方面：第一，遥感数据被广泛使用，多数学者测算指标数据是通过遥感手段获取，尤其是在生态系统服务价值体系测算中的有关土地利用指标数据；第二，在生态系统服务价值测算中逐渐考虑土地利用结构，并开始探讨土地利用与区域生态系统服务价值间的相关关系（吴后建，2006）；第三，在千年生态系统评估系统的基础上，开始对生态系统服务价值进行分类评估，并改进其相应的参数（胡和兵，2013）。

（4）综合应用阶段。2012年至今，生态系统服务价值的相关研究进入综合应用阶段。在该阶段，学者们的研究主要侧重于区域生态系统服务价值的时空变化规律，并将其研究成果运用到生产实践过程中。在生态系统价值评估的理论分析层面，"生态补偿""资源开发与利用"等主题词的使用率较高（郭荣中等，2014；严恩萍等，2014）。在生态系统价值评估的实践应用层面，学者们得出了比较多的应用成果，例如：Naime等（2020）以次生热带森林为研究对象，将其生态系统发展过程划分成四个不同的再生阶段，并依据生态系统服务价值评估框架对四个不同的再生阶段进行评估，为次生热带森林的生态付费与森林恢复提供了理论参考依据；Taffarello等（2020）选择了亚热带流域为研究区域，对该区域的污水净化功能开展生态系统服务价值的评估，以发现该功能的价值及其影响因素，并为相关部门的管理决策提供理论指导；昝欣（2020）和Taffarello等（2020）以亚马孙流域为研究对象，采用千年生态系统评估提出的评估方法，评估流域生态系统服务价值、明确其生态价值等。总之，无论在理论层面还是实践应用层面，生态系统服务价值评估已经迈向综合分析型的研究，该类研究具有较强的动态性、机理性和实践应用性，而不再是过去的单一的定量测算（Dhongde et al.，2019）。

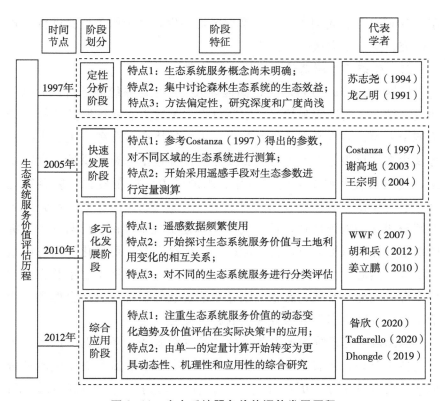

图 3-11　生态系统服务价值评估发展历程

　　总之，经过几十年的发展，学者们对于生态系统服务功能价值的研究取得了较大进展，尤其是 Costanza（1997）的研究成果得到了较为广泛的认可。国际著名的《生态经济》杂志在 2008 年以专辑的形式刊登了来自全球各国生态研究的顶尖学者的 20 多篇论文，代表了迄今为止有关生态系统服务价值的较权威的研究成果。20 世纪 90 年代以来，生态系统服务的概念被引入后，国内学者围绕生态系统服务功能展开了广泛的研究，并得出了一系列研究成果。目前，国内学者已经开始着眼于一些生态敏感区的生态系统服务价值变化的研究，例如：谢高地（2008）以青藏高原为例，对青藏高原特殊的生态系统的服务价值进行了较为系统的评价；李保杰（2010）、谭敏和褚克坚（2014）利用 LUCC 数据，对徐州煤矿区生态系统服务价值的变化进行了马尔科夫预测；此外，韩永伟（2010）、唐紫晗（2014）、陈春阳（2012）等人也对不同生态敏感区域的生态系统服务价值进行了相应研究，得出了大量的研究成果。

二　生态系统服务价值评价体系构建

根据 Costanza（1997）、谢高地等人关于生态系统服务价值的相关研究，结合水源区实际情况，本项目将水源区生态系统服务功能划分为四个方面，即生态产品供给服务、生态环境调节服务、生态支持服务及生态文化服务等四大类。二级评估指标包括原材料供给、食物供给、气候及气体调节、空气净化、水源涵养、控制侵蚀、废弃物处理、水土保持、维护生物多样性、文化娱乐等 10 种类型。水源区生态系统服务功能评价指标体系的科学构建实现了评价指标与评价目标的对应和评价目标的可量化，形成了一个科学的、可量化的及可测量的工具。然后，整理和分析所收集的多年的一手数据与二手数据，阐释水源区陆地与水域生态系统服务功能现状与特征，以及自然和人为活动对水源区生态系统服务功能的影响程度。

水源区生态系统服务主要包括产品供给服务、环境调节服务、生态支持服务和文化服务等四大类功能。为了使水源区生态系统服务价值评估更具可靠性、更符合实际，本书尽量选择一些客观指标因素，减少人为干扰，采用利弊计算方式，减少中间服务增值计算，从而尽可能削弱外界干扰。在数据收集方面，一是尽可能采取官方公布的统计数据，并剔除了一些功能指标的增值部分，这些增值部分主要是由于人为投入的中间过程而产生；二是依据数据获得性，并兼顾系统评估的科学性进行数据收集。基于以上分析，本书构建出了水源区生态系统服务价值评估指标体系（见表 3-13）。

表 3-13　　　　水源区生态系统服务价值评估体系

序号	一级类型	二级类型	不同服务类型的内涵
1	供给服务	食物供给	水源区生态系统利用光合作用，将区域内的太阳能等转化为可供人类或动植物使用的产品
		原材料供给	水源区生态系统利用光合作用，将太阳能转换为可供人类生产、生活直接或间接使用的生产资料或物品

续表

序号	一级类型	二级类型	不同服务类型的内涵
2	调节服务	气候与气体调节	通过生态系统吸收二氧化碳，放出氧气对气候或气体构成进行调节，从而达到固碳造氧的作用，并通过对太阳能的吸收、热量释放等作用，调节区域气候和气温
		空气净化	水源区生态系统空气净化服务主要表现为吸收二氧化硫、滞尘等
		水源涵养	通过水源区生态系统对降水的渗透、过滤、地下水的保留和储存功能，为区域人类生活和生产供给淡水
		控制侵蚀	减少区域的水土流失，维持土壤中的有机物和无机物种类与数量的平衡，保持土壤的肥力，减少泥沙淤积
		废弃物处理	生态系统对于多余养分和化学物质进行分解和处理
3	支持服务	水土保持	保持土壤、保护土壤养分和减少泥沙淤积
		维持生物多样性	提供野生动植物栖息地，维护野生动植物的基因来源和进化
4	文化服务	文化娱乐	为人类提供文化、娱乐和艺术鉴赏价值的服务

三 生态系统服务价值测算过程

（一）水源区生态系统服务总价值测算

结合中线工程水源区土地利用现状，将土地划分为耕地、林地、草地、水域、建设用地和未利用土地等 6 种类型。生态系统服务功能包括生态产品供给服务、生态环境调节服务、生态支持服务及文化服务等 4 大类 10 种类型。生态产品供给服务可以通过市场机制转换成货币，已经为水源区经济发展做出了贡献，属于生态系统服务市场价值类别，其他生态系统服务功能均为非市场价值种类。根据相关文献研究结论可知，中线水源区生态系统服务总价值的计算公式为：

$$V = \sum_{i=1}^{n} V_j = \sum_{i=1}^{n} \sum_{j=1}^{m} A_j P_{ij}$$

其中，V 为水源区生态系统服务总价值；V_j 为水源区第 j 种类型土地的生态系统服务价值；A_j 为第 j 种类型土地面积；P_{ij} 为第 j 类土地第 i 类型功能的单位价值（元）。根据水源区生态系统服务总价值的计算公式测算区域生态系统服务价值的前提，是准确计算符合水源区现状的单位面积生态系统服务价值当量与水源区的生态系统服务单位价值量（P_{ij}）。谢高地曾经在 2003 年首次结合我国土地利用现状制定了我国陆地生态系统的价值当量，并在 2008 年进行了改进。但是，由于南水北调中线工程水源区的土地结构与中国陆地存在区别，本书所采用的土地分类方式与谢高地的分类方式有所不同。并且，在谢高地制定的"中国陆地生态系统单位面积生态服务价值当量"中没有对建设用地的价值当量进行测算，因此本书结合水源区的实际情况，首先，对南水北调中线工程水源区非建设用地的生态系统服务价值当量进行修正；其次，在此基础上进行水源区非建设用地的单位面积生态系统服务价值量的计算；最后，再对水源区建设用地的单位面积生态系统服务价值量进行测算。

（二）水源区非建设用地单位面积生态系统服务价值测算

水源区非建设用地主要包括农田、林地、水域、草地、园地、塌陷地和未利用地生态系统等，因为水源区园地的特性介于林地与草地之间，所以将林地和草地单位服务价值量的算术平均值作为园地单位价值量。水源区因矿产资源开发而形成的塌陷地，由于其地表变形严重，表面裂缝众多，基本丧失了涵养水源、保持土壤、控制侵蚀等生态系统服务功能，因此，对于塌陷地而言，其涵养水源、保持土壤、控制侵蚀的价值为零，仅测算塌陷地的食物生产、气候调节、空气净化、废弃物处理和营养物质循环等功能价值量。水源区非建设用地生态系统服务价值测算公式如下。

1. 供给服务

水源区生态系统中能够提供食物、原材料等供给服务的主要生态系统为农田、林地、园地、水域、草地、塌陷地等。据调查，小麦和玉米是水源区的主要粮食作物。2012 年水源区小麦和玉米平均单产分别为 5942 千克/公顷和 10532 千克/公顷，小麦和玉米平均单价分别为 2.06 元/千克和 1.98 元/千克，因此可以得到单位面积农田、林地、草地、园地、水域和塌陷地的生态供给服务价值分别为 32750元/公顷·年、1235.2 元/公顷·年、354 元/公顷·年、794.6 元/公顷·年、2631 元/公顷·年和 1312 元/公顷·年。

2. 气候与气体调节

水源区生态系统的气候与气体调节作用主要表现在固碳（C）和释放氧气（O_2）方面，根据光合作用反应式：

CO_2（264 克）+ H_2O（108 克）→ $C_6H_{12}O_6$（108 克）+ O_2（193 克）→多糖（162 克）

可知，水源区生态系统固定二氧化碳和释放氧气的价值计算式分别如下：

$$V_{Ci} = 1.63 C_c \times S_i$$
$$V_O = 1.19 C_o \times S_i$$

其中：

V_{Ci}—第 i 种土地上的植物吸收二氧化碳的经济贡献（元/公顷·年）；

V_O—第 i 种土地上的植物释放氧气的经济贡献（元/公顷·年）；

C_C—消减二氧化碳的成本（元/吨）；

C_O—工业制氧的成本（元/吨）；

S_i—第 i 种土地的初级净生产力（千克/公顷·年）。

2012 年造林成本平均为 978.23 元/吨，制氧成本为 885.25 元/吨。林地、草地、农田、水域的初级净生产力分别为 6860 千克/公顷·年、4170 千克/公顷·年、6000 千克/公顷·年和 1800 千克/公顷·年。根据水源区的实际情况，本书将塌陷地范围内的农田初级净生产能力确定为正常值的 30%，林地、草地为正常值的 80%，水域为 0，由此测算出塌陷地的初级净生产能力为 5591 千克/公顷·年。

3. 空气净化

一般而言，生态系统的空气净化功能主要包括吸收有毒物质、阻滞灰尘、消灭病菌和减少噪声污染等方面，但是由于二氧化硫（SO_2）和粉尘是水源区空气污染的主要污染物，因此本书主要通过计算生态系统吸收二氧化硫、滞尘的价值，实现对生态系统的空气净化价值的估算。计算公式如下所示：

$$V_{iSO_2} = Q_{iSO_2} \times C_{SO_2}$$
$$V_{id} = Q_{id} \times C_d$$

其中：

V_{iso_2}—第 i 类土地吸附二氧化硫的价值（元/公顷）；

V_{id}—第 i 类土地滞尘价值（元/公顷）；

Q_{iso_2}—第 i 类土地单位面积吸附二氧化硫的能力（千克/公顷·年）；

Q_{id}—第 i 类土地单位面积滞尘的能力（千克/公顷·年）；

C_{so_2}—消减二氧化硫的成本（元/吨）；

C_d—除尘的成本（元/吨）。

表 3–14 单位面积土地的空气净化能力 单位：千克/公顷·年

土地类型	农田	林地	水域	草地	园地	建设用地	未利用地	塌陷地
吸收二氧化硫能力	52	63.2	0	417	57.6	−23.4	–	31.2
吸收滞尘能力	36.1	9862	0	1.2	4949	−62.2	–	21.7

4. 水源涵养

利用水量平衡公式，首先采用影子价格法和替代工程法两种方法分别对不同类型土地的水源涵养功能进行估算，然后取其平均值作为最终值。计算公式为：$R=P-E$，其中，R 为年均径流量（即生态涵养水量）；P 为年平均降水量；E 为年平均蒸发量。由此可以测算得到水源区农田、林地、水域、草地、园地和建设用地的水源涵养价值分别为 1639 元/公顷·年、3168 元/公顷·年、8321 元/公顷·年、1639 元/公顷·年、2403 元/公顷·年和−3025 元/公顷·年。

5. 控制侵蚀

控制侵蚀功能主要体现在减少矿区土地废弃（包括耕地、植被退化）、减少泥沙淤积以及维持土壤肥力等三个方面。

（1）减少土地废弃功能测算

该项功能的测算公式为：

$$V=\frac{Q\times R}{t\times m}$$

其中，V 表示矿区生态系统在减少土地废弃方面的功能单位量；

Q 为土地废弃的减少量（土壤保持量）；R 为每年水源区耕地的平均收益，该参数取值为 28936 元/公顷·年，t 为区域内土壤平均厚度，以全国平均值（0.6 米）替代，m 为土壤比重。水源区土壤多为沙土，因此土壤比重介于 1.41—1.69 克/立方厘米之间，用该区间中位数（1.55）作为矿区土壤比重取值。

（2）减少泥沙淤积功能测算

此项功能的计算式为：

$$V = Q \times m^{-1} \times R\% \times Z$$

式中，V 为降低矿区内泥沙淤积的价值；Q 为土壤保持量；m 为土壤容重；$R\%$ 为流失泥沙在河流湖泊中的淤积百分数，取全国平均数 24%；Z 为单位库容的蓄水成本，为 1.34 元/立方米。

（3）维持土壤肥力功能测算

该项生态服务功能价值测算公式为：

$$V = \sum (Q_i \times \rho \times M_i \times P_i)$$

式中：V 表示保持土壤肥力的价值；Q_i 表示土壤保持量；ρ 是土壤中 N、P、K 的折算系数；M_i 表示土壤 N、P、K 的平均含量；P_i 为碳酸氢铵、过磷酸钙和氯化钾的价格（元/吨）。根据实地采样化验得出，水源区土壤中 N、P、K 的含量分别为 106.01 毫克/千克、23.12 和 195.63 毫克/千克。2012 年河南碳酸氢铵、过磷酸钙和氯化钾的平均价格为 0.71 元/千克、0.82 元/千克、1.12 元/千克。

6. 废弃物处理

本书采用农田对污水的净化力来测算废弃物处理的功能。采用我国北方农田污水灌溉比例 13.7% 作为研究区域内农田灌溉水量中的污水比例。污水处理成本为 1.2 元/吨，农田灌溉蓄水定额为 3000 立方米/公顷，污水量为 411 立方米/公顷，由此得出水源区农田生态系统废弃物处理功能价值量为 411 立方米/公顷·年。其他类型土地的弃物处理功能参照农田进行计算。

7. 土壤保持

土壤保持功能主要体现为植被根物质和生物物质对土壤中的有机质的保持作用。本书参照谢高地等人的成果进行水源区不同土地类型的土壤保持价值的测算。

8. 维持生物多样性

本书采用功能当量方法测算水源区生态系统的维持区域生物多样性的价值。

9. 文化服务

文化服务价值难以定量描述，本书采用专家咨询法和综合评分法计算各种类型土地的文化服务价值。

（三）水源区建设用地单位面积生态服务价值测算

在"中国陆地生态系统单位面积生态服务价值当量（谢高地，2008）"中并没有考虑建设用地，但是水源区居民生产生活过程中产生的"三废"极大地抑制了生态系统的运行，所以水源区建设用地的生态服务功能主要表现为负向的影响。水源区建设用地生态服务功能主要包括气体调节、水土保持和废弃物处理等三个方面，建设用地的其他服务功能价值为0。其中：

1. 气体调节功能价值

气体调节功能价值的计算公式为：

$$V_{气}^{建} = -\sum_{t=1}^{k} Q_t \frac{C_t}{A_i}$$

其中，k 为废气种类数；Q_t 为第 t 类废气排放总量；C_t 为第 t 类废气单位治理成本；A_i 为建设用地面积。经过测算得到水源区建设用地气体调节功能的单位面积价值为–349.86元/公顷·年。

2. 水土保持功能价值

水土保持功能价值计算公式为：

$$V_{水保}^{建} = -\frac{(WP + Q_w C_w)}{A_i}$$

其中，W 为居民生活及工业用水总量；P 为用水综合单价；Q_w 为废水排放总量；C_w 为废水处理单位成本。计算得到水源区建设用地单位面积的水土保持功能价值为–619.75元/公顷·年。

3. 废弃物处理功能价值

废弃物处理功能价值计算公式为：

$$V_{弃}^{建} = -Q_r \frac{C_r}{A_i}$$

其中，Q_r 为固体废弃物排放总量；C_r 为废弃物单位处理成本。计算得到水源区建设用地单位面积的废弃物处理功能价值为 -1009.6 元/公顷·年。

以上三种不同生态服务功能的单位面积价值量之和即为南水北调中线工程水源区建设用地单位面积生态服务价值（见表 3-15）。

表 3-15　　　　　　水源区单位面积生态系统服务价值　单位：元/公顷·年

食物供给	耕地	林地	草地	水域	建设用地	未利用地
原材料供给	999.60	379.85	559.78	859.66	0	79.97
气体调节	679.73	3648.54	789.68	669.73	0	109.96
气候调节	859.66	5957.62	1959.22	679.73	-349.86	79.97
水源涵养	1209.52	5607.76	1679.33	2748.90	0	129.95
废物处理	959.62	5267.89	2129.15	21351.46	-1009.60	109.96
水土保持	1919.23	2359.06	2009.20	16353.46	-619.75	309.88
生物多样性维护	1889.24	6027.59	3058.78	519.79	0	229.91
文化娱乐	1679.33	6307.48	2339.06	4678.13	0	559.78

（四）水源区生态服务价值动态度测算

本书在此借鉴了土地利用变化研究指标，采用动态度指标来衡量水源区生态服务价值在一个时间段内的变化情况。水源区单一类型土地的生态系统服务价值动态度计算公式为：

$$EV_j = \frac{ESV_1 - ESV_0}{ESV_0} \times \frac{1}{T} \times 100\%$$

式中：EV_j——水源区第 j 种类型土地生态服务价值动态度；

ESV_{j1}，ESV_{j0}——研究期末与期初水源区第 j 种类型土地生态服务价值量；

T——研究时段长度，通常以"年"为单位。

（五）中国陆地生态系统单位面积服务价值当量

为了增加研究结果的科学性和可比性，本书在此利用谢高地 2003

年制定并在 2008 年改进之后的"中国陆地生态系统单位面积生态服务价值当量"（如表 3-16 所示）。

表 3-16　中国陆地生态系统单位面积生态服务价值当量

	农田	森林	草地	河流/湖泊	建设用地	荒漠
食物供给	1.00	0.33	0.43	0.53	-	0.02
原材料供给	0.39	2.98	0.36	0.35	-	0.04
气体调节	0.72	4.32	1.50	0.51	-	0.06
气候调节	0.97	4.07	1.56	2.06	-	0.13
水源涵养	0.77	4.09	1.52	18.77	-	0.07
废物处理	1.39	1.72	1.32	14.85	-	0.26
水土保持	1.47	4.02	2.24	0.41	-	0.17
生物多样性维护	1.02	4.51	1.87	3.43	-	0.40
文化娱乐	0.17	2.08	0.87	4.44	-	0.24

资料来源：谢高地（2008）研究结论。

（六）水源区生态系统服务功能价值当量

由于本书的研究范围为水源区，而非整个中国陆地系统，所以有必要对照"中国陆地生态系统单位面积生态服务价值当量"，结合水源区的实际情况进行修正，将水源区的用地分成非建设用地和建设用地两大类型进行修正，具体修正方法如下。

1. 非建设用地生态服务价值当量修正

由于在"中国陆地生态系统单位面积生态服务价值当量"计算过程中采用的土地类型分类与本书存在不一致的地方，所以本书按照农田—耕地、森林—林地、草地—草地、河流/湖泊—水域、荒漠—未利用地将相应类型的生态系统进行对应，以便修正相应的服务价值系数。因此可以得到水源区不同类型生态系统的服务价值当量计算公式为：

$$P_{ij}^{水} = \sum_{i=1}^{6} \sum_{j=1}^{9} \frac{f_{ij} l_a G_水}{l G_{全国}}$$

$$l_a = \frac{l_0 h}{\left(1 + e^{-\left(\frac{1}{E_n^{-3}}\right)}\right) H}$$

其中，$P_{ij}^{水}$ 为水源区第 i 种类型生态系统第 j 种服务功能的价值当量；f_{ij} 为中国陆地生态系统单位面积生态服务价值当量；l_a 为 a 时期水源区社会发展系数；$G_{水}$ 为水源区 a 时期内的 GDP；l 为全国 a 时期社会发展阶段系数；$G_{全国}$ 为 a 时期全国 GDP；l_0 为理想阶段社会发展系数值，一般取为 1；h 为水源区城镇化水平；H 为全国同时期城镇化水平；E_n 为同期恩格尔系数。

2. 修正结果验证

对于水源区生态服务价值系数修正的结果是否准确，修正后的结果是否对水源区适用，本书采用敏感性指数来进行验证。敏感性指数计算公式为：

$$MC = \frac{\dfrac{(ESV_j - ESV_i)}{ESV_i}}{\dfrac{(VC_{jk} - VC_{ik})}{VC_{ik}}}$$

其中，VC_i 和 VC_j 分别表示生态价值系数调整 ±50% 后的值；ESV_i 和 ESV_j 分别代表调整前后的生态系统服务总价值，k 为某种土地类型；MC 表示敏感系数，该系数值越小，表明修正后的结果越可靠；反之亦然。

（七）水源区生态系统单位面积生态服务价值当量

水源区生态服务价值当量如表 3-17 所示。

表 3-17　　　　水源区单位面积生态系统服务价值当量

	耕地	林地	草地	水域	建设用地	未利用地
食物供给	1	0.38	0.56	0.86	0	0.08
原材料供给	0.68	3.65	0.79	0.67	0	0.11
气体调节	0.86	5.96	1.96	0.68	-0.35	0.08
气候调节	1.21	5.61	1.68	2.75	0	0.13
水源涵养	0.96	5.27	2.13	21.36	-1.01	0.11
废物处理	1.92	2.36	2.01	16.36	-0.62	0.31
水土保持	1.89	6.03	3.06	0.52	0	0.23
生物多样性维护	1.68	6.31	2.34	4.68	0	0.56
文化娱乐	0.36	2.94	1.21	5.68	0	0.42

（八）水源区生态系统单位面积生态服务价值

水源区生态系统服务的单位价值量根据水源区农田生态系统生产价值来确定。计算公式如下：

$$P_n = \frac{1}{7}\sum_{i=1}^{s}\frac{m_i p_i q_i}{M}$$

其中，P_n 为水源区单位面积农田生产价值；m_i 表示水源区第 i 种作物种植面积；p_i 为第 i 种粮食价格；q_i 为第 i 种粮食产量；M 为粮食作物种植总面积；s 为水源区粮食作物种类数。依据此公式，计算得到水源区农田生态系统生产价值为 999.6 元/公顷。由此计算得到水源区单位面积生态服务价值，具体见表 3-18。

表 3-18　　　　水源区单位面积生态系统服务价值　单位：元/公顷·年

食物供给	耕地	林地	草地	水域	建设用地	未利用地
原材料供给	999.60	379.85	559.78	859.66	0	79.97
气体调节	679.73	3648.54	789.68	669.73	0	109.96
气候调节	859.66	5957.62	1959.22	679.73	−349.86	79.97
水源涵养	1209.52	5607.76	1679.33	2748.90	0	129.95
废物处理	959.62	5267.89	2129.15	21351.46	−1009.60	109.96
水土保持	1919.23	2359.06	2009.20	16353.46	−619.75	309.88
生物多样性维护	1889.24	6027.59	3058.78	519.79	0	229.91
文化娱乐	1679.33	6307.48	2339.06	4678.13	0	559.78

四　生态服务功能价值评估结果

（一）不同类型土地生态系统服务价值变化情况

依据水源区土地生态系统服务价值测算方法，可以得出 2006—2013 年水源区不同类型土地的生态系统服务价值，具体如表 3-19 所示。根据测算结果可知，在水源区土地利用生态系统服务价值中，林地贡献度较大，占据 90% 以上。在研究时期内，六种土地类型的生态系统服务价值的变化趋势呈现出不同特征，其中，耕地和林地的生态系统服务价值的变化趋势是先增后减，而草地、建设用地和水域的生态系统服务价值呈现先缓慢降低而后逐年增加的趋势，未利用土地呈现逐年减少的趋势。结合不同土地面积变化趋势可知，土地生态系统服务价值变化趋势与土地面积的变化趋势基本吻合，表明土地面积是影响土地生态系统服务价值的关键因素。

表 3-19　　　　　2006—2013 年水源区生态系统服务价值　单位：10^8 元/年

年份	耕地	林地	草地	水域	建设用地	未利用地
2006	197.36	2774.23	50.45	44.24	-0.48	0.72
2007	192.83	2792.34	50.03	47.33	-0.44	0.61
2008	200.92	2798.51	36.80	42.05	-0.57	0.50
2009	208.54	2817.30	17.41	42.64	-0.69	0.41
2010	209.14	2818.05	16.20	42.90	-0.73	0.36
2011	203.39	2827.71	19.46	46.75	-0.82	0.30
2012	201.28	2813.50	25.59	60.04	-0.72	0.26
2013	200.17	2790.99	30.78	80.51	-0.70	0.24

此外，本书还对水源区不同类型土地生态系统服务价值的变化总量与变化比例进行了分析（见表 3-20），根据分析结果可知，在2006—2013 年间，ESV 变化数量最大为水域，变化比例最大者也是水域生态系统。此外，在六类土地利用类型中，ESV 变化为正值的有耕地、林地和水域，变化为负方向的有草地、建设用地和未利用地。

表 3-20　　　水源区 2006—2013 年生态系统服务价值变化情况

土地类型	ESV（10^8 元/年）			2006—2010 年		2010—2013 年		2006—2013 年	
	2006 年	2010 年	2013 年	ESV 变化数量	EV（%）	ESV 变化数量	EV（%）	ESV 变化数量	EV（%）
耕地	197.36	209.14	200.17	11.78	1.49	-8.96	-1.43	2.81	0.20
林地	2774.23	2818.05	2790.99	43.82	0.39	-27.06	-0.32	16.76	0.09
草地	50.45	16.20	30.78	-34.26	-16.98	14.59	30.02	-19.67	-5.57
水域	44.24	42.90	80.51	-1.34	-0.76	37.61	29.23	36.27	11.71
建设用地	-0.48	-0.73	-0.70	-0.25	12.94	0.03	-1.34	-0.22	-6.53
未利用地	0.72	0.36	0.24	-0.35	-12.29	-0.13	-11.64	-0.48	-9.56

（二）不同类型的生态系统服务功能变化情况分析

根据测算结果可知，从水源区生态系统服务功能分类看，生态环境调节服务功能价值占水源区生态系统服务价值总量的50%左右，其次是生态支持服务功能，占比最小的是生态文化服务功能。而且，从时间变化维度来看，随着时间的推移，虽然水源区不同类型的生态系统服务功能的价值也在不断发生变化，但是各类型功能价值在生态系统服务总价值中的比重比较稳定，变化幅度并不明显，详情参见表3-21。

表 3-21 水源区 2006—2013 年生态系统不同类型服务功能价值测算

序号	一级类型	二级类型	2006 年		2010 年		2013 年	
			ESVj（10^4 元/年）	比重（%）	ESVj（10^4 元/年）	比重（%）	ESVj（10^4 元/年）	比重（%）
1	生态产品供给服务	食物供给	48.60	1.53	48.89	1.59	48.89	1.58
		原材料供给	278.78	8.80	281.93	9.18	279.99	9.07
		小计	327.37	10.33	330.82	10.77	328.88	10.66
2	生态环境调节服务	气体调节	452.21	14.27	455.62	14.84	436.95	14.16
		气候调节	434.46	13.71	423.61	13.79	436.95	14.16
		水源涵养	421.85	13.31	423.61	13.79	436.07	14.13
		废物处理	328.24	10.36	225.72	7.35	235.78	7.64
		小计	1636.77	51.65	1528.55	49.77	1545.75	50.09
3	生态支持服务	水土保持	480.04	15.15	482.30	15.70	479.64	15.54
		生物多样性维护	497.53	15.70	501.28	16.32	500.84	16.23
		小计	977.57	30.85	983.57	32.03	980.48	31.77
4	生态文化服务	文化娱乐	227.24	7.17	228.14	7.43	230.85	7.48
		小计	227.24	7.17	228.14	7.43	230.85	7.48
合计			3168.96	100.00	3071.08	100.00	3085.96	100.00

从水源区不同土地类型的生态系统服务功能价值的绝对数来看（见图3-12），在这八年间，水源区六种土地中，任意一类土地类型的生态系统服务价值的变化幅度与其在总价值中所占比例的变化幅度相比，后者的变化幅度较小。同时，林地一直处于最为重要的地位，表明经过水源区多年的生态环境保护与建设，水源区退耕还林、退耕还草工作成效较为明显。

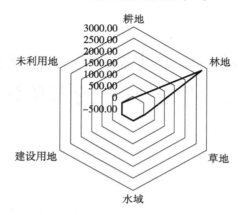

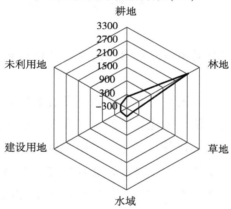

图 3-12 2006 年和 2013 年水源区生态系统服务价值分布

第四章 南水北调中线工程水源区
生态补偿资金量测算

第一节 南水北调中线工程水源区
生态补偿资金机制

一 构建南水北调中线工程水源区生态补偿资金管理机制的重要性分析

改革开放以来，我国在社会经济高速发展的同时也付出了生态环境不断恶化的惨痛代价。为此，党的十八大报告明确提出"大力推进生态文明建设"的战略决策。习近平总书记强调，生态文明建设是关系到中华民族永续发展的千年大计，必须站在人与自然和谐共生的高度谋划未来社会经济发展。2013 年 11 月 12 日，中共中央第十八届委员会第三次全体会议通过了《中共中央关于全面深化改革若干重大问题的决定》，该文件明确要求按照"谁受益、谁补偿"的原则，在我国重要生态功能区构建生态补偿机制，并逐步推进以政府转移支付为核心的纵向生态补偿向以市场为主体的横向生态补偿的转变。2016 年国家"十三五"规划及国务院《"十三五"脱贫攻坚规划》中均明确提出构建重点生态功能区的生态环境保护与建设补偿机制，逐步提高重点生态功能区的公共服务能力，并在南水北调中线工程水源区尝试开展省际流域生态补偿试点。2021 年国家"十四五"规划进一步强调健全区域生态补偿机制，加大中央政府及各级地方政府对于重点生态功能区的转移支付力度，鼓励受益地区通过资金补偿、产业扶持、人才帮扶等多种方式对生态功能区进行横向生态补偿。

南水北调中线工程水源区生态补偿要素主要由五个部分组成，即补偿主体、客体、原则、标准和方式等，其中补偿标准是关键，由于补偿标准的高低直接关系到补偿资金量的多少，因此，开展南水北调中线工程水源区生态补偿资金机制的研究具有比较重要的意义。在南水北调中线工程水源区生态补偿过程中，核心思想是将水源区水资源开发与保护的成本进行获利者分担与转移，解决水源区生态保护与水资源开发过程中的"搭便车"问题。根据经济学理论可知，在南水北调中线工程水源区生态保护过程中，生态系统服务具有典型的外部性特征，因此，必须建立科学完善的水源区生态补偿资金机制，明确水源区生态保护过程中各方的权力、义务和责任，按照"谁受益谁补偿"的原则，科学制定水源区生态补偿标准。根据补偿标准，由水源区生态保护与建设的"受益者"向水源区生态环境的建设者或者受损者提供经济补偿，实现南水北调中线工程水源区生态保护与建设效益的内部化。在补偿标准制定过程中，水源区生态补偿资金不仅包括对保护者与建设者投入成本的补偿，还应该涵盖当地政府与居民为了保护区域生态环境而牺牲的发展机会，即机会成本的补偿。总之，南水北调中线工程水源区生态补偿资金机制是指为了实现生态补偿资金的有效筹集、统一调配、运作和管理，实现补偿资金的高效使用目的，全方位拓宽补偿资金筹集渠道，科学合理、公平公正地分配资金，提高资金使用效率，并形成水源区生态补偿资金筹集与运作机制。在资金用途方面，生态补偿资金主要用于以下几个方面：第一，弥补因工程建设和水源区生态保护而导致地区、单位和个人丧失的发展机会；第二，补偿水源区因生态环境保护与建设而投入的成本；第三，补偿水源区生态系统创造的服务价值和功能。

在南水北调中线工程水源区的生态环境保护和建设过程中，经常会发生生态保护与利益分配不匹配的问题，环境保护让位于经济发展，导致水源区部分地区的生态环境污染难以得到根治。此外，由于历史与地理位置原因，水源区多数地区的经济发展水平比较落后，居民平均收入低于全国平均水平。为了实现区域的快速城镇化，切实改善居民的民生福祉，部分地区存在"重经济、轻环保"的思想，这进一步加大了水源区经济发展水平的空间差异性，也导致了水源区上下游地区之间因环境问题而产生矛盾冲突以及各种利益主体之间的利益分配不平衡现象。所以，应当借鉴国内外传统的生态补偿资金的使用方法，建立起有效的管理体系和机制，因地制宜地根据水源区不同区域的具体社会经济发展特征，多元化整合生态补偿资金筹集渠道，使补偿资金能够得到多元化的筹措和募集。此外，还需构建以政府为主导、充分发挥市场机制作用的生态补偿政策体系，规范水源区内各种生产要素资源的分配方式与途径，合理评估资源要素使用效率，同时对水源区的生态保护与建设行为进行约束与激励，促进水源区污染治理和水源区生态环境恢复，为实现南水北调中线工程高质量发展提供动力。南水北调中线工程水源区生态补偿资金管理机制构建的重要性主要表现在以下几个方面。

（一）可以充分调动社会力量对南水北调中线工程水源区进行生态补偿

生态补偿是一个比较漫长的过程，所以如果单纯依靠中央财政的纵向转移很难满足南水北调中线工程水源区生态补偿资金的需求，同时也不符合现实情况。此外，近几年中央财政制度也在不断改革，虽然中央政府总体上逐渐加大了对南水北调中线工程水源区生态补偿的资金投入，但是随着沿线地区对水资源需求的不断加大，水质要求也在逐渐上升，从而对水源区生态环境保护提出了更高的要求，需要有更多的资金投入。然而中央政府投入的资金毕竟有限，与实际需求差距较大，因此，迫切需要构建南水北调中线工程水源区生态补偿资金管理机制，全方位调动各种社会力量积极参与水源区生态保护与建设，主动支持水源区生态补偿，拓宽生态补偿资金来源渠道，形成多角度、全方位的水源区生态补偿资金投入体系。

（二）可以提高南水北调中线工程水源区生态补偿资金的使用效率

目前，南水北调中线工程水源区生态补偿资金管理主要以国家政府为主导，地方政府承担具体执行任务，在资金来源方面主要依托中央政府的财政拨款，辅以其他渠道进行资金筹集。南水北调中线工程水源区生态补偿资金管理制度具有以下特点：第一，拥有明确的各级政府责任规定、科学的资金管理体系、完善的资金筹集制度和操作流程，能够充分整合多方主体积极投身到南水北调中线工程水源区生态建设与保护工作中，提高生态补偿资金的使用效率；第二，通过构建比较专业的南水北调中线工程水源区生态补偿资金管理制度，不仅可以在数量方面保障水源区生态补偿资金的供应稳定性，也可以通过构建水源区生态补偿资金的使用监督体系，实现对水源区生态补偿资金的监督管理与使用效率评价，以便更好地提升生态补偿资金的使用效率。

（三）有利于统筹和协调南水北调中线工程水源区的生态管理工作

在南水北调中线工程水源区生态环境建设与保护过程中，投入的成本巨大，因此，充足、持续和稳定的资金供给对于南水北调中线工程水源区生态保护与建设工作的高质量进行至关重要，也是水源区生态补偿实践顺利开展的重要保障。在南水北调中线工程生态保护与建设过程中，一是应该建立科学的生态补偿资金管理机制，确保资金使用和资金筹集具有针对性，并保证两者能够平衡；二是应从经济、政策和法律等角度，制定资金管理制度，以解决南水北调中线工程水源区生态环境保护与建设过程中的非均衡发展问题，严禁在水源区对自然资源进行不合理的开发和不可持续的利用；三是应致力于提升水源区居民进行生态保护建设的积极性，以期达到生态资本和资源环境的优化配置，有利于统筹和协调南水北调中线工程水源区不同地区环境保护的管理，从而推动南水北调中线工程水源区全域范围内的经济与社会和谐发展。

二　南水北调中线工程水源区生态补偿资金来源途径

目前，南水北调中线工程水源区生态补偿资金的来源主要包括三类，即：第一，由中央政府直接通过财政转移支付提供给南水北调中线工程水源区地方政府的资金，也称为纵向补偿转移支付；第二，受水区地方政府对南水北调中线工程水源区地方政府的财政转移支付，也称为横向补偿转移支付；第三，社会范围内以市场规则为基础的生态系统服务提供与购买支付。

（一）中央政府的财政转移支付

1. 财政转移支付的内涵与作用

由于不同地区、不同级别政府的财政能力存在差异，为了实现不同地方公共服务能力和水平的均衡化，需要在各级政府之间实施财政转移支付，这种财政转移支付实质上是一种财政资金转移方式或者地方财政平衡制度。一般而言，财政转移支付通常包含三种形式，即自上而下的纵向转移、同级政府间的横向转移、纵向与横向的混合转移形式。无论哪种转移支付，其实质依然是资金收入方与支出方的交换，这种货币交换形式更多体现的是不同政府之间的补助性质。中央对地方的财政转移支付通常是指按照我国相关法律法规、政策等规定，为了提升地方政府的综合财政支付能力，中央政府会指导性地给予地方政府相应的部分补助性资金来均衡各级地方政府的财政实力，扶持经济水平低下的地区发展，以实现全社会不同地区公共服务能力的均衡化和公平有效，避免产生因利益分配不均而导致的系统性、社会性风险，从而避免产生不必要的社会公共危机。

我国的财政转移支付制度是在分税分级财政体制的基础上发展起来的。我国政府在实施财政分税制度前已经在政府转移支付领域进行了大量的实践探索，取得了较好的效果。财政转移支付概念是在实施财政分税制度改革后，从西方发达国家引进来的。我国从 1995 年开始实施财政转移支付的过渡办法。依据国际货币基金组织《政府财政统计手册》，政府的财政转移支付主要有两个层级：第一层级为国际政府之间的财政转移支付，主要包括对国外的捐助、馈赠、商品或者产品援助、劳务输出以及国际组织会员所缴纳的可以给成员国使用的会费等；第二层级为国内的财政转移支付，主要是上级对下级或者同级政府之间的财政转移支付，此外还包括政府对家庭或者组织的转移支付，如居民养老金、居民住房补贴等转移支付；以及国家政府对企业提供的各种补贴等形式。通常，我们所说的财政转移支付是指政府间的财政转移支付，是为了完成某个重要任务，上级政府给予下级地方政府一定的资金补贴。政府的财政转移支付是我国中央政府调节宏观经济的财政政策中支出政策的重要组成部分，也是我国地方政府财政预算收入的主要来源之一。通常，财政转移支付主要包括购买支出和转移支出两大类。

在南水北调中线工程水源区生态补偿过程中，实施中央对地方的财政转移支付具有正当性和合理性。在南水北调中线工程水源区生态环境保护和建设过程中，由于南水北调中线工程水源区生态保护与建设者利益不同、生态系统服务价值提供者和生态系统服务价值受益者的时空错位而导致南水北调中线工程水源区生态补偿利益分配方式不合理。为了扭转这种不合理现象，需要构建新的南水北调中线工程水源区生态环境保护与建设的利益分配机制，使得南水北调中线工程水源区生态系统服务价值的受益者为生态环境保护与建设者提供相应的保护成本和建设成本补偿，从而实现南水北调中线工程水源区生态保护者和生态受益者之间的利益分配公平、正义。

在我国，环境物品的供给主要由中央政府主导，地方政府对于环境物品供给的调整和规划能力有待提高，也很难形成共同的意愿。因此，如果要解决南水北调中线工程水源区生态环境保护的外部性问题，内化生态系统服务成本，应该主要依靠中央政府的权力，这也是中央政府的职责所在。由于南水北调中线工程水源区的地方政府是生态环境保护与建设的主要实践者，所以南水北调中线工程水源区的地方政府在生态环境保护与建设信息、人才资源、政策实施等方面具有优势。中央政府通过给予南水北调中线工程水源区地方政府相应的生态补偿财政资金，可将南水北调中线工程水源区生态环境保护与建设的相关具体工作交给水源区地方政府完成，能确保南水北调中线工程水源区生态保护政策的高效率实施，从而实现南水北调中线工程"一库清水永续北上"的目标。综上可知，中央政府对南水北调中线工程水源区地方政府实施的生态补偿财政转移支付是缓解水源区政府经济发展与生态保护双重压力的重要手段，其具体形式包括一般性转移支付和专项转移支付。

2. 南水北调中线工程水源区生态补偿中的一般性转移支付

在南水北调中线工程水源区生态补偿过程中，一般性转移支付是指中央政府对南水北调中线工程水源区的地方政府，按照有关法律法规和政策，依据水源区地方政府在水源区生态环境保护与建设过程中的资金投入与收入间的差值所给予的财政补助。根据我国现行财政转移支付制度，南水北调中线工程水源区生态补偿的一般性转移支付的主要内容是均衡性转移支付，具体指中央政府为了均衡地区间的发展平衡，均等化不同下辖地区的公共服务能力，中央政府在当同一级政府存在少量或没有财政赤字的情况下，把从富裕地区获取的一部分收入补贴给贫困地区。在实际操作过程中，中央政府会根据地区财政收支选取影响地区财政收支的因素，如支出成本差异、收入努力程度差异以及财政收支困难程度差异，按照公式计算出不同地区应该分配到的补助资金数量。近年来，学者们在研究生态补偿机制的过程中提出了"生态保护者"和"生态受益者"两个概念，但是对于中央政府而言，这两个概念经常不是一一对应的关系。例如，在南水北调中线工程水源区生态环境保护与建设过程中，由于生态保护的外部性效益问题，导致南水北调中线工程水源区的生态保护产生的受益者可能是区域性甚至是全国性的受益者。因此，有必要结合水源区区位空间特征及其生态环境脆弱性、生态服务能力及区域环境保护价值，确定水源区内有资格享受中央财政转移支付补助的地区，这种确定方式不仅符合转移支付的操作步骤，也与水源区生态环境保护的整体性、完整性密切相关。

3. 南水北调中线工程水源区生态补偿中的专项补偿转移支付

中央政府的专项补偿转移支付是指，由于地方政府承担了中央政府委托的专项任务而使得地方政府支出成本较多或者影响地方政府的发展机会，为此，中央政府将通过采用专项补偿转移支付的方式，依照相关法律法规的规定，将一定数额的资金以专项经费或专项资金的形式转移支付给地方政府予以奖励或补助，并规定资金使用途径。与一般性转移支付不同的是，专项转移支付主要是地方政府以中央政府委托的特定事务或者任务为资金拨付理由，并且转移支付资金实行专款专用，专门账户管理等。2014年颁布的《中华人民共和国预算法》规定："按照法律、行政法规和国务院的规定可以设立专项转移支付，用于办理特定事项。建立健全专项转移支付定期评估和退出机制，市场竞争机制能够有效调节的事项不得设立专项转移支付。"目前，在南水北调中线工程水源区生态补偿专项资金管理中，主要包括实施退耕还林的专项资金、进行森林保护工程的经费、维持生物多样性的资金等。此外，南水北调中线工程水源区的专项建设资金还包括区域性的水环境治理与保护资金、城市排污专项费用、城镇污水处理设施配套专项资金、循环经济发展补贴资金、农村环境保护资金、重金属污染防治资金以及大气污染防治资金等。这些资金已经纳入南水北调中线工程水源区一般性转移支付的资金管理中，水源区政府应该按照一般性转移支付资金进行资金的管理和使用。

（二）受水区地方政府与水源区地方政府之间的政府转移支付补偿金

在南水北调中线工程水源区生态补偿过程中，根据受水区政府与水源区政府之间的对口帮扶原则，受水区地方政府通过转移支付补偿金的方式为水源区政府提供相应的生态补偿，这种政府间转移支付的生态补偿称为横向政府间转移支付补偿，主要包括以下两种形式。

1. 省级政府间的生态补偿财政转移支付

在南水北调中线工程水源区生态补偿实践中，受水区和水源区涉及的省级政府较多，具体而言，受水区涉及的省级政府主要包括北京、天津、河北、河南，水源区涉及的省级政府包括河南、河北、陕西、四川等 4 个省份。自 1994 年我国实行分税制度改革以来，水源区涉及的 4 个省份均逐步建立了各自的地方财政转移支付制度与资金管理办法。省级层面的生态补偿资金转移支付与中央政府生态补偿资金的财政转移支付步骤和操作流程类似，均按照国家有关法律法规与地方政府的相关管理制度分步骤展开和实施。在南水北调中线工程水源区生态补偿实践过程中，受水区政府对水源区政府提供的生态补偿转移支付形式主要有两种，即生态功能转移支付和环境要素保护转移支付。其中，在生态功能转移支付方面，受水区政府主要是在《国家重点生态功能区转移支付办法》所规定的框架允许的范畴内，结合受水区政府的经济状况与受益情况，从生态功能价值、环境保护投入成本、政策性补助等方面制定水源区政府和受水区政府之间生态补偿转移支付的具体补助实施事项。在环境要素保护转移支付方面，受水区政府多数是按照生态补偿的总体原则，例如"谁受益谁补偿""谁改善谁得益""谁贡献大谁多得益"以及"总量控制，总体平衡"等，在完善南水北调中线工程专项补偿试点办法的基础上，实施受水区对中线工程水源区政府的生态环保转移支付，将南水北调中线工程水质作为考核生态环保转移支付的主要指标，也是下一周期进行生态环境要素补偿资金转移支付具体金额划拨的重要支撑依据。

2. 地方政府间横向补偿转移支付

南水北调中线工程水源区主要涉及 11 个地市 46 个县（区），受水区涉及的地市也有 20 余个，受水区与水源区的地市之间按照对口援助的要求，地方政府之间的横向生态补偿转移支付时有发生。根据横向生态补偿内涵可知，在南水北调中线工程水源区横向补偿实践过程中，横向补偿主要发生在同级别的受水区和水源区之间，是同级政府之间为了保障水源区高质量完成生态环境保护委托任务而产生的资金转让，也是均衡受水区与水源区政府间公共服务能力的一种资源优化配置手段。目前而言，我国尚未建立比较明确可行的横向补偿转移支付制度，南水北调中线工程水源区横向生态补偿机制也是在不断实践摸索过程中。南水北调中线工程水源区的横向生态补偿机制主要是根据对口援助协议，同级别的受水区和水源区府际市场为提供或者购买生态系统服务而开展的支付制度，是一种典型的区域间资金与资源的交换。这种横向生态补偿方式，也是实现水源区和受水区之间基本公共服务能力均衡化的一种手段。

根据西方经济学相关理论知识可知，资源配置的外部效应可能影响其配置效率，甚至导致资源配置失灵，因此，为了实现资源配置的高效性，需要将外部效应内部化。在南水北调中线工程水源区生态补偿机制中，水源区由于保护自然生态环境而使得受水区受益，从而产生跨行政区的正外部性效应。在整个调水过程中，水源区保护了环境，但受益的却是工程沿线地区。在水资源不断调入的情况下，工程沿线地区的社会经济、生态环境逐步得到了改善和提升，社会资源配置也向工程沿线地区倾斜。然而，由于南水北调中线工程的建设，高标准的环境阈值要求，严格限制水源区产业发展空间，迫使水源区招商引资门槛不断生态化、高标准化，导致水源区与受水区经济发展的不平衡程度越来越大。因此，为了扭转这种区域发展失衡状态，维护水源区政府对于区域生态环境保护的积极性和主动性，需要建立受水区和水源区之间的横向补偿机制，制定同级政府间的财政资金横向转移支付制度。

实施南水北调中线工程水源区横向生态补偿机制的优点主要有三个方面：第一，通过构建同级受水区和水源区政府之间的"市场化"财政支付方式，建立地方政府间的"契约机制"，并通过这种契约方式购买水源区的生态系统服务功能，有利于提高受水区地方政府的环保意识，也有利于激励水源区政府的生态环境保护行为。第二，通过建立受水区和水源区政府之间的财政横向转移支付制度，可以有效解决水资源交易过程中的外部不经济性问题，将水源区生态环境保护成本内化到水资源市场交易过程中，使得水源区和受水区政府的公共服务的不平衡问题也得到了内部化解决，有利于实现水源区和受水区公共服务和财政支付能力的均等化，有利于促进区域间的均衡发展。第三，实施受水区和水源区政府间的横向生态补偿，有利于水源区生态补偿资金使用的透明化，同时也能够提升水源区生态补偿资金使用效率，降低资金监管成本。

（三）生态系统服务付费购买制度

生态补偿在国际上通常采用生态系统服务付费购买的方式进行，通过市场化机制对生态系统服务功能进行定价并购买支付，实现对生态保护者的生态补偿，以激励生态保护者的积极性。按照国际通行做法，在生态保护与建设过程中，不存在所谓的"赢家""输家"或"受害人"，所有与生态保护相关的利益相关者均是平等的，只是由于各自承担角色不同，所以发挥的作用和行使的权利存在差异，但是实质是一样的。生态系统服务购买付费主要有三种形式：第一种形式为自然人、法人及组织之间按照生态系统服务购买协议而进行的相互交易行为，例如，法国威特矿泉水生产公司为了满足本企业对水质水量的要求，向居住在水源地附近的农户提供一定数量的资金补贴，目的是希望居住在水源地附近的农户能够改变他们传统的生产方式和行为，采用一些亲环境的生态化生产行为，以便更好地保护水源地水质和水量，满足企业对水质的高标准要求。第二种形式为由政府牵头成立一个专业组织，负责向生态环境保护受益单位或机构收取生态系统服务价值受益费用，并将这部分收取的费用按照一定标准和方式支付给生态系统服务价值提供者，例如，建立生态环境基金或者税费制度等。第三种形式为依据环境许可证或者配额制度而形成的市场交易机制，如水权交易制度和排污交易制度等。从实践效果来看，在目前已经建立了生态系统服务付费体系的国家中，生态补偿效果总体较好，而且生态系统服务付费制度类似于我国的生态补偿资金转移支付方式。

综上可知，生态系统服务付费制度的优点主要在于：首先，有利于将存在于水资源交易与流动环节中的外部性问题，通过市场机制进行内部化解决，完善水资源市场交易体系与优化水资源配置结构；其次，有利于推动水源区生态系统服务的量化，进而促进生态系统服务价值测算体系的科学化和系统化；最后，有利于构建高效透明的生态系统服务功能监督机制。

（四）水源区生态补偿资金的其他来源途径

（1）政策补偿。政策补偿主要是指在水源区生态补偿实践过程中，由中央政府专门针对南水北调中线工程水源区省级政府或者省级政府对市（县）级政府权力和机会的补偿。由于地理位置等诸多因素影响，南水北调中线工程水源区多数区域经济发展基础薄弱，综合实力较差，因此，国家为水源区提供政策优惠和政策倾斜，为水源区提供生态补偿，是一种行之有效的方式，有利于水源区经济发展，有利于水源区民生福祉的改善，也有利于提高水源区人民的生活水平，促进社会公平。

（2）生态环境保护项目补偿。在南水北调中线工程水源区生态补偿实践过程中，国家通过实施水源区生态环境保护项目（例如植树造林、封山育林、农村环境整治等）达到对水源区进行生态补偿的目的，实施生态环境保护项目也成为水源区生态补偿的一种重要手段。在南水北调中线工程水源区，国家已经进行了为期十年的丹江口水库及其上游水域水土保持规划，也给予了充足的资金支持。经过两期规划的实施，丹江口水库及上游地区的水土流失现象得到了明显遏制，这种通过实施生态环境保护项目而进行水源区生态补偿的效果明显且见效快。然而，我国很多生态保护与建设项目均具有一定的时效性，在项目到期后，生态补偿效果很难持续。例如，在汉江中下游，由国家投资建设的四项治理工程项目竣工并投入运行后，其运行费用巨大，且运行费用的来源也成为该项目高效持续运行的一个难题。

（3）生态环境保护税费和水资源费。一般来说，生态环境保护税费主要由环境税以及与环境保护相关的税收或者优惠、补贴政策及税费政策等构成。水资源费主要是在南水北调中线工程沿线地区，根据所接纳的水资源量的大小，按照不同标准征收的水资源费，主要用于水源区的生态补偿。由国家征收生态环境保护费或水资源费的主要目的有两个方面，第一，用于南水北调中线工程水源区生态补偿，弥补水源区政府和居民的机会成本；第二，通过征收税费，促使受水区政府和居民改变其生产生活行为，选择更有利于环境保护和水资源节约利用的生产生活方式。

三　南水北调中线工程水源区生态补偿资金的分配模式

生态补偿是解决南水北调中线工程水源区生态环境保护建设、降低水源区生态保护与建设成本、提升水源区内生发展能力、破解水源区生态保护与经济建设困境的重要手段。随着国家与地方政府在南水北调中线工程水源区生态补偿实践的不断推进，南水北调中线工程水源区生态补偿资金的分配方式、分配标准等均将可能成为生态补偿实践过程中的操作性难题。所以，构建科学合理的水源区生态补偿资金分配模式，依据统一合理的资金分配标准对生态补偿资金进行公平、公正、合理的分配，将不仅有利于实现生态补偿资金使用的高效化，而且有利于实现水源区各级政府、企事业单位、社会组织和居民之间的利益均衡，也有利于兼顾南水北调中线工程水源区经济社会和生态环境的共同发展，同时，这对构建水源区生态保护和建设长效机制意义重大。本书将根据生态补偿资金分配客体属性，分别构建省际生态补偿资金分配模式、省内生态补偿资金分配模式、市（县、区）内不同主体间生态补偿资金分配模式、企业与居民之间的个体补偿资金分配模式。具体如图 4-1 所示。

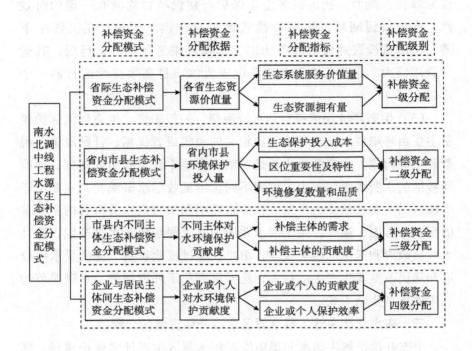

图 4-1　南水北调中线工程水源区生态补偿资金分配模式分类

（一）省际生态补偿资金分配模式

南水北调中线工程水源区主要指丹江口库区及其上游集水地区，主要涉及陕西、四川、湖北、河南等 4 省 11 个地市 46 个县（区），地域面积 9.54 万平方千米。南水北调中线工程水源区各省市地方政府为了维护水源区良好的生态环境付出了巨大的成本和代价，也给本地区经济发展带来了较大的压力和阻力。同时，由于水源区多数区域的社会经济发展水平比较落后，生产力水平、技术水平等均存在差异，导致水源区不同地方政府在区域生态环境保护与建设方面的投入各有差异，提供的生态系统服务价值和生态产品种类与数量各异。通过长期实地调研可知，水源区不同地方的生态环境保护投入力度、规模和生态保护政策、制度及要求也是不对称的，存在空间的差异性。一般来说，距离丹江口水库越近的水源地，其生态环境要求标准越高，这些地方为了保护丹江口水质和水量失去的发展机会更多，环保投资力度更大。同时，水源区辖区面积比较辽阔，不同地区地貌地形也各有差异，例如，在陕南地区，许多地市、县城均处于秦岭山脉，属于山区，由于山大沟深坡陡的地貌，沟谷发达、土层薄、植被差、岩石多有裸露，水土非常容易流失，同时又是国家级贫困县，生态保护在资金投入不足的情况下产生的贡献不高，所以仅仅以此为依据进行生态补偿将非常不公平，会产生不好的结果。究其原因主要有：第一，区域生态环境保护与建设投入低并不表明这个地区在水源区的生态地位低，相反，作为丹江或汉江的源头，其生态地位相对更高，重要性更强；第二，距离丹江口库区比较远的水源区，多数处于偏远山区，这些地区的生态环境脆弱性显著，生态环境极易被破坏，而且区域社会经济发展水平普遍较低，低下的经济水平容易导致对资源的过度依赖，从而加大资源开发力度，更易出现水土流失和生态破坏现象，导致水源区的水资源涵养能力降低；第三，对于丹江口库区而言，库区湖面面积达到 1000 多平方千米，是亚洲最大的人工湖泊，要维持高标准的水质和水量，需要投入的环境保护和治理成本就相对较高。如果大面积水域的质量得不到保证，则全流域水资源的质量更加难以保证。所以，应该以流域的水质与水量为依据，通过增强其在资金补偿上的地位来获得更多的资金补偿，从而增强水源区尤其是贫困山区的生态建设保护能力。

（二）省内不同市（县、区）间生态补偿资金分配模式

南水北调中线工程水源区共涉及 4 省 11 个地市 46 县（区），不同省份包括的县（区）数量不一。此外，在同一个省份内，生态系统服务价值的供给者和受益者也是有区别的，因此，需要厘清生态补偿资金的支付主体和受益主体。在此我们主要讨论补偿资金在不同的接受主体之间的分配所涉及的问题。例如，在陕西省，陕南各市（县、区）为保障丹江和汉江流域的水质与水量，投入了较高的成本，这些环保投入

将是陕南各市（县、区）获得生态补偿资金的主要依据。因此，陕西省内不同市（县、区）接受的生态补偿资金应包括：第一，维护水源区生态环境保护与建设的正常投入成本，包括维持现有生态环境保护设施和项目正常运行的费用、现有生态资源正常发挥效应所需要的运行成本等；第二，修复被破坏的生态环境而投入的成本，例如，治理水源区石漠化、水土流失、水环境污染、突发环境事故等需要大量的投入。

（三）市（县、区）内不同主体间生态补偿资金分配模式

当确定了地方政府之间的生态补偿资金数量之后，需要对水源区内部的生态补偿资金的分配方式和模式进行研究。在水源区内部的生态补偿资金分配过程中，主要涉及的主体有政府、企业、组织和个人等利益主体，他们对区域生态环境保护和建设所起到的作用各异，所以有必要确定这些利益主体之间的生态补偿资金分配模式和方法。为水源区生态保护和建设者提供生态补偿的关键在于生态保护的外部效应，而且这些外部效应能够给受水区带来社会效益和经济效益，受水区的政府和居民愿意为此拿出部分收益来补贴水源区生态保护与建设者，形成生态补偿支付意愿。因此，在水源区生态补偿资金分配模式中，不仅要考虑支付者的支付意愿，还需要根据水源区生态保护与建设者在此过程中所提供的资源数量、投入成本以及质量等进行生态补偿资金的分配。例如，在对地方政府分配补偿资金时要考虑政府水资源管理和政策执行的效果，对企业和个人分配补偿资金时要考虑他们在生态保护上的贡献，例如是否提升了水源的涵养能力，是否治理污染，是否治理水土流失，还要考虑水质改善优化的程度以及所产生的效果。

（四）企业与居民之间的个体补偿资金分配模式

在对水源区企业和居民分配生态补偿资金时，需要具体到每一个企业和个人，不仅要根据其对水源区生态环境保护和建设的贡献度，还需要考虑到企业与居民的具体情况，比如企业或者个人在生态环境修复、污染治理以及资源培育等诸多方面的贡献程度的高低。

第二节　南水北调中线工程水源区生态补偿资金分配优先系数计算

一　国内外关于生态补偿资金分配优先系数研究现状

南水北调中线工程水源区提供了包括水资源、水产品以及其他生态产品在内的多种重要的生态服务，为工程持续、健康、稳定运行提供了保障。但是，近年来由于城镇化建设步伐加快，地方政府追求经济快速发展，中线水源区生态环境遭受到不同程度的破坏。尽管国家与地方政府已为水源区的生态建设投入了巨额资金和付出了艰辛的努力，但收效甚微，水源区的生态补偿依然存在补偿政策不健全、补偿资金来源渠道单一、资金数量不足等实际问题。水源区各行政区域间的协调和统筹是中线水源区生态补偿的难点，科学合理地解决不同行政区生态补偿的优先级问题迫在眉睫。本书在综合考虑中线水源区生态系统服务价值以及当地经济发展水平的基础上，测算水源区生态补偿优先系数，并进行优先级别划分，以期为中线水源区生态补偿机制的构建提供理论基础和依据。

区域生态补偿作为生态补偿理论体系的重要组成部分，对于促进区域间协调发展具有非常重要的意义。在区域生态补偿实践中，由于区域经济发展水平、区域的地位与作用、环保投入以及区域的生态服务价值量和质量等方面存在差异，因此，不同区域对于生态补偿资金需求的迫切性即区域生态补偿优先级别不同。合理确定区域生态补偿优先级别是构建生态补偿机制的重要组成部分，有利于提高区域生态补偿资金的使用效率，也是完善区域生态补偿机制的核心问题之一。

国外学者对于区域生态补偿优先级别的确定多数伴随在区域补偿空间选择的研究中，经历了由单目标到复合目标、由单一成本标准到综合效益成本比的标准的发展轨迹。国外最早采用单目标方法，即选择单一的成本、效益或者益费比等指标对生态补偿优先级别进行衡量。例如：Babcock 从效益、成本及益费比三个方面提出了区域生态补偿空间及优先级别确定标准；Powell 和 Rodrigues 等采用益费比与 GAP 分析方法，确定了生物多样性优先保护区域；Barton 和 Ferraro 等从益费比的角度对流域生态保护地的补偿优先区域进行了筛选。采用单一目标确定生态补偿优先级别的方法具有一定的片面性，进入 21 世纪以来，国外学者开始尝试采用复合目标标准选择生态补偿优先地区。例如，Imbach 等将生态系统服务价值与毁林损失风险作为目标，综合考虑生态补偿益费比及使用效率，对林业生态补偿区域优先次序进行了划分；Claassen 等利用线性得分函数，将成本、费用分别作为因子参数，建立多目标综合模型，对流域生态补偿优先级别进行综合排名。此外，Tobias Wunscher、Ferraro 等人也采用了复合目标标准对区域生态补偿优先级别的确定方法进行了探索。国内对于生态补偿对象优先级别的研究较少。例如，宋晓谕（2016）、戴其文（2018）等分别利用福利成本方法、水文分布模型法、最小离差方法等对区域生态补偿优先级别进行研究，并在此基础上进行了生态补偿的空间选择研究。这些方法的计算过程比较复杂，且数据难以收集。因此，王女杰（2017）、廖志娟（2016）、孙贤斌（2017）等人在综合考虑区域经济发展水平及区域生态服务价值贡献等因素的基础上，重新定义了生态补偿优先级别的概念并进行定量测算。以上研究成果为本书提供了思路和借鉴。

二 数据来源及整理

结合中线工程水源区生态系统与土地利用现状，本研究将中线工程水源区土地利用类型划分为林地、草地、耕地、水域、建设用地和未利用土地等 6 种。土地利用面积数据收集分为三个步骤：首先，从中国科学院科学数据服务平台获取 Landsat TM（2014）影像数据，并对数据进行降噪预处理；其次，使用 Arcgis10.3 对预处理后的影像资料进行解译，获取水源区相关土地利用数据；最后，采用水源区 4 省 11 市 46 县 2014 年土地调查数据，对步骤（2）得出的数据进行二维线性修正，得到 2014 年水源区各类土地利用数据（见表 4-1）。社会经济统计数据主要来源于各行政区域的统计年鉴和统计公报。

表 4-1　　　　　　　**2014 年中线水源区各类土地利用面积**　　单位：平方千米

土地类型	耕地	林地	草地	水域	建设用地	未利用土地	合计
2014 年	18963.27	72503.51	1956.49	1503.82	352.12	117.01	95396.22

三　研究方法

（一）水源区生态系统服务价值的测算

生态系统服务是指由生态系统提供的，能够直接或间接满足区域内人类生产与生活需求的产品与服务。Costanza 等人将全球陆地生态系统划分为 9 种类型，即森林、农田、草地、湿地、荒漠、河流、冰川、冻土和城镇等，并认为全球陆地生态系统服务功能包括气体与气候调节、水调节、水供给、干扰调节、食品供给等 17 种功能。本研究结合中线水源区生态系统构成的实际情况，将中线水源区生态系统服务价值划分为市场价值和非市场价值两大类。其中市场价值包括食物供给和原材料供给，非市场价值包括气体调节、气候调节、水源涵养、水土保持、废弃物处理、生物多样性维护、文化娱乐与教育等。谢高地等人在 2003年提出并在 2008 年修正了"中国陆地生态系统单位面积生态服务价值当量"（见表 4-2）。

表 4-2　　　　**中国陆地生态系统单位面积生态服务价值当量**

序号	服务功能种类	耕地	林地	草地	水域	建设用地	未利用土地
1	食物供给	1.00	0.33	0.43	0.53	–	0.02
2	原材料供给	0.39	2.98	0.36	0.35	–	0.04
3	气体调节	0.72	4.32	1.50	0.51	–	0.06
4	气候调节	0.97	4.07	1.56	2.06	–	0.13
5	水源涵养	0.77	4.09	1.52	18.77	–	0.07
6	水土保持	1.47	4.02	2.24	0.41	–	0.17
7	废弃物处理	139	1.72	1.32	14.85	–	0.26
8	生物多样性维护	1.02	4.51	1.87	3.43	–	0.40
9	文化娱乐与教育	0.17	2.08	0.87	4.44	–	0.24

本书依据谢高地提出的"中国陆地生态系统单位面积生态服务价

值当量"进行中线水源区生态系统服务价值量的测算。因此可以得到中线水源区生态系统服务价值为：

$$V = \sum_{i=1}^{n} \sum_{j=1}^{m} A_j P_{ij}$$

其中，V 为中线水源区生态系统服务价值总量；A_j 为中线水源区第 j 种土地的面积；P_{ij} 为第 j 种类型土地单位面积第 i 类生态系统服务功能价值量。P_{ij} 的计算公式为：

$$P_{ij} = \lambda_{ij} E_a$$

其中，λ_{ij} 为第 j 种类型土地第 i 类生态服务功能价值当量，E_a 为单位面积农田食物供给生态服务价值。E_a 可以根据水源区的粮食播种面积、粮食单产及当年粮食的平均价格来进行测算，测算公式为：

$$E_a = \frac{1}{7} \sum_{s=1}^{t} \frac{m_s p_s q_s}{M}$$

式中，m_s 为水源区第 s 种粮食生产面积；p_s 为第 s 种粮食均价；q_s 为第 s 种粮食单产；M 为水源区各种粮食种植的总面积。依据以上公式，计算得出中线水源区 2014 年的 E_a 值为 999.6 元/公顷。根据 λ_{ij} 和 E_a 值，可得中线水源区各种土地类型单位面积服务价值（见表4-3）。

表 4-3 　　　　中线水源区单位面积生态服务价值量　　　单位：元/公顷

序号	服务功能种类	耕地	林地	草地	水域	建设用地	未利用土地
1	食物供给	999.6	329.9	429.8	529.8	-	20.0
2	原材料供给	389.8	2978.8	359.9	349.9	-	40.0
3	气体调节	719.7	4318.3	1499.4	509.8	-	60.0
4	气候调节	969.6	4068.4	1559.4	2059.2	-	129.9
5	水源涵养	769.7	4088.4	1519.4	18762.5	-	70.0
6	水土保持	1469.4	4018.4	2239.1	409.8	-	169.9
7	废弃物处理	138944.4	1719.3	1319.5	14844.1	-	259.9
8	生物多样性维护	1019.6	4508.2	1869.3	3428.6	-	399.8
9	文化娱乐与教育	169.9	2079.2	869.7	4438.2	-	239.9

（二）生态补偿优先系数的计算及级别划分

由于中线工程水源区内的不同行政区域在水源区生态环境保护过

程中起到的作用以及经济发展水平均存在差异性，因此，不同区域对于生态补偿资金需求的迫切性也不尽相同。生态补偿优先等级反映了不同区域生态环境保护的紧迫性及生态补偿对区域经济发展的影响。水源区生态系统服务价值主要包括市场价值和非市场价值两部分，其中市场价值已经在市场机制中转化成货币，为水源区经济发展做出了贡献；生态系统服务的非市场价值不能在市场机制中得到体现和反映，也不能通过市场交换功能进行转换，但是这部分价值对于人类生存与生产活动的可持续性起着非常重要的作用。因此，在水源区生态补偿优先系数计算过程中只需要考虑水源区生态系统服务中的非市场价值部分。本书以水源区不同行政区域提供的生态系统服务的非市场价值与相应区域的 GDP 的比值来计算水源区不同区域的生态补偿优先系数。具体计算公式如下：

$$ECP_l = \frac{V_l}{GDP_l}$$

式中，ECP_l 表示水源区第 l 个行政区的生态补偿优先系数；V_l 表示水源区第 l 个行政区生态系统服务的非市场价值；GDP_l 表示水源区第 l 个行政区的国内生产总值。ECP 值越小，表明区域对于生态补偿资金需求迫切性越低，生态补偿资金对于区域经济发展影响越小；反之亦然。参照前人研究成果，本书将水源区生态补偿级别划分为 4 级，其中当 $ECP \geq 0.2$ 时，为 Ⅰ 级补偿区域；当 $0.2 < ECP \leq 0.1$ 时，为 Ⅱ 级补偿区域；当 $0.01 < ECP < 0.1$ 时，为 Ⅲ 级补偿区域；当 $ECP \leq 0.01$ 时，属于 Ⅳ 级补偿区域。

四　研究结果与分析

（一）水源区生态服务价值与构成

南水北调中线水源区 2014 年生态系统服务价值总量为 3066.59 亿元，其中市场价值部分的价值为 328.92 亿元，占水源区生态服务总价值的比重为 10.66%，占水源区 GDP 的比率为 8.11%；非市场价值部分的价值为 2737.67 亿元，占生态服务总价值比率为 89.34%，占水源区 GDP 的比率为 67.51%（见表 4-4）。对于水源区不同的行政区域而言，各区域的生态系统服务价值与区域面积大体呈现正相关关系，面积大的区域所提供的生态系统服务价值量也较大。在水源区所涉及的 11 个地市中，汉中市、十堰市和安康市的生态系统服务价值较大，分别为 680.69 亿元、594.94 亿元和 591.31 亿元，为整个水源区中生态服务价值最大的三个区域。此外，神农架、南阳和西安市所提供的生态系统服务价值较小，分别为 1.77 亿元、62.26 亿元和 74.01 亿元（见表 4-5）。

表 4-4　　　　　　2014 年水源区各种生态服务价值计算结果

单位：10^8 元/年

价值构成	市场价值			非市场价值							
服务功能种类	食物供给	原材料供给	小计	气体调节	气候调节	水源涵养	废物处理	水土保持	生物多样性	文化娱乐	小计
V 值	48.93	279.99	328.92	436.54	426.95	436.07	226.78	479.64	500.84	230.85	2737.67
V 值比率	1.58	9.07	10.66	14.16	14.16	14.13	7.64	15.54	16.23	7.48	89.34

表 4-5　　　　　　2014 年水源区不同地市生态服务价值构成

省份	地市名称	水源区面积（平方千米）	市场价值（10^8 元/年）	非市场价值（10^8 元/年）	总价值（10^8 元/年）
陕西省	汉中市	21176.05	73.00	607.69	680.69
	宝鸡市	4583.92	15.80	131.55	147.35
	安康市	18395.18	63.43	527.88	591.31
	商州市	15304.88	52.77	439.20	491.97
	西安市	2302.36	7.94	66.07	74.01
湖北省	十堰市	18508.12	63.82	531.12	594.94
	神农架	55.03	0.19	1.58	1.77
河南省	三门峡	3129.63	10.79	89.81	100.60
	南阳市	1936.87	6.68	55.58	62.26
	洛阳市	6830.64	23.55	196.01	219.56
四川省	达州市	3177.31	10.95	91.18	102.13
合计		95399.99	328.92	2737.67	3066.59

（二）水源区不同区域的生态补偿优先系数

1. 省域空间层面的水源区区域生态补偿优先系数

在省域空间层面，中线工程水源区主要包含河南、湖北、陕西和四川等4个省份。其中陕西省水源区面积最大，为6.18万平方千米，湖北省的水源区面积为1.86万平方千米，河南省水源区面积为1.19万平方千米，四川省的水源区面积最小，仅为0.32万平方千米。经过测算得到，2014年，水源区所涉及的4个省份的综合区域生态补偿优先系数的排序为：陕西（0.18）>湖北（0.14）>河南（0.12）>四川（0.11）。究其原因，陕西省水源区涉及的31个县（市）中，大部分县（市）经济发展水平落后，且多个县为国家级贫困县，人均GDP较低，因此，陕西省水源区对于生态补偿资金的需求比较迫切，生态补偿优先系数较大。此外，河南省水源区涉及的5个县中，除淅川县外，其他区域经济发展水平相对较好，人均GDP相对较高，从而使得河南省水源区对于生态补偿资金的需求迫切性较低，总体区域生态补偿优先系数略大于四川省。四川省由于仅仅涉及一个县，综合考虑该县生态服务价值和人均GDP，得到四川省水源区对于生态补偿资金需求迫切性最低的结论。

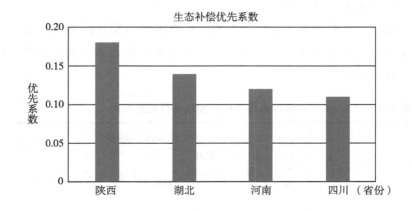

图4-2　水源区不同省份的生态补偿优先系数

2. 地市层面的水源区区域生态补偿优先系数

在地市的空间层面，中线水源区共包含 11 个地市。经过计算得到 11 个地市的生态补偿优先系数，如图 4-3 所示。由图 4-3 可知，在水源区所包含的 11 个地市中，宝鸡市对于生态补偿资金需求的优先系数最大，区域生态补偿综合系数达到了 0.2，神农架地区的生态补偿优先系数最小，仅为 0.01。

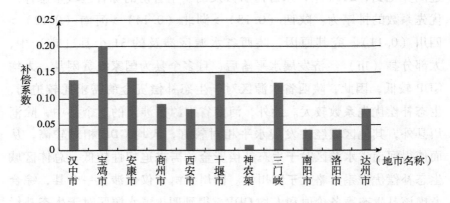

图 4-3　水源区 11 个地市生态补偿优先系数

3. 县域层面的水源区区域生态补偿优先系数

为了给水源区生态补偿体系的构建提供更加精细的参考依据，本书还以县（区）为单元，对水源区的生态补偿优先系数进行测算，结果如表 4-6 所示。

表 4-6　　　　　　水源区各县（区）生态补偿优先系数

省	地（市）	县（区）	土地面积（平方千米）	属于水源区内面积（平方千米）	GDP（亿元）	生态服务功能价值（亿元/年）		生态补偿优先系数	
						市场价值	非市场价值	ECP 值	级别
陕西	汉中市	汉台区	545.60	426.46	177.14	1.47	12.24	0.01	IV级
		南郑县	2807.50	2194.41	134.46	7.56	62.97	0.05	III级
		城固县	2217.30	1733.10	138.29	5.97	49.73	0.04	III级

续表

省	地（市）	县（区）	土地面积（平方千米）	属于水源区内面积（平方千米）	GDP（亿元）	生态服务功能价值（亿元/年）		生态补偿优先系数	
						市场价值	非市场价值	ECP 值	级别
陕西	汉中市	洋县	3194.20	2496.67	85.05	8.61	71.65	0.08	Ⅲ级
		西乡县	3229.40	2524.18	65.20	8.7	72.44	0.11	Ⅱ级
		勉县	2389.50	1867.70	105.44	6.44	53.60	0.05	Ⅲ级
		略阳县	2826.10	2208.95	65.87	7.62	63.39	0.10	Ⅱ级
		宁强县	3256.00	2544.97	55.85	8.77	73.03	0.13	Ⅱ级
		镇巴县	3406.70	2662.77	48.14	9.18	76.41	0.16	Ⅱ级
		留坝县	1951.30	1525.19	10.07	5.26	43.77	0.43	Ⅰ级
		佛坪县	1268.70	991.65	5.79	3.42	28.46	0.49	Ⅰ级
	宝鸡市	太白县	2716.30	2123.13	15.83	7.32	60.93	0.38	Ⅰ级
		凤县	3148.30	2460.79	130.21	8.48	70.62	0.05	Ⅲ级
	安康市	汉滨区	3643.60	2847.93	187.47	9.82	81.73	0.04	Ⅲ级
		汉阴县	1365.00	1066.92	58.61	3.68	30.62	0.05	Ⅲ级
		石泉县	1516.40	1185.26	47.79	4.09	34.01	0.07	Ⅲ级
		宁陕县	3663.80	2863.72	21.35	9.87	82.18	0.38	Ⅰ级
		紫阳县	2244.20	1754.13	54.38	6.05	50.34	0.09	Ⅲ级
		岚皋县	1956.60	1529.33	30.96	5.27	43.89	0.14	Ⅱ级
		镇坪县	1502.20	1174.16	12.95	4.05	33.69	0.26	Ⅰ级
		平利县	2648.30	2069.98	50.50	7.14	59.40	0.12	Ⅱ级
		旬阳县	3540.80	2767.58	100.01	9.54	79.42	0.08	Ⅲ
		白河县	1453.60	1136.17	41.56	3.92	32.60	0.08	Ⅲ级
	商州市	商州区	2644.60	2067.09	108.35	7.13	59.32	0.05	Ⅲ级
		洛南县	2832.50	2213.96	82.84	7.63	63.53	0.08	Ⅲ级
		丹凤县	2407.40	1881.69	62.23	6.49	54.00	0.09	Ⅲ级
		商南县	2313.80	1808.53	53.92	6.23	51.9	0.10	Ⅱ级
		山阳县	3531.30	2760.16	80.78	9.52	79.21	0.10	Ⅱ级
		镇安县	3487.90	2726.23	66.19	9.40	78.23	0.12	Ⅱ级
		柞水县	2363.30	1847.22	60.95	6.37	53.01	0.09	Ⅲ级
	西安市	周至县	2945.60	2302.36	87.66	7.94	66.07	0.08	Ⅲ级

续表

省	地（市）	县（区）	土地面积（平方千米）	属于水源区内面积（平方千米）	GDP（亿元）	生态服务功能价值（亿元/年）		生态补偿优先系数	
						市场价值	非市场价值	ECP 值	级别
湖北	十堰市	张湾区	652.00	509.62	360.00	1.76	14.62	0.01	IV级
		茅箭区	540.00	422.08	224.00	1.46	12.11	0.01	IV级
		丹江口	3121.00	2439.45	130.02	8.41	70.00	0.05	III级
		郧县	3863.00	3019.42	63.51	10.41	86.65	0.14	II级
		郧西县	3509.00	2742.73	46	9.46	78.71	0.17	II级
		竹山县	3299.00	2578.58	58.13	8.89	74	0.13	II级
		竹溪县	3585.00	2802.13	48.76	9.66	80.41	0.16	II级
		房县	5110.00	3994.11	52.75	13.77	114.62	0.22	I级
	神农架	神农架	70.40	55.03	20.20	0.19	1.58	0.01	IV级
河南	三门峡	卢氏县	4004.00	3129.63	68.53	10.79	89.81	0.13	II级
	洛阳	栾川县	2478.00	1936.87	144.04	6.68	55.58	0.04	III级
	南阳市	西峡县	3454.00	2699.74	190.4	9.31	77.47	0.04	III级
		内乡县	2465.00	1926.71	124.70	6.64	55.58	0.04	III级
		淅川县	2820.00	2204.19	170	7.60	63.25	0.04	III级
四川	达州	万源县	4065.00	3177.31	108.40	10.95	91.18	0.08	III级

由表 4-6 与图 4-4 可知，在水源区所涉及的 46 个县（区）中，ECP 值超过 0.2 的 I 级区域共 6 个，主要包括陕西省的留坝县（0.43）、佛坪县（0.49）、太白县（0.38）、宁陕县（0.38）和镇坪县（0.26），以及湖北省的房县（0.22）。究其原因可知：（1）I 级区域大多数位于水源区的西北部，属于自然环境条件艰苦且生态系统脆弱的区域，同时，这些区域的生态系统服务价值中的非市场价值部分占比较大；（2）由于历史与自然环境原因，I 级区域经济发展水平较低，人均 GDP 较低，且均为国家级贫困县；（3）I 级区域是水源区水源涵养、防风固沙、水土保持及动植物多样性保护的重要区域，为南水北调中线工程的建设作出了巨大牺牲，最大限度压缩了区域经济发展空间，丧失了较多经济发展机会，急需中央与地方给予包括经

济资助在内的多方位的生态补偿。此外，经过分析得知，陕西省汉中市的汉台区、湖北省十堰市的张湾区和茅箭区以及湖北神农架林区等4县（区）的生态补偿优先系数最低，均为0.01，属于生态补偿Ⅳ级区域。主要原因在于：（1）陕西省汉中市的汉台区、湖北省十堰市的张湾区和茅箭区等三个地区的人均GDP比较高，分别为3.31万元、8.75万元和5.01万元，经济发展水平在整个水源区内属于较高水平，同时，这三个地区生态系统服务价值的非市场价值部分较低。汉台区、张湾区和茅箭区的生态补偿优先系数较低，表明这三个地区对于生态补偿资金需求迫切性不高，生态补偿对于区域经济发展影响较低；（2）湖北省神农架林区虽然区域GDP较低，经济发展水平不高，但是由于区内人口数量少，面积小，生态系统服务的非市场价值较低，对水源区整体生态环境影响较低，导致整个区域生态补偿优先系数较低，生态补偿对于区域经济发展影响较小。

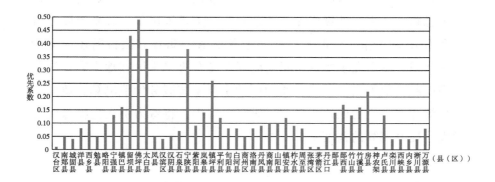

图4-4　南水北调中线水源区不同县（区）生态补偿优先系数

五　结论与讨论

定量测算水源区不同区域的生态补偿优先系数是水源区生态补偿机制研究的重要内容。本书在计算水源区生态系统服务价值的基础上，综合考虑区域非市场价值生态系统服务价值和区域经济发展水平等因素，对水源区不同空间层面的区域生态补偿优先系数进行研究，得出如下结论。

（1）水源区不同区域的生态系统服务功能价值差异较大。汉中市、十堰市和安康市的生态系统服务价值较大，神农架、南阳和西安等地区的生态系统服务价值较小。

（2）水源区不同区域生态补偿优先系数差异明显。ECP 系数较大的 6 个县应该率先给予补偿，并且在补偿资金和政策方面均应该重点考虑。对于 ECP 系数较小的 4 个县（区）而言，在生态补偿过程中可以考虑给予经济发展政策方面的倾斜，为区域绿色经济发展提供宽松的政策环境。

（3）水源区生态补偿方式应该结合区域属性而有所区别。对于经济发展水平较高的区域而言，应该重点给予政策补偿、技术援助等。对于经济发展水平落后的地区，应重点以资金补偿、技术培训和生态移民等方式进行补偿，辅以政策补偿与宣传教育。

（4）本书选择中线工程水源区全部区域，探讨水源区的生态补偿优先系数问题，为水源区生态补偿实践过程中优先补偿区域的选择拓宽了思路。本书在计算优先补偿系数时，主要采用了生态系统服务价值和 GDP 两个指标，但生态系统服务价值的测算方法目前还未形成统一认识，本研究主要依据谢高地等人提出的"中国陆地生态系统单位面积服务价值当量"进行水源区的生态系统服务价值测算，研究结论可能存在一定的误差。在今后研究过程中，将着力引入生物量估算模型，提升测算的精度。

第三节　南水北调中线工程水源区生态补偿资金分配标准测算

一　国内外关于生态补偿资金分配标准研究现状

区域生态保护具有典型的正外部性特点，在实践过程中可能引发两类矛盾，即：（1）行为主体边际保护成本较高与社会边际成本较低的矛盾；（2）行为主体边际收益较低与社会边际收益较高的矛盾。因此，生态保护经常牺牲行为主体的当前利益，从而获取更大区域范围内的长远收益。如果不采取相应措施或方式对生态保护者加以补偿，将难以调动生态保护者的积极性。南水北调中线工程水源区多数地区位于偏远山区，区域经济水平偏低，百姓生活困难。水源区经济持续增长、人民生活水平稳步提升是中线工程持续、健康、稳定运行的必要条件。因此，为解决中线工程水源区经济建设与环境保护的矛盾，需要国家和受水区双方对以丹江口水库为核心的水源区给予全方位补偿，弥补发展选择权的失衡，实现水源区经济可持续发展。南水北调中线工程水源区的生态补偿以保护区域生态系统、调节人与自然的和谐关系为目的，借助经济、政策和市场等多种手段，协调区域环境保护与经济发展的矛盾。中线工程水源区的生态补偿承担着改善水源区人民生活水平，改进区域生产方式，调整产业结构布局的重任。

国际上普遍将生态补偿视为生态系统服务付费（PES）。国外学者对于生态补偿的研究主要集中于：（1）生态补偿政策与体系研究。例如，Frank（2005）分析了拉脱维亚的生态损坏带来的后果，并制定了生态补偿法规框架；Ruud（2001）研究了高速公路沿线生态补偿问题，并提出了相应的政策建议。（2）生态补偿的制度与公平性。例如，Corbera等（2015）分析了墨西哥森林保护者的利益损失，确定了森林生态补偿范围；Borner等（2014）定量测算了亚马孙河流域生态补偿标准与支付方式。（3）贫困山区生物多样性的生态补偿。例如，Wunder（2012）以亚马孙河上游区域为对象，对区域内的生物多样性特点进行分析，并提出了生物多样性保护补偿的有效支付方式。（4）生态补偿的市场机制。Kosoy（2010）针对生态补偿过程中如何发挥市场的作用提出了6点建议。除此之外，国外学者还针对生态补偿意愿、补偿模型构建、补偿资源的时空配置等方面的内容进行了研究。

国内学者相关研究涉及内容比较广泛，涵盖了生态补偿内涵的界定、补偿政策与体系构建、补偿方式与途径选择、补偿标准核算、补偿空间布局与设置等。在研究对象方面，主要涉及草原、森林、流域及水源区等特定区域的生态补偿。然而，国内学者针对生态补偿定量化的研究成果较少，补偿标准与资金分配方法是目前国内研究的热点。目前，国内学者主要应用经济学的方法对生态补偿标准进行估算。例如，周晨（2015）从生态服务价值视角，测算了中线工程水源区生态补偿的上限标准与补偿资金分配方式；白景锋（2010）在综合分析测算河南省水源地生态服务价值和生态建设成本的基础上，得出河南省水源地每年应得到的补偿资金为 4.145 亿元；张君（2013）以十堰市为例，从直接成本与机会成本两个角度出发，测算得出 2010 年河南、河北、天津、北京 4 省市分别应该给予十堰市的补偿资金为 1.3 亿元、1.3 亿元、0.5 亿元和 0.29 亿元；此外，李小燕（2012）、李国平（2015）、王国栋（2012）等人均从不同角度测算了南水北调中线工程水源区的生态补偿标准。

总之，目前已有学者从不同角度、采取多种方法对中线工程水源区的生态补偿标准进行了估算，但结果差异较大。同时，多数研究以南水北调中线工程水源区的部分水源地作为研究对象，以全部水源区作为对象的成果比较鲜见。本书将在全面评估中线工程水源区生态系统服务价值的基础上，从"受益者补偿，多用多补"的思路出发，考虑受水区的经济承受能力及调入水量等因素，研究南水北调中线工程受水区生态补偿资金分摊数量和水源区生态补偿资金分配方法，为构建区域生态环境保护机制及完善区域生态补偿体系提供理论帮助。

二 数据来源与整理

本书采用数据主要包括社会经济统计数据和土地利用数据。其中，社会经济统计数据主要来源于陕西、湖北、河南和四川 4 省 11 地市 46 县的统计年鉴（2014）和社会发展统计公报。土地利用数据的确定分 3 个步骤：（1）由科学数据中心服务平台（http：//www.casdc.cn）获取得到 Landsat TM（2014 年）影像资料，应用 ENV14.7 对影像资料进行组合、校正及裁剪等预处理；（2）使用 Arcgis10.3 对预处理后的影像资料进行解译，获取水源区相关土地利用数据；（3）以水源区 4 省 11 市 46 县 2014 年土地调查数据为基础，对步骤（2）得出的数据进行二维线性修正，从而得到最终土地利用数据。

三　研究方法与计算步骤

（一）水源区生态系统服务价值总量测算

本书结合中线工程水源区土地现状，将土地划分为耕地、林地、草地、水域、建设用地和未利用土地等6种类型。生态系统服务功能包括生态产品供给服务、生态环境调节服务、生态支持服务及文化服务等4个方面，并且生态产品供给服务可以通过市场机制转换成货币，已经为水源区经济发展作出了贡献，属于生态服务市场价值类别，其他生态系统服务功能均为非市场价值种类。由此可得中线工程水源区生态系统服务总价值为：

$$V = \sum_{j=1}^{n} V_j = \sum_{i=1}^{n} \sum_{j=1}^{m} A_j P_{ij}$$

其中，V 为水源区生态系统服务总价值；V_j 为水源区第 j 种土地的生态系统服务价值；A_j 为第 j 种土地面积；P_{ij} 为第 j 类土地单位面积的第 i 类服务价值（元）。测算水源区生态系统服务价值的前提是准确计算符合水源区现状的单位面积生态系统服务价值（P_{ij}）和水源区不同类型土地面积。然而，水源区生态系统服务价值当量又是 P_{ij} 合理测算的前提。谢高地在2008年对自己2003年制定的"中国陆地生态系统单位面积生态服务价值当量"进行了改进，这个价值当量也被目前多数学者采用。但是，由于南水北调中线工程水源区土地结构与中国陆地土地结构存在较大差异，本书采用的土地分类方式与谢高地也有所不同，并且在"中国陆地生态系统单位面积生态服务价值当量"中没有建设用地的价值当量，因此本书结合水源区实际情况，首先对南水北调中线工程水源区非建设用地的生态系统服务价值当量进行修正，然后，测算非建设用地的单位生态系统服务价值，最后对水源区建设用地单位面积的生态系统服务价值进行估算。

（二）水源区非建设用地生态系统服务价值当量的修正方法

在水源区内除建设用地以外的5种土地均为非建设用地，包括耕地、林地、草地、水域及未利用地，与谢高地土地分类中的农田、森林、草地、河流/湖泊、荒漠分别一一对应。水源区非建设用地服务价值当量修正公式为：

$$P_{ij}^{非} = \sum_{i=1}^{6} \sum_{j=1}^{9} \frac{f_{ij} l_a G_{水}}{l G_{全国}}$$

其中：

$$l_a = \frac{l_0 h}{\left(1 + e^{-\left(\frac{1}{E_n - 3}\right)}\right) H}$$

$P_{ij}^{非}$ 表示为水源区第 i 种非建设用地第 j 种生态功能的价值当量；f_{ij} 为谢高地对应价值当量；l_a 为水源区在 a 时期的社会发展系数；$G_{水}$ 为相应区域的 GDP；l 为全国社会发展阶段系数；$G_{全国}$ 为全国 GDP；l_0 为理想阶段社会发展系数值，一般取为 1；h 为水源区城镇化水平；H 为全国同时期的城镇化水平；E_n 为同期恩格尔系数。根据以上价值当量修正方法，得出水源区非建设用地服务价值当量，具体如表 4-7 所示。

表 4-7　　水源区非建设用地生态系统服务价值当量

	耕地	林地	草地	水域	未利用地
食物供给	1.00	0.38	0.56	0.86	0.08
原材料供给	0.68	3.65	0.79	0.67	0.11
气体调节	0.86	5.96	1.96	0.68	0.08
气候调节	1.21	5.61	1.68	2.75	0.13
水源涵养	0.96	5.27	2.13	21.36	0.11
废物处理	1.92	2.36	2.01	16.36	0.31
水土保持	1.89	6.03	3.06	0.52	0.23
生物多样性维护	1.68	6.31	2.34	4.68	0.56
文化娱乐	0.36	2.94	1.21	5.68	0.42

（三）水源区非建设用地单位面积生态系统服务价值量的计算

依据表 4-7 相关数据，结合水源区单位面积农田食物生产服务价值，可以得到水源区非建设用地不同土地的单位面积生态系统服务价值，其计算公式为：

$$V_{非建} = P_{ij}^{非} E_{水}$$

其中，$E_{水}$ 为水源区单位面积农田食物生产服务价值。谢高地等人计算的全国农田食物生产服务价值为 884.9 元/公顷·年，王一平等人对淅川县测算结果为 1114.28 元/公顷·年，由于时间变迁，粮食产量和价格不断变化，导致单位面积生态系统服务价值也发生变化。本书在综合考虑各种影响因素的基础上，将南水北调中线工程水源区 $E_{水}$ 确定为 1206.31 元/公顷·年。由此计算得到中线水源区非建设用地单位面积生态系统服务价值（见表4-8）。

（四）水源区建设用地单位面积生态系统服务价值测算

在"中国陆地生态系统单位面积生态服务价值当量（谢高地，2008）"中并没有考虑建设用地，但是居民生产生活过程中产生的"三废"对于生态系统具有较大的负面影响，所以水源区建设用地的生态系统服务功能主要为负面影响。水源区建设用地生态系统服务价值主要体现在气体调节、水土保持和废弃物处理等三个方面，其他功能的服务功能价值为 0。其中：

1. 建设用地的气体调节功能价值

气体调节功能价值的计算公式为：

$$V_{气}^{建} = -\sum_{t=1}^{k} \frac{Q_t C_t}{A_i}$$

其中 k 为废气种类数；Q_t 为第 t 类废弃物排放总量；C_t 为第 t 类废弃物单位治理成本；A_i 为建设用地面积。经过测算得到水源区建设用地气体调节功能的单位面积价值为-349.86 元/公顷·年。

2. 水土保持功能价值

水土保持功能价值计算公式为：

$$V_{水保}^{建} = -\frac{(WP + Q_w C_w)}{A_i}$$

其中，W 为居民生活与工业用水总量；P 为用水综合单价；Q_w 为废水排放总量；C_w 为废水处理单位成本。计算得到水源区建设用地单位面积的水土保持功能价值为-619.75 元/公顷·年。

3. 废弃物处理功能价值

水源区废弃物处理功能价值计算公式为：

$$V_{废}^{建} = -\frac{Q_r C_r}{A_i}$$

其中，Q_r 为固体废弃物排放总量；C_r 为废弃物单位处理成本。计算得到水源区建设用地单位面积的废弃物处理功能价值为 -1009.6 元/公顷·年。以上建设用地三种不同生态系统服务功能的单位面积价值量之和即为中线水源区建设用地单位面积生态系统服务价值（见表 4-8）。

表 4-8　　　　　　　　水源区单位面积生态系统服务价值　单位：元/公顷·年

食物供给	耕地	林地	草地	水域	建设用地	未利用地
原材料供给	999.60	379.85	559.78	859.66	0	79.97
气体调节	679.73	3648.54	789.68	669.73	0	109.96
气候调节	859.66	5957.62	1959.22	679.73	-349.86	79.97
水源涵养	1209.52	5607.76	1679.33	2748.90	0	129.95
废物处理	959.62	5267.89	2129.15	21351.46	-1009.60	109.96
水土保持	1919.23	2359.06	2009.20	16353.46	-619.75	309.88
生物多样性维护	1889.24	6027.59	3058.78	519.79	0	229.91
文化娱乐	1679.33	6307.48	2339.06	4678.13	0	559.78

（五）生态补偿资金量的确定

根据"谁受益谁补偿"的原则，需要对水资源调入之后受水区的实际受益情况进行核算，这也是受水区应该提供的生态补偿资金的上限值。根据生态补偿内涵可知，受水区应该提供的生态补偿资金是水资源调出后水源区自身发展造成的损失与环境保护成本，或者是受水区得到水资源补给后所产生的区域实际收益。然而，精确衡量水源区的供水损失与环境保护成本比较困难，所以本书通过测算受水区的受益情况进行补偿标准的确定。受水区的实际受益主要来源于从水源区调入的以水资源为载体的生态系统服务价值，即水源涵养功能的价值。应该给予补偿的生态系统服务价值为：

$$V' = \left[V_w + F_q \cdot (1-I-S) \right] \cdot \frac{W_w}{W}$$

其中，V' 表示受水区应该提供补偿的生态系统服务价值；V_w 为水源区水域生态系统服务价值总和；F_q 表示水源区森林、耕地、草地、未利用地等 4 类土地水源涵养功能价值；I 表示森林截留率（取值为 0.25）；S 表示林地蒸发率（取值为 0）；W_w 表示受水区每年的总调水量（95 亿立方米）；W 表示水源区水资源总量。

单纯依靠生态系统服务价值评估得到的受水区生态补偿资金量可能很难得到公众的认可和接受，导致实践工作难以开展。因此，在生态补偿资金确定过程中，还需要考虑受水区经济发展水平，计算生态系统服务价值调节系数。由于公众的认知水平和支付意愿与社会发展水平密切相关，根据 Pearl 生长曲线模型，得知生态系统服务价值调节系数为：

$$L = \frac{1}{1+e^{-t}}, \text{其中：} t = \frac{1}{E_n} - 3$$

式中，L 为生态系统服务价值调节系数；e 为自然对数的底数；t 为社会发展阶段，一般分为贫困、温饱、小康、富裕和极富 5 个阶段，与恩格尔系数有对应关系，如表 4-9 所示。

表 4-9　　　　　　　恩格尔系数与社会发展阶段对应关系

发展阶段	贫困	温饱	小康	富裕	极富
E_n	>0.6	0.6-0.5	0.5-0.3	0.3-0.2	<0.2
$1/E_n$	<1.7	1.7-2.0	2.0-3.3	3.3-5.0	>5.0

最后，将受水区应该提供补偿的生态系统服务价值与调节系数相乘，即可得到受水区理论上的生态系统补偿资金总量的上限值。

（六）生态补偿资金分配方法

生态补偿资金的分配主要包括受水区补偿资金的分担及水源区生态补偿资金的分配。因为南水北调中线工程是一项重大的基础设施项目，该工程水源区生态环境保护的责任不仅需要受水区承担，同时，中央政府也应该承担相应的责任。因此，生态补偿资金应该由中央政府和受水区地方政府共同分担，即生态补偿资金来源主要包括两部分：一部分是由中央政府以专项基金方式进行的财政转移支付（纵向补偿），另一部分是由受水区承担的横向补偿资金。因此，可以得到中央政府和受水区政府分别应承担的资金量为：

$$V_z = \alpha V'$$

$$V_i = R_i(V' - V_z)$$

其中，V_z 表示中央政府应承担的补偿资金量；α 为中央政府承担系数；R_i 表示第 i 个受水区分配水量占全部调水量的比例；V_i 表示第 i 个受水区政府应承担的补偿资金量。

南水北调中线工程水源区涉及 4 省 46 县（区），不同水源地的地理位置、土地结构及生态系统服务功能价值均存在差异，在南水北调中线工程水源区生态环境建设中的作用不同，因此不同水源地分配的生态补偿资金数量也有所不同。本书在考虑不同水源地经济发展水平的前提下，依据不同水源地的水域生态系统服务价值及森林、耕地、草地、未利用地等 4 种土地提供的水源涵养生态系统服务功能价值的总值占水源区相应服务价值总量的比例，进行水源区生态补偿资金的分配。

四　测算结果

（一）水源区生态系统服务价值的计算

南水北调中线工程水源区生态系统主要由耕地、林地、草地、水域、建设用地和未利用土地等 6 类生态系统构成。结合前文给出的水源区不同类型土地面积，可以计算得出 2006—2014 年水源区生态服务价值，具体如表 4-10 所示。由表 4-10 可知，2014 年水源区生态系统服务价值总量为 3225.97 亿元。其中，林地生态系统服务价值为 2892.36 亿元，占区域总价值的 89.66%。耕地服务价值为 199.68 亿元，草地服务价值为 34.32 亿元，水域服务价值为 100.2 亿元，未利用地的服务价值为 0.23 亿元，建设用地服务价值为 -0.82 亿元。在 2006—2014 年间，水源区生态系统服务价值总值增加 159.45 亿元，变化幅度为 5.2%。各类生态系统的服务价值也有一定幅度的变化，其中水域生态系统服务价值由 2006 年的 44.24 亿元增加到 2014 年的 100.2 亿元，增加了 126.5%。主要原因在于 2014 年年底中线工程正式通水，水源区的水域面积明显增加，从而导致水域生态系统服务价值总量明显增加。

表 4-10 2006—2014 年水源区生态系统服务价值 单位：10^8 元/年

年份	耕地	林地	草地	水域	建设用地	未利用地
2006	197.36	2774.23	50.45	44.24	-0.48	0.72
2007	192.83	2792.34	50.03	47.33	-0.44	0.61
2008	200.92	2798.51	36.80	42.05	-0.57	0.50
2009	208.54	2817.30	17.41	42.64	-0.69	0.41
2010	209.14	2818.05	16.20	42.90	-0.73	0.36
2011	203.39	2827.71	19.46	46.75	-0.82	0.30
2012	201.28	2813.50	25.59	60.04	-0.72	0.26
2013	200.17	2790.99	30.78	80.51	-0.70	0.24
2014	199.68	2892.36	34.32	100.20	-0.82	0.23

（二）受水区生态补偿资金的分摊结果

通过对水源区生态系统服务价值进一步测算，可以得到 2014 年水源区森林、耕地、草地、未利用地四种类型的生态系统的水源涵养生态服务价值总和为 404.32 亿元。按照南水北调中线工程调水规划可知，一期工程年调水总量为 95 亿立方米。因此，将有关数据代入公式可以计算得到应提供补偿的服务价值量为 93.96 亿元。河南、河北、天津和北京 4 省（市）是南水北调中线工程的主要受水区。经查可知，2014 年河南、河北、天津和北京 4 省城镇居民家庭消费的恩格尔系数分别为 0.336、0.269、0.362、0.347。本书以 4 省城镇人口数量占受水区城镇人口的比例为权重，对河南、河北、天津和北京 4 省城镇居民家庭消费的恩格尔系数进行加权平均，得到中线工程受水区城镇居民的平均恩格尔系数为 0.34。利用公式进一步计算得到生态系统服务价值调节系数为 0.5。因此，2014 年受水区应该提供的生态补偿资金总量为 93.96 与 0.5 相乘，即 46.98 亿元。

在中央政府与受水区之间补偿资金的分配过程中，本书取分担系数 $\alpha = 0.4$，利用公式可以得到中央政府及河南、河北、天津和北京 4 省的生态补偿资金分担数量（见表 4-11）。由结果得知，中央政府通过专项基金应提供给水源区的生态补偿资金数量为 18.8 亿元，河南、河北、天津和北京等 4 省市通过横向转移方式应为水源区提供的生态补偿资金分别为 11.28 亿元、10.43 亿元、3.1 亿元和 3.38 亿元。

表 4-11　　　　中央政府及不同受水区生态补偿资金分配数量表

	河南	河北	天津	北京	中央政府
分配水量（亿立方米）	38	35	10	12	—
分担系数	0.24	0.22	0.07	0.07	0.40
承担补偿金额（亿元）	11.28	10.43	3.10	3.38	18.8

　　河南、河北两省作为中线工程的主要受水区，为水源区提供的生态补偿资金总量为 21.71 亿元，占全部资金数量的 46.2%。按照"谁受益谁补偿"的原则，在河南与河北两省境内分别有 11 个和 7 个地市享受到南水北调中线工程的水资源，原则上应该承担相应的生态补偿资金。因此，本书在综合考虑地区经济发展水平、支付意愿及分配水量的基础上，采用前文介绍的方法，对河南、河北两省境内不同地市的生态补偿资金进行了重新分配（见图 4-5 和图 4-6）。由图 4-5 与图 4-6 可知，在河北省境内，石家庄市承担的补偿资金数量最大，为 2.84 亿元，占补偿资金总量的 27%；承担补偿资金数量最少的地市为廊坊，为 0.79 亿元。在河南省境内，南阳市承担的补偿资金数量最大，为 3.41 亿元，占总量比重为 30%；承担补偿资金数量最少的城市为周口市，为 0.32 亿元。

表 4-12　　　　　　河北不同地区分配水量与承担金额

地区	石家庄	保定	沧州	廊坊	邯郸	邢台	衡水
分配水量（亿立方米）	9.45	5.50	4.83	2.62	3.52	3.30	5.50
分担系数	0.27	0.16	0.14	0.08	0.10	0.10	0.16
承担金额（亿元）	2.84	1.65	1.45	0.79	1.06	0.99	1.65

表 4-13　　　　　　　　　河南不同地区分配水量与承担金额

地区	南阳	平顶山	漯河	周口	许昌	郑州	焦作	新乡	鹤壁	濮阳	安阳
分配水量（亿立方米）	10.91	2.50	1.06	1.03	2.26	5.40	2.69	3.92	1.64	1.19	3.34
分担系数	0.30	0.07	0.03	0.03	0.06	0.15	0.07	0.11	0.05	0.03	0.09
承担金额（亿元）	3.43	0.78	0.33	0.32	0.71	1.69	0.84	1.23	0.51	0.37	1.05

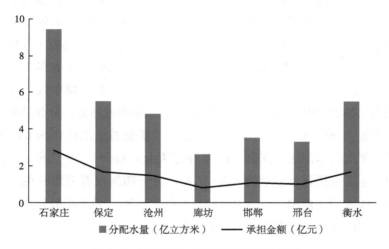

图 4-5　河北境内水量与补偿金额分配

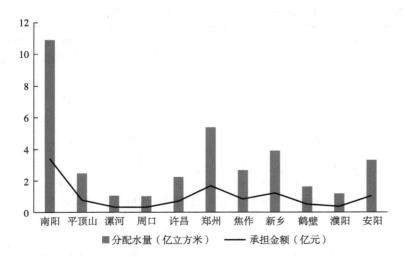

图 4-6　河南境内水量与补偿金额分配

（三）水源区生态补偿资金的分配结果

南水北调中线工程水源区涉及我国 4 省 11 市 46 个县，区内各县面积、土地类型以及地理位置等均存在差异，从而导致水源区内不同地区的生态系统服务功能价值有所不同，在水源区生态环境保护与建设中的地位和作用也不一样，因此不同地区分配到的生态补偿资金数量也不相同。本书在测算不同地区的水域生态系统服务价值及区内森林、耕地、草地、未利用地等 4 种生态系统的水源涵养服务功能价值的基础上，综合考虑区域经济发展水平和人民生活状况等因素的影响，确定不同地区的调节系数，进而得到不同地区的生态补偿资金数量（见表 4-14）。由表 4-14 可知，在南水北调中线工程水源区所涉及的 4 个省份中，陕西省水源区面积达到了 7.92 万平方千米，占整个南水北调中线水源区总面积的比例为 83%，是中线工程水源区的重要构成部分，分配到的生态补偿资金为 30.4 亿元，占水源区生态补偿资金总量的比例为 64.71%。此外，湖北省水源区分配到的生态补偿资金数量为 9.15 亿元，河南省水源区生态补偿资金数量为 5.86 亿元。由于四川仅有万源县的部分区域在中线水源区范围内，面积为 3177 平方千米，所占比例较少，因此分配得到的生态补偿资金数量也相对较少，为 1.56 亿元。

表 4-14　　　　水源区不同县（区）生态补偿资金分配数量

省	地（市）	县（区）	区域面积（平方千米）	水域生态服务价值（亿元）	水源涵养功能价值（亿元）	应补偿的生态服务功能价值（亿元）	生态补偿资金数量（亿元）
陕西	汉中	汉台区	426.46	0.35	1.78	2.13	0.21
		南郑县	2194.41	1.83	9.18	11.01	1.08
		城固县	1733.10	1.44	7.25	8.69	0.85
		洋县	2496.67	2.08	10.45	12.52	1.23
		西乡县	2524.18	2.10	10.56	12.66	1.24
		勉县	1867.70	1.55	7.81	9.37	0.92
		略阳县	2208.95	1.84	9.24	11.08	1.09
		宁强县	2544.97	2.12	10.65	12.77	1.25

续表

省	地（市）	县（区）	区域面积（平方千米）	水域生态服务价值（亿元）	水源涵养功能价值（亿元）	应补偿的生态服务功能价值（亿元）	生态补偿资金数量（亿元）
陕西	宝鸡	镇巴县	2662.77	2.22	11.14	13.36	1.31
		留坝县	1525.19	1.27	6.38	7.65	0.75
		佛坪县	991.65	0.83	4.15	4.97	0.49
		太白县	2123.13	1.77	8.88	10.65	1.05
		凤县	2460.79	2.05	10.30	12.34	1.21
	安康	汉滨区	2847.93	2.37	11.92	14.29	1.40
		汉阴县	1066.92	0.89	4.46	5.35	0.53
		石泉县	1185.26	0.99	4.96	5.95	0.58
		宁陕县	2863.72	2.38	11.98	14.36	1.41
		紫阳县	1754.13	1.46	7.34	8.80	0.86
		岚皋县	1529.33	1.27	6.40	7.67	0.75
		镇坪县	1174.16	0.98	4.91	5.89	0.58
		平利县	2069.98	1.72	8.66	10.38	1.02
		旬阳县	2767.58	2.30	11.58	13.88	1.36
		白河县	1136.17	0.95	4.75	5.70	0.56
	商洛	商州区	2067.09	1.72	8.65	10.37	1.02
		洛南县	2213.96	1.84	9.26	11.11	1.09
		丹凤县	1881.69	1.57	7.87	9.44	0.93
		商南县	1808.53	1.51	7.57	9.07	0.89
		山阳县	2760.16	2.30	11.55	13.85	1.36
	商洛	镇安县	2726.23	2.27	11.41	13.68	1.34
		柞水县	1847.22	1.54	7.73	9.27	0.91
	西安市	周至县	2302.36	1.92	9.63	11.55	1.13
湖北	十堰	张湾区	509.62	0.42	2.13	2.56	0.25
		茅箭区	422.08	0.35	1.77	2.12	0.21
		丹江口市	2439.45	2.03	10.21	12.24	1.20
		郧县	3019.42	2.51	12.63	15.15	1.49
		郧西县	2742.73	2.28	11.48	13.76	1.35
		竹山县	2578.58	2.15	10.79	12.93	1.27

续表

省	地（市）	县（区）	区域面积 （平方千米）	水域生态 服务价值 （亿元）	水源涵养 功能价值 （亿元）	应补偿的生态 服务功能价值 （亿元）	生态补偿 资金数量 （亿元）
湖北	十堰	竹溪县	2802.13	2.33	11.72	14.06	1.38
		房县	3994.11	3.32	16.71	20.04	1.97
	神农架	神农架	55.03	0.05	0.23	0.28	0.03
河南	三门峡	卢氏县	3129.63	2.60	13.09	15.70	1.54
	洛阳	栾川县	1936.87	1.61	8.10	9.72	0.95
	南阳	西峡县	2699.74	2.25	11.30	13.54	1.33
		内乡县	1926.71	1.60	8.06	9.66	0.95
		淅川县	2204.19	1.83	9.22	11.06	1.09
四川	达州	万源县	3177.31	2.64	13.29	15.94	1.56

注：表中"区域面积"代表每个县级水源地纳入水源区范围内的面积。

五 结论与分析

本书以生态系统服务价值为依据，以省和县（区）行政区域为研究单元，引入 ECP 测算模型，对水源区所涉及的 4 省 11 市 46 县（区）的 ECP 系数进行测算，为在生态补偿资金有限及补偿机制不完善的条件下对水源区进行差异生态补偿提供帮助。研究结果显示：

（1）南水北调中线工程大多数受水区经济发展水平较高，但水资源短缺。水源区的水资源较丰富，但是生态环境脆弱。同时，由于水源区环境保护正外部性增长缓慢，环境保护与区域经济发展矛盾日益明显，在区域经济发展重压之下，水源区政府的环境保护意愿逐渐下降，因此，完善水源区生态补偿机制有望缓解水源区经济发展与环境保护的矛盾。

（2）ECP 系数显示了水源区不同区域对于生态补偿需求的迫切程度。ECP 系数较大的 6 个生态补偿 I 级区域应该率先给予补偿，并且在补偿资金和政策方面均应该重点倾斜。然而，对于 ECP 值较小的 4 个Ⅳ级补偿区域而言，补偿资金对于区域经济发展影响较小，在水源区生态补偿过程中，对于此类区域可以考虑区域经济发展政策倾斜，为区域绿色经济发展提供宽松的政策环境。

（3）水源区生态补偿方式应该结合区域属性而有所区别。对于城市而言，在生态补偿方面以政策补偿、技术补偿等为主，以资金补偿为辅。在城市生态补偿过程中，应该大力发展绿色产业和循环工业，发展绿色农业与旅游业，扶持农产品深加工业。对于农村而言，农村是水源区生态保护的重点，且大多数农村居民在生态保护过程中比较关注眼前利益，所以对于水源区乡村的生态补偿应该以技术培训、资金补偿和生态移民等为主，以政策补偿与宣传教育为辅。

（4）本书在测算水源区生态补偿优先系数时，主要采用相关区域的 GDP 和非市场服务价值两类数据，为确定水源区不同区域生态补偿先后顺序提供了直观、可靠的依据。本研究为国内其他区域生态补偿优先系数的测算提供了理论依据，为区域生态补偿研究提供了参考。

虽然本书在量化水源区生态补偿优先顺序方面进行了一些探究，但是在以下几个方面还有待进一步加强：

（1）本书对于生态补偿优先系数的测算是建立在生态系统服务价值测算的基础之上。然而，生态系统服务价值测算方法目前依然没有形成统一认识，不同方法得出的结果差别较大。本书选择了基于土地覆盖类型的生态系统服务价值测算方法，该方法测算的生态系统服务货币价值与实际价值依然存在一定的差异，今后可以考虑引入生物量估算模型，以提高水源区生态系统服务价值测算的精度。

（2）水源区的地理环境复杂，经济发展水平差异较大，加之生态补偿问题本身是一项复杂的系统性工程，这些因素决定了水源区不同行政区域的生态补偿存在巨大差异。本书对水源区的不同行政区域的生态补偿进行了初步研究，在今后研究过程中，可以结合水源区的主体功能区划，明确水源区生态补偿的侧重方向，制定生态补偿的路线图与进度表。

（3）中央转移支付补偿资金虽然能够在一定程度上缓解水源区资金需求压力，但是缺口依然很大。因此，在改革现有南水北调中线工程水源区生态补偿机制的基础上，应该继续加大国家对水源区等重点区域生态补偿的转移支付,逐步探讨和建立受水区与水源区之间的横向生态补偿机制,促进水源区生态补偿方式和资金筹措途径的多样化,保证水源区的水质和水量,以长久实现南水北调中线工程项目的运行目标。

（4）本书通过 ECP 模型对水源区不同行政区域的生态补偿优先顺序及空间分布进行了定量分析,但是对于造成此空间分布特点的深层原因分析不够,缺少对水源区生态补偿优先系数时空变化特征的全面分析。同时,由于水源区部分行政区的统计资料相对滞后,影响了研究的深度。虽然本书研究存在以上问题,但是并不影响本书在理论和实践中的参考价值。

第五章 南水北调中线工程水源区生态补偿利益主体博弈分析

第一节 水源区生态补偿利益主体博弈层级划分

在南水北调中线工程水源区生态补偿过程中主要涉及两大利益关系体，即宏观和微观利益主体。宏观层面的利益主体主要是中央与地方等不同层级的政府；微观层面的利益主体主要包括各类企事业单位与水源区居民。这些利益主体之间的博弈关系可以分为以下四个层级。

一 中央政府与地方政府间的博弈

在南水北调中线工程水源区内主要存在两大流域，即丹江流域和汉江流域。两大流域内的生态资源均具有外部性的特点，而且这种外部性通常是经由流域水资源的流动单向往下游传播，影响丹江口水库水质，进而影响南水北调中线工程沿线水资源用户。水源区政府既是区域生态环境建设与保护者，同时也可能是破坏者。例如，水源区政府制定了区域生态环境保护制度，但是在制度执行过程中缺乏必要监督，导致少数企业违规生产，造成了水源区水体污染，在这种情况下，水源区政府就成了区域环境的间接破坏者。对于受水区政府而言，其不仅是水源区生态保护的受益者，同时，也可能是水源区生态环境污染的受害者。中央政府在南水北调中线工程水源区开展了为期十年的生态环境治理与水土流失防治规划，水源区的生态环境得到了大幅度的改善，丹江和汉江流域的水质也得到明显提升，但是，在农业生产方面，上游污染，下游地区以及丹江口库区买单的现象仍时有发生。因此，从整体出发，为保护水源区的生态环境，中央政府应该为水源区地方政府的生态保护行为提供必要的政策与资金支持，而水源区政府应该明确自身责任，积极主动参与水源区生态环境保护。总之，中央政府和地方政府在生态环境保护责任与利益协调等诸多方面存在博弈关系。

二 水源区地方政府与当地企业之间的博弈

在南水北调中线工程水源区生态补偿实践过程中，当地政府需要充分发挥中央政府财政转移支付的生态补偿资金功效，在生态补偿资金利用和分配过程中，遵循"公平公开，效率优先"等原则。水源区内当地企业的行为对生态补偿的发展与补偿政策的执行会产生直接的影响，地方政府与微观的企业主体之间形成的最终博弈结构，可以客观反映水源区生态补偿政策的执行效果。因此，水源区地方政府与区内微观企业主体间的博弈关系也存在于水源区生态补偿实践过程中。

三 水源区地方政府与居民之间的博弈

在分析水源区地方政府和居民之间的博弈时，不仅要保证政府和居民两类主体在生态补偿过程中的利益最大化问题，而且不能影响两类主体参与生态保护的积极性。水源区地方政府和居民作为水源区生态保护与建设的直接参与者，他们的参与意愿、参与积极性与生态保护效果密切相关，也会影响水源区生态保护建设项目的实施进度。同时，政府所付出的生态保护成本的高低和水源区居民参与意愿的强弱是典型的正相关关系，即居民的参与度会随着政府支出费用的增加而增加。居民参与度的高低可以在一定程度上反映水源区生态补偿是否达到优化均衡的状态。

四 水源区和受水区地方政府之间的博弈

在南水北调中线工程水源区生态环境保护与建设过程中，水源区地方政府和当地居民是生态环境保护与建设的主要承担者。水源区政府为了实现"一库清水永续北上"的目标，牺牲自身区域经济发展的机会，保护水源区的生态环境。据不完全统计，自 2014 年 12 月 12 日南水北调中线一期工程正式通水以来，受水区经济效益显著提升，每年为工程沿线地区增加直接经济收益 300 亿元，间接收益超过 500 亿元。在整个水源区环境保护过程中，受水区更多享受了水源区政府保护行为的外部性效益，因此，为了使水源区地方政府的生态环境保护行为能够持续进行，水源区地方政府和受水区地方政府之间也在不断进行博弈，试图达到最优均衡，确保双方行为能够得到持续运行。

此外，在南水北调中线工程水源区生态补偿利益主体的博弈关系中，还存在中央政府与地方企业、中央政府与水源区居民、地方企业与水源区居民等的博弈，这些博弈关系在本书中不加以讨论。具体博弈关系如图 5-1 所示。

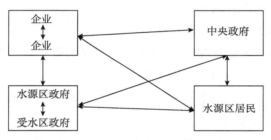

图 5-1　水源区利益主体博弈关系

第二节　水源区地方政府与中央政府的
演化博弈

一　博弈背景分析

在南水北调中线工程水源区生态保护与建设过程中，水源区政府是生态保护或破坏行为的实施者，而中央政府和受水区则是水源区政府行为的受益方或受害方。为了方便讨论，考虑到我国目前水源区生态补偿的主流依然是中央政府补偿，所以本书仅考虑中央政府补偿，而受水区政府的补偿放入横向生态补偿中加以讨论。在二级反馈制度中，水源区企业的反馈对象为水源区政府，水源区政府的反馈对象则为中央政府。中央政府和水源区政府是博弈的双方，他们各自的目标都是收益最大化。水源区政府的行为束分为保护和不保护，中央政府的行为束分为补偿和不补偿。当水源区政府选择保护行为，中央政府会因此获得生态收益，按照"补偿保护者，受益者补偿"的原则，中央政府应该对水源区政府以市场机制为基础建立相应的补偿机制。当然，如果水源区政府存在违约，即没有按照相关制度对水源区生态环境进行保护和建设，中央政府将对水源区政府采取相应的处罚。当水源区政府选择不保护行为而选择利用资源优势或者地理优势，放宽企业入驻门槛来获得经济收益时，中央政府的生态收益将明显下降，但节约了对水源区政府的生态补偿支付。此时，中央政府将会衡量水源区政府的放任行为成本及其带来的环境损失，并采取一定的行为约束，使水源区政府行为回归正常。

二 博弈主体收益矩阵构建

为了科学合理地构建南水北调中线工程水源区生态补偿利益主体的收益矩阵，在此给出以下两条假设：

（1）水源区政府保护区域生态环境时，水源区政府和中央政府的生态收益分别为 R_1 和 R_2；

（2）水源区政府选择不对区域生态环境进行保护时，水源区政府和中央政府的生态收益为 NR_1 和 NR_2，中央政府对水源区政府提供的生态补偿为 S，水源区政府向上级单位反馈成本为 C，中央政府对水源区违约罚款为 F，F 取值大小与水源区政府的反馈成功率相关。

根据水源区政府和中央政府的选择设定，当博弈双方的选择不同时，双方所获得的收益也会存在显著差异。第一种情况，水源区地方政府选择保护生态环境，中央政府主动提供生态补偿，此时水源区政府的综合收益为 R_1+S，中央政府的综合收益为 R_2-S；第二种情况，水源区政府选择保护生态环境，但是中央政府不提供生态补偿，地方政府的综合收益为 R_1-C+F，中央政府的综合收益为 R_2-F；第三种情况，水源区政府对区域环境实行放任行为，不主动积极提供保护与建设，中央政府依然提供生态补偿，此时水源区政府的综合收益为 NR_1+S-F，中央政府的综合收益为 $NR_2-S-C+F$；第四种情况，水源区政府和中央政府均采取消极抵制态度，即水源区地方政府不提供保护，中央政府也不主动提供生态补偿，则水源区政府的综合收益为

NR_1，中央政府的综合收益为 NR_2。

根据上述四种情况可以建立中央政府和地方政府博弈矩阵模型，如表5-1所示。

表5-1　　　　　　　　　**中央政府与水源区政府博弈矩阵**

地方政府	中央政府	
	补偿（γ）	不补偿（$1-\gamma$）
保护（α）	$R_1+S,\ R_2-S$	$R_1-C+F,\ R_2-F$
不保护（$1-\alpha$）	$NR_1+S-F,\ NR_2-S-C+F$	$NR_1,\ NR_2$

三　博弈主体的演化稳定策略

（一）水源区生态保护演化博弈情景假设与均衡点分析

情景1：假设水源区政府实施生态保护的概率为 α，则不采取生态保护的概率为 $1-\alpha$，对应的期望收益分别为 U_{11} 和 U_{12}，总体平均期望收益为 $\overline{U}_1$，则：

$$U_{11}=\gamma(R_1+S)+(1-\gamma)(R_1-C+F)$$

$$U_{12}=\gamma(NR_1+S-F)+(1-\gamma)NR_1$$

$$\overline{U}_1=\alpha U_{11}+(1-\alpha)U_{12}$$

令 $U_{11}=U_{12}$，则有：$\gamma^*=\dfrac{NR_2+C+F-R_1}{C+NR_2-NR_1}$

情景2：假设中央政府采取生态补偿策略的概率为 γ，则不采取生态补偿策略的概率为 $1-\gamma$，对应的期望收益为 U_{21} 和 U_{22}，总体平均期望收益为 $\overline{U}_2$，则：

$$U_{21}=\alpha(R_2-S)+(1-\alpha)(NR_2-S-C+F)$$

$$U_{22}=\alpha(R_2-F)+(1-\alpha)NR_2$$

$$\overline{U}_2=\gamma U_{21}+(1-\gamma)U_{22}$$

令 $U_{21}=U_{22}$，则有：$\alpha^*=\dfrac{S+C-F}{C}$

由此可知，水源区政府和中央政府博弈均衡点为 $\left(\dfrac{S+C-F}{C},\right.$

$$\left.\frac{NR_2+C+F-R_1}{C+NR_2-NR_1}\right)_{\circ}$$

（二）演化博弈模型分析

水源区政府实施生态保护的复制动态方程以及一阶导数为：

$$f(\alpha)=\alpha(U_{11}-U_1)=\alpha(1-\alpha)\left[\gamma C+R_1-C+F-NR_1\right]$$

中央政府实施生态补偿的复制动态方程以及一阶导数为：

$$f(\gamma)=\gamma(U_{21}-\overline{U}_2)=\gamma(1-\gamma)(\alpha C-C-S+F)$$

为了简化表达方式，在此令：

$$P=R_1-C+F-NR_1$$

$$Q=R_1+F-NR_1$$

$$J=F-S$$

构建雅克比矩阵（Jacobi）对均衡点的稳定性进行分析，如表 5-2 和表 5-3 所示：

表 5-2 雅克比矩阵行列式与迹

均衡点	Det. J	TrJ
A（0, 0）	$P\times J$	$P+J$
B（1, 0）	$-P\times Q$	$Q-P$
D（0, 1）	$C\times P$	$P-C$
E（1, 1）	$-C\times Q$	$C-Q$
$J(\alpha^*, \gamma^*)$	$\dfrac{S+C-F}{C}$	$\dfrac{NR_2+C+F-R_1}{C+NR_2-NR_1}$

表 5-3 雅克比矩阵均衡点

均衡点	Det. J	TrJ	结果
A（0, 0）	+	-	ESS
B（1, 0）	+	+	不稳定
D（0, 1）	+	+	不稳定
E（1, 1）	+	-	ESS
$J(\alpha^*, \gamma^*)$	+	0	鞍点

　　根据雅克比矩阵均衡点分析结果可知（见表5-3），在5个均衡点中 A（0，0），E（1，1）为渐进稳定的，策略分别是（不保护，不补偿），（保护，补偿）。如图5-2所示，折线 BJD 将水源区地方政府和中央政府行为划分为两个层面，在折线 BJD 上方，水源区政府和中央政府的行为将收敛于 E（1，1）；在折线 BJD 下方，水源区政府和中央政府行为将收敛于 A（0，0）。鞍点 J（α^*，γ^*）的移动方向受到水源区地方政府反馈成本 C、中央政府提供的生态补偿资金 S、中央政府的惩罚力度 F，以及两级政府的生态收益 NR_1、NR_2 等的影响。在南水北调中线工程水源区生态补偿实践过程中，由于水源区的生态保护和治理在时间上具有一定的时滞效应，加上生态环境治理也具有外部性特点，以及水源区的治理成本会随着治理时间的增加而增加，所以水源区的生态环境治理效果在短期内很难显现。因此，若中央政府不采取相应的约束制度或者在没有中立的第三方约束的情况下，水源区政府是不愿意投入资金对环境进行保护和治理的，地方政府与中央政府的行为最终将收敛于 A（0，0），这说明在南水北调中线工程水源地生态补偿过程中，如果中央政府提供的补偿资金量过少，将很难实现两级主体的自组织演化。

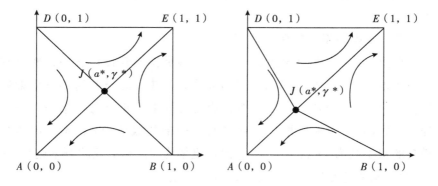

图5-2　南水北调中线工程水源区地方政府与中央政府博弈动态演化过程

第三节 水源区地方政府与企业之间的演化博弈

一 模型背景

在南水北调中线工程水源区生态补偿过程中，水源区地方政府与企业是比较重要的博弈主体，它们的博弈策略选择与均衡状态对于水源区生态补偿的实施效果将会产生比较重要的影响。一般来说，水源区政府在生态补偿实施过程中可供选择的策略有两种，即主动保护区域环境和不主动保护区域环境。对于主动保护型政府而言，无论企业是否投入环境保护成本，政府都会主动注入资金保护水源区生态环境；不主动保护政府则恰恰相反，这种类型的政府主要注重区域经济发展而忽视生态环境保护。同理，对于水源区企业而言，其可供选择的行为策略也有两种，即主动投入环保资金型和不主动投入环保资金型。主动投入环保资金型的企业是指该企业在生产过程中，为了降低对区域环境的污染而主动投入资金改善工艺，提升产品技术含量，降低因产品生产而对周边环境造成的污染；相反，那些不主动投入环保资金型的企业过度着眼于自身利益的最大化，对生态环境治理显得漠不关心。

二 模型假设与构建

在南水北调中线工程水源区生态环境保护与建设过程中，地方政府与当地企业博弈中既有合作又有矛盾，其中，地方政府的行动策略集合为（监督，不监督），当地企业的行为策略集合为（治理，不治理）。假设地方政府采取生态环境监督措施的概率为 α，不采取监督措施的概率则为 $1-\alpha$；地方企业治理概率为 β，不治理的概率则为 $1-\beta$。为了构建博弈模型，在此做出以下假设：

假设1：地方政府对区域生态环境实行监督管理的成本为 C_1，对生态环境实行监督的收益为 R_1，不实行监督的收益为 R_2，在企业不履行治理责任的情况下，地方政府需要支付的额外治理成本为 C_2。

假设2：企业对环境污染治理投入的成本为 C_E，并且由于企业积极投入污染治理，企业口碑声誉不断提升，从而带来额外收益 S_1；如果企业对环境污染治理采取不投入策略，则地方政府将会按照相关制度给予企业一定的罚金 W，企业积极治理环境污染的收益为 D_1，不治理环境污染的收益为 D_2，企业每年缴纳的税收为 K。

根据以上假设，当地方政府和当地企业选择不同策略时，所获得的收益存在一定的差异，博弈双方策略组合存在以下四种情况：第一种情况，地方政府履行生态环境监管责任，实行生态补偿策略，当地企业主动进行污染治理，在这种情况下，地方政府的综合收益为 R_1+K-C_1，当地企业的综合收益为 $D_1+S_1-C_E-K$；第二种情况，地方政府履行生态环境监管责任，实行生态补偿策略，但是当地企业不进行污染治理，此时地方政府的综合收益为 $R_1-C_1-C_2+W+K$，当地企业的综合收益为 D_2-W-K；第三种情况，地方政府不履行监管责任，不实行生态补偿策略，当地企业主动进行污染治理，在这种情况下，地方政府的综合收益为 R_2，当地企业的综合收益为 $D_1+S_1-C_E$；第四种情况，地方政府不履行监管责任，不实行生态补偿策略，当地企业也不进行污染治理，此时地方政府的综合收益为 R_2-C_2，当地企业的综合收益为 D_2。根据这四种情况，可以构建南水北调中线工程水源区当地政府与企业之间的博弈矩阵模型，具体如表5-4所示。

表5-4　　　　　水源区地方政府与当地企业的博弈矩阵

当地企业	地方政府	
	监管（α）	不监管（$1-\alpha$）
治理（β）	$D_1+S_1-C_E-K$, R_1+K-C_1	$D_1+S_1-C_E$, R_2
不治理（$1-\beta$）	D_2-W-K, $R_1-C_1-C_2+W+K$	D_2, R_2-C_2

根据前文给出的假设以及博弈矩阵可知，当地企业的博弈位置上"治理"和"不治理"两类博弈的期望收益为 U_{11} 和 U_{12}，平均期望收益为 $\overline{U}_1$，其计算公式分别为：

$$U_{11}=\alpha(D_1+S_1-C_E-K)+(1-\alpha)(D_1+S_1-C_E)$$
$$=-\alpha K+D_1+S_1-C_E$$

$$U_{12} = \alpha(D_2 - W - K) + (1-\alpha)D_2$$
$$= D_2 - \alpha(W+K)$$
$$\overline{U}_1 = \beta U_{11} + (1-\beta)U_{12}$$
$$= \beta(\alpha W + D_1 + S_1 - C_E - D_2) - \alpha(W+K) + D_2$$

地方政府的博弈位置上"监管"和"不监管"两类博弈的期望收益为 U_{21} 和 U_{22}，平均期望收益为 $\overline{U}_2$，其计算公式分别为：

$$U_{21} = \beta(R_1 + K - C_1) + (1-\beta)(R_1 - C_1 - C_2 + W + K)$$
$$= \beta(C_2 - W) + R_1 + W + K - C_1 - C_2$$
$$U_{22} = \beta R_2 + (1-\beta)(R_2 - C_2)$$
$$= \beta C_2 + R_2 - C_2$$
$$\overline{U}_2 = \alpha U_{21} + (1-\alpha)U_{22}$$
$$= \alpha(R_1 + W + K - \beta W - C_1 - 2C_2 - R_2) + (\beta - 1)C_2 + R_2$$

三 博弈主体演化策略分析

根据前文构建的期望收益函数，可以得到当地企业实行环境治理措施的复制动态方程以及一阶导数为：

$$F(\alpha) = \frac{d\alpha}{dt} = \alpha(U_{11} - \overline{U}_1)$$
$$= \alpha(1-\alpha)(U_{11} - U_{12})$$
$$= \alpha(1-\alpha)(\alpha W + K + D_1 - S_1 - C_E - D_2)$$

在此令 $F(\alpha) = \dfrac{d\alpha}{dt} = 0$

此时，α 的解为潜在的稳定动态点，分为以下四种情况：

情况1：当 $\alpha^* = \dfrac{S_1 + C_E + D_2 - D_1 - K}{W}$ 时，$F(\alpha) \equiv 0$，表明此时无论 α 取何值，博弈结果均为稳定均衡状态，即如果水源区地方政府选择占比为 $\dfrac{(S_1 + C_E + D_2 - D_1 - K)}{W}$ 时，无论当地的利益主体企业是否对污染进行治理，双方最终的博弈结果对水源区地方政府的期望综合收益不会产生较大影响。此种情况下，双方博弈结果主要受当地政府的影响，即无论其是否选择对污染进行治理，最终结果均会处于稳定状态，博弈双方均不会转变自己的行为策略。

情况 2：在 $\alpha^* > \dfrac{S_1+C_E+D_2-D_1-K}{W}\left(\dfrac{S_1+C_E+D_2-D_1-K}{W}\geq 0\right)$ 的情况下，

需要 $F(\alpha)\equiv 0$，则只能 $\alpha(1-\alpha)\equiv 0$，此时可以得到博弈不动点为 $\alpha=$ 0 或 $\alpha=1$。当 $\alpha=0$ 时，可知 $F(0)'<0$；当 $\alpha=1$ 时，则 $F(1)'>0$。根据微积分方程的稳定性理论可以知道，不动点切线斜率为负数，此博弈鞍点 ESS 为 $\alpha=1$，即水源区当地企业均选择对环境污染进行治理的行为策略，作为对水源区地方政府生态补偿措施的回应。因此，当水源区当地政府选择对水源区进行生态补偿的概率大于 $\dfrac{S_1+C_E+D_2-D_1-K}{W}$ 时，当地企业将逐渐由被动污染治理转为主动治理。

情况 3：在 $\alpha^* < \dfrac{S_1+C_E+D_2-D_1-K}{W}\left(\dfrac{S_1+C_E+D_2-D_1-K}{W}\geq 0\right)$ 的情况下，

需要 $F(\alpha)\equiv 0$ 的话，同样可以得到博弈不动点为 $\alpha=0$ 或 $\alpha=1$。当 $\alpha=0$ 时，可知 $F(0)'>0$；当 $\alpha=1$ 时，则 $F(1)'<0$。根据微积分的稳定性理论可知，稳定点切线斜率为正数，此博弈鞍点 ESS 为 $\alpha=0$，即水源区当地企业均选择对环境污染不治理的行为策略，即在水源区当地政府不履行监管责任时，当地企业也将放纵污染，注重企业自身经济利益。

情况 4：当 $\dfrac{S_1+C_E+D_2-D_1-K}{W}<0$ 时，不动点同样是 $\alpha=0$ 或 $\alpha=1$，

此时 $F(1)'<0$，$F(0)'>0$。同样可以得到此时企业的稳定演化策略依然是主动治理污染。

就水源区地方政府而言，采取生态环境监管措施，实行生态补偿策略的概率随着时间变化的速率可以用以下复制动态方程表示：

$$F(\beta)=\frac{d\beta}{dt}=\beta(U_{21}-\bar{U}_2)$$
$$=\beta(1-\beta)(U_{21}-U_{22})$$
$$=\beta(1-\beta)\left[(1-\beta)W+K-C_1\right]$$

在此令 $F(\beta)=0$，此时 $F(\beta)$ 的解为系统潜在的稳定动态均衡

点，在此分以下三种情况讨论：

情况 1：当 $\beta^* = \dfrac{K-C_1}{W}+1$ 时，则 $F(\beta)=\dfrac{d\beta}{dt}\equiv 0$，表明此时无论 β 取何值，博弈结果均为稳定状态，即当企业采用污染治理策略的概率为 $\dfrac{K-C_1}{W}+1$ 时，无论水源区地方政府是否对当地生态环境采取监管措施，实行生态补偿策略以及地方政府采取这些行为策略的概率是多少，均对当地企业的实际收益不产生影响。此时，水源区当地政府是否选择监管行为都是稳定状态，各个博弈主体也不会改变自己的行为策略。

情况 2：当 $\beta^* > \dfrac{K-C_1}{W}+1\left(\dfrac{K-C_1}{W}+1>0\right)$ 时，只有当 $\beta=0$ 或 $\beta=1$ 时，才能使得 $F(\beta)=\dfrac{d\beta}{dt}\equiv 0$，此时可得到 $F(1)'<0$ 和 $F(0)'>0$。根据微积分方程的稳定性理论可知，此时的稳定性切线斜率为负，因此该博弈鞍点 ESS 为 $\beta=1$，即当地政府选择生态环境监管策略，当地企业选择污染治理的概率高于 $\dfrac{K-C_1}{W}+1$ 时，水源区地方政府逐渐由被动接受转变为主动对水源区生态环境进行监管，实行生态补偿措施。

情况 3：当 $\beta^* < \dfrac{K-C_1}{W}+1\left(\dfrac{K-C_1}{W}+1<0\right)$ 时，同样依据复制动态方程可知，不动点有 $\beta=1$ 和 $\beta=0$，此时 $F(1)'>0$ 和 $F(0)'<0$。根据微积分方程的稳定性理论可知，此时稳定性切线斜率为正，因此该博弈鞍点 ESS 为 $\beta=0$，即当地政府选择对区域环境不监管的策略。当地企业选择污染治理的概率低于 $\dfrac{K-C_1}{W}+1$ 时，水源区地方政府对区域生态环境监管策略将由主动监管变为不主动监管。

以上分析了博弈系统的整体稳定策略，对于系统局部稳定性需要借助雅克比矩阵来进行分析。由地方政府和当地企业的复制动态方程得到相应的雅克比矩阵以及雅克比矩阵的迹，分别如下：

$$\det(J) = \frac{\partial F(\alpha)}{\partial \alpha} \cdot \frac{\partial F(\beta)}{\partial \beta} - \frac{\partial F(\alpha)}{\partial(\beta)} \cdot \frac{\partial F(\beta)}{\partial \alpha}$$

$$= (1-2\alpha)\left[\alpha W + K + D_1 - S_1 - C_E - D_2\right] \cdot$$

$$(1-2\beta)\left[(1-\beta)W + K - C_1\right] - \alpha(1-\alpha)$$

$$W \cdot \beta(1-\beta)(K-C_1)$$

$$tr(J) = \frac{\partial F(\alpha)}{\partial \alpha} + \frac{\partial F(\beta)}{\partial(\beta)}$$

$$= (1-2\alpha)\left[\alpha W + K + D_1 - S_1 - C_E - D_2\right] + (1-2\beta)$$

$$\left[(1-\beta)W + K - C_1\right]$$

$$J = \begin{bmatrix} \dfrac{\partial \dfrac{d\alpha}{dt}}{\partial \alpha} & \dfrac{\partial \dfrac{d\alpha}{dt}}{\partial \beta} \\[6mm] \dfrac{\partial \dfrac{d\beta}{dt}}{\partial \alpha} & \dfrac{\partial \dfrac{d\beta}{dt}}{\partial \beta} \end{bmatrix}$$

$$= \begin{bmatrix} (1-2\alpha)(\alpha W + K + D_1 - S_1 - C_E - D_2) & \alpha(1-\alpha)W \\[3mm] \beta(1-\beta)(K-C_1) & (1-2\beta)\left[(1-\beta)W + K - C_1\right] \end{bmatrix}$$

表 5-5 雅克比矩阵

均衡点	$\det(J)$	$tr(J)$
$A(0,\ 0)$	$W+K-C_1$	$W+K-C_1$
$B(1,\ 0)$	$K-C_1$	$K-C_1$
$C(0,\ 1)$	$W(C_1-K-W)$	$W(C_1-K-W)$
$D(1,\ 1)$	$-W(C_1-K)$	$(-W+S_1+C_E+D_2-K-D_1)(C_1-K)$
$ESS(\alpha^*,\ \gamma^*)$	$\dfrac{(K-C_1+W)(K-C_1)(S_1+C_E+D_2-D_1-K)}{W^3}$	0

　　在由南水北调中线工程水源区当地政府和企业共同组成的博弈系统中，由于双方均属于不同类型的主体，且独立决策和行动，故而组成了一个离散博弈系统，在该系统中当且仅当 $det(J)>0$ 且 $tr(J)<0$ 时，

系统才处于稳定均衡状态点。结合水源区实际情况以及模型假设可知，当水源区地方政府和当地企业均采取积极措施时，在现实中才能更有利于水源区生态环境保护与建设，即 $D(1，1)$ 为均衡点，这也是对整个水源区最有利的解。然而，为了使博弈系统达到 $D(1，1)$ 状态均衡点，必须使 $-W(C_1-K)>0$ 且 $(-W+S_1+C_E+D_2-K-D_1)(C_1-K)<0$ 同时成立，即 $S_1+C_E+D_2<K+D_1$，然而，结合前文假设条件及各符号代表的含义可知，要使得 $S_1+C_E+D_2<K+D_1$ 成立的可能性极小，也不符合现实情况。由此可知，上述两个不等式同时成立的难度极大，即在水源区生态环境保护与建设过程中，如果仅仅依靠地方政府和当地企业之间的需要而进行理性行为选择的话，该博弈系统很难达到最优均衡状态。所以需要中央政府或者相关的流域管理机构作为第三方参与到地方政府与企业的博弈中去，组成三方博弈系统，即只有在中央政府或流域管理机构的监管之下，水源区地方政府和当地企业的博弈均衡才能达到最优，均衡状态点才能符合社会需求，实现地方政府主动对区域生态环境进行监管，当地企业积极治理污染的最优策略。

从以上均衡点分析可以看出（见表5-5），在水源区地方政府与当地企业博弈系统中，地方政府的监管与生态补偿策略占据主要影响。在此，本书将从地方政府的角度对稳定均衡状态点展开分析，一般来说，地方政府存在以下几种情况：

（1）R_{OP}（监管，治理污染）>R_{OP}（监管，不治理污染）>R_{OP}（不监管，不治理污染）>R_{OP}（不监管，治理污染），由此可得 $R_1+K-C_1>R_1>R_2>R_2-K$；

（2）R_{OP}（监管，治理污染）>R_{OP}（不监管，不治理污染）>R_{OP}（监管，不治理污染）>R_{OP}（不监管，治理污染），由此可得 $R_1+K-C_1>R_2>R_1>R_2-K$；

（3）R_{OP}（监管，治理污染）>R_{OP}（监管，不治理污染）>R_{OP}（不监管，治理污染）>R_{OP}（不监管，不治理污染），由此可得 $R_1+K-C_1>R_2>R_2-K>R_2$。

表 5-6 博弈系统稳定均衡性分析

条件	均衡点	det (J)	tr (J)	稳定性
$R_1+K-C_1>$ $R_1>R_2>R_2-K$	A $(0, 0)$	+	+	稳定
	B $(1, 0)$	+	−	不稳定
	C $(0, 1)$	−	−	不稳定
	D $(1, 1)$	+	+	稳定
	ESS (α^*, β^*)	+/−	0	鞍点
$R_1+K-C_1>$ $R_2>R_1>R_2-K$	A $(0, 0)$		+	不稳定
	B $(1, 0)$	+	−	不稳定
	C $(0, 1)$	−	−	不稳定
	D $(1, 1)$	+	+	稳定
	ESS (α^*, β^*)	−/+	0	鞍点
$R_1+K-C_1>$ $R_2>R_2-K>R_2$	A $(0, 0)$		−	不稳定
	B $(1, 0)$	−	+	不稳定
	C $(0, 1)$		−	不稳定
	D $(1, 1)$	+	+	稳定
	ESS (α^*, β^*)	+/−	0	鞍点

　　根据以上三种情况，将不同数据代入雅克比矩阵可知，在南水北调中线工程水源区地方政府与当地企业的博弈中，每种情况下的不稳定占据多数，稳定均衡点多数为（1，1）。即在任何情况下，在地方政府和当地的企业对水源区进行监管治理的条件下，该博弈系统达到最终稳定均衡，且稳定性较高，这与生态补偿"谁受益谁补偿"的总体原则是比较吻合的。然而，从前文分析可知，在这两者组成的博弈系统中，要使得双方均达到最优均衡还是存在一定难度的，尤其是没有第三方监管的条件下，双方将从自身利益出发，可能会放纵对区域生态环境的破坏，长此以往，水源区的生态环境将趋于恶化。因此，仅仅依靠双方的自发行为，很难对水源区进行单方面的保护和补偿，也无法达到社会最优，需要中央政府或流域管理机构等第三方加以监管，以促成双方最优均衡的形成。

第四节　水源区地方政府与居民之间的演化博弈

一　模型背景分析

根据 5.1 分析可知，在南水北调中线工程水源区生态补偿参与主体的博弈关系中，水源区地方政府与水源区居民之间的博弈也是一组比较重要的博弈关系，在此，我们将分析水源区地方政府与水源区居民之间的博弈关系。一般而言，水源区地方政府与水源区居民既是区域生态环境的保护者、建设者，也是受益者或受害方，如果两者能够达成博弈均衡，且均衡状态符合社会最优，双方均能够从中获益，这不仅是水源区政府期望的状态，也是水源区居民期望达到的状态。地方政府和居民是水源区生态补偿博弈的双方，其作为理性人的目标都是努力实现收益最大化。水源区地方政府的行为束主要是补偿或不补偿，水源区地方居民的行为束主要为保护或不保护。当居民选择保护行为时，地方政府将从中获得生态收益，因此按照"补偿保护者"的原则，地方政府应该以市场机制为基础建立对居民进行补偿的机制并制定相应的补偿标准，激发居民持续保护生态环境的积极性。当然，如果居民在日常生产与生活过程中存在破坏水源区生态环境的行为，地方政府也将对其行为采取相应的处罚。当居民选择不保护行为时，他们会利用水源区的生态资源优势、区位优势等来获取经济收益，使得区域生态环境遭受到破坏。这时，地方政府将按照相关制度规定，对居民行为采取处罚措施，若居民对处罚措施不满意，可以向上级利益主体进行反馈投诉。在水源区地方政府和水源区地方居民的博弈中，上级反馈主体虽然不直接参与博弈，但是会通过制定和执行相关的制度来影响地方政府和居民的收益函数，从而达到调节双方博弈行为的目的。

二　博弈收益矩阵构建

假设居民在生产与生活中对水源区生态环境进行保护时，水源区居民和地方政府的生态收益分别为 M_1 和 M_2；居民在生产与生活中对水源区生态环境不进行保护时，水源区居民和地方政府的生态收益分别为 N_1 和 N_2，地方政府对于居民环境保护行为提供的生态补偿金额为 P，地方政府和居民向上级主管部门进行反馈投诉的成本为 C，上级主管部门对水源区居民和地方政府的罚款期望值分别为 T_1 和 T_2，这部分罚款直接通过财政转移支付给另一方主体，作为其收益。由此可以构建南水北调中线工程水源区生态补偿过程中地方政府与当地居民的博弈收益矩阵，详情如表 5-7 所示。

表 5-7　　　　　　　水源区地方政府与居民的博弈收益矩阵

当地居民（上游）	地方政府	
	补偿（β）	不补偿（$1-\beta$）
保护（α）	（M_1+P，M_2-P）	（M_1-C+T_2，M_2-T_2）
不保护（$1-\alpha$）	（N_1-T_1，N_2-C+T_1）	（N_1，N_2）

三　博弈主体演化策略分析

（一）水源区生态补偿利益主体演化博弈的复制动态方程

根据演化博弈的基本原理可知，在演化博弈系统中，如果某行为主体在种群中采取策略的适应度或支付比种群中采取策略的平均适应度或支付高，那么该策略在种群中发展壮大的概率就相对比较高，体现在策略的复制动态方程上，当复制动态方程切线的斜率大于零，则该策略就可能得到发展。因此，复制动态方程是用来描述某一特定策略在一个种群中被采用的频数或频度的动态微分方程。

在南水北调中线工程水源区生态补偿过程中，假设水源区当地居民采取生态保护的策略概率为 α，则采取不保护策略的概率为 $1-\alpha$，对应的期望收益为 U_{11} 和 U_{12}，总体平均期望收益为 $\overline{U}_1$，则有：

$$U_{11}=\beta(M_1+P)+(1-\beta)(M_1-C+T_2)=\beta P-(1-\beta)C+(1-\beta)T_2+M_1$$

$$U_{12}=\beta(N_1-T_1)+(1-\beta)N_1=N_1-\beta T_1$$

$$\overline{U}_1=\alpha U_{11}+(1-\alpha)U_{12}$$

假定地方政府采取补偿策略的概率为 β，则采取不补偿策略的概率为 $1-\beta$，对应期望收益为 U_{21} 和 U_{22}，总体平均期望收益为 $\overline{U}_2$，则有：

$$U_{21} = \alpha(M_2 - P) + (1-\alpha)(N_2 - C + T_1)$$

$$U_{22} = \alpha(M_2 - T_2) + (1-\alpha)N_2$$

$$\overline{U}_2 = \beta U_{21} + (1-\beta)U_{22}$$

（二）水源区当地居民行为策略演化博弈分析

水源区当地居民采取环境保护策略的复制动态方程为：

$$F(\alpha) = \frac{\partial \alpha}{\partial t} = \alpha(U_{11} - \overline{U}_1)$$

$$= \alpha(1-\alpha)[U_{11} - U_{12}]$$

$$= \alpha(1-\alpha)[\beta(P + C - T_2 - T_1) - C + T_2 + M_1 - N_1]$$

在此令 $F(\alpha) = 0$，可以得到 $\alpha = 0$ 或者 $\alpha = 1$ 或者 $\beta = \dfrac{C + N_1 - T_2 - M_1}{P + C - T_1 - T_2}$，在此以以下两种情况对水源区当地居民采取环境保护策略的演化过程进行分析：

（1）当 $\dfrac{C + N_1 - T_2 - M_1}{P + C - T_1 - T_2} \in [0, 1]$ 时，即 $C + N_1 - T_2 - M_1 \geq 0$ 且 $(M_1 - N_1) + (P - T_1) \geq 0$ 成立，根据假设可知 $(M_1 - N_1) + (P - T_1) \geq 0$ 恒成立，因此当 $C + N_1 - T_2 - M_1 \geq 0$ 成立时，令 $F(\alpha) = 0$，根据复制动态方程可得到当地居民采取环境保护策略的 2 个演化博弈稳定点：$\alpha = 0$，$\alpha = 1$。

情况 1：当地方政府采取补偿策略的概率 $\beta^* = \dfrac{C + N_1 - T_2 - M_1}{P + C - T_1 - T_2}$，总有 $F(\alpha) \equiv 0$ 成立，此时，水源区居民的群体复制动态变化过程如图 5-3 所示。根据图 5-3 可知，此时水源区的居民无论采取保护还是不保护的策略，他们的收益均相同。

情况 2：当地方政府采取生态补偿策略的概率 $\beta > \beta^*$，此时令 $F(\alpha) = 0$ 的解为 $\alpha = 0$ 或 $\alpha = 1$，根据复制动态微分方程可知，$F'(0) > 0$，$F'(1) < 0$，因此 $\alpha = 1$ 是水源区居民在生态补偿博弈过程中行为演化的稳定策略，表明水源区居民的行为策略将会从不保护策略向保护策略进行演化，具体如图 5-4 所示。

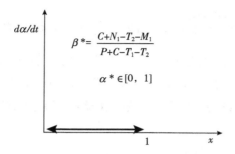

图 5-3　居民行为策略演化过程（情况 1）

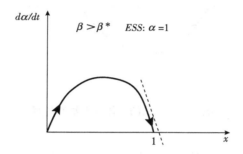

图 5-4　居民行为策略演化过程（情况 2）

情况 3：当地方政府采取生态补偿的概率 $\beta<\beta^*$ 时，此时令 $F(\alpha)=0$ 的解为 $\alpha=0$ 或 $\alpha=1$，根据复制动态微分方程可知，$F'(0)<0$，$F'(1)>0$，因此 $\alpha=0$ 是当地居民行为演化的稳定策略，表明在此情况下，居民会由保护策略向不保护策略转移，具体如图 5-5 所示。

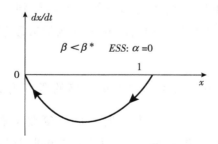

图 5-5　居民行为策略演化过程（情况 3）

（2）当 $\dfrac{C+N_1-T_2-M_1}{P+C-T_1-T_2}<0$ 时，即 $C+N_1-T_2-M_1<0$ 成立时，令 $F(\alpha)=0$，根据复制动态方程，可以得到 2 个可能的稳定点：$\alpha=0$ 或 $\alpha=1$。当地居民的群体复制动态如图 5-6 所示，$F'(0)<0$，$F'(1)>0$，因此只有 $\alpha=0$ 是演化稳定策略，居民会由保护策略向不保护策略转移。

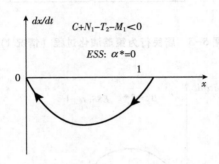

图 5-6 居民的群体复制动态过程

（三）水源区地方政府演化路径与稳定策略

水源区地方政府采取补偿策略的复制动态方程为：

$$F(\beta)=\frac{\partial\beta}{\partial t}=\beta(U_{21}-\bar{U}_2)=\beta(1-\beta)(U_{21}-U_{22})$$

$$=\beta(1-\beta)[\alpha(C+T_2-T_1-P)-C+T_1]$$

（1）当 $\dfrac{C-T_1}{C-T_1+T_2-P}\in[0,1]$ 时，即 $T_2>P$，令 $F(\beta)=0$，根据地方政府采取补偿策略的复制动态方程，可以得到 2 个演化博弈稳定点：$\beta=0$，$\beta=1$。在此分三种情况对水源区地方政府博弈演化路径加以讨论：

情况 1：当水源区居民采取保护策略的概率为 $\alpha^*=\dfrac{C-T_1}{C-T_1+T_2-P}$，有 $F(\beta)\equiv0$ 成立，此时，地方政府主体的复制动态如图 5-7 所示，由图可知，地方政府选择补偿或不补偿策略的收益相同。

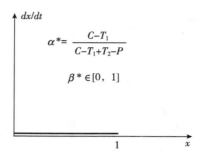

图 5-7 地方政府行为策略演化过程（情况 1）

情况 2：当水源区居民采取保护策略的概率 $\alpha^* > \dfrac{C-T_1}{C-T_1+T_2-P}$ 时，$F(\beta)=0$ 的解为 $\beta=0$ 和 $\beta=1$，地方政府的复制动态如图 5-8 所示。由于 $F'(0)<0$，$F'(1)>0$，因此，$\beta=0$ 是演化博弈稳定策略，地方政府会由补偿策略转为不补偿策略。

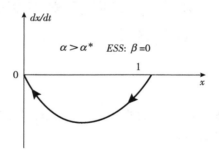

图 5-8 地方政府行为策略演化过程（情况 2）

情况 3：当水源区居民采取保护策略的概率 $\alpha^* < \dfrac{C-T_1}{C-T_1+T_2-P}$ 时，$F(\beta)=0$ 的解为 $\beta=0$ 和 $\beta=1$，地方政府的复制动态如图 5-9 所示。由于 $F'(0)>0$，$F'(1)<0$，因此，$\beta=1$ 是演化博弈稳定策略，地方政府会由不补偿策略转为补偿策略。

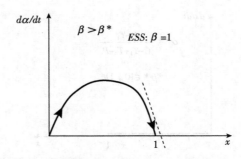

图 5-9　地方政府行为策略演化过程（情况 3）

（2）当 $\dfrac{C-T_1}{C-T_1+T_2-P}<0$ 时，即 $T_2<P$，令 $F(\beta)=0$，根据地方政府采取补偿策略的复制动态方程，可以得到 2 个演化博弈稳定点：$\beta=0$，$\beta=1$。由于此时 $F'(0)>0$，$F'(1)<0$，因此 $\beta=1$ 是演化稳定策略，地方政府会由补偿策略向不补偿策略转移。

第五节　水源区政府与受水区政府的演化博弈

一　模型假设

在此结合水源区政府与受水区政府在生态补偿过程中的实际情况，给出以下三条假设：

假设 1：水源区政府与受水区政府两个博弈主体具有有限理性且信息不完全；

假设 2：水源区政府与受水区政府双方在水源区生态环境保护问题方面可以看成两个独立的"经济人"，具有经济人的特征，追求水源区生态保护利润最大化。双方在生态保护投入成本大于预期收益的情况下将选择"不合作"，反之选择"合作"。

假设 3：假设水源区政府与受水区政府采取合作时双方获得的收益分别为 V_1 和 V_2；双方对于合作的态度表现不一时，消极等待方会表现出"搭便车"现象，即消极等待一方获得额外收益或者规避风险减少损失，此时积极合作方获得的收益为 G（通常为负值），消极等待方获得的收益为 S，事先商定的违约金为 K，因此当有一方合作而另一方背叛时，背叛方的收益为 $S-K$，合作方的收益为 $G+K$；当双方都不采取合作策略时，双方的收益为 0。假设 $S \geqslant V \geqslant 0 \geqslant G$。

二　博弈模型的建立

水源区政府与受水区政府博弈的支付矩阵如表 5-8 所示。

表 5-8　　　　　　　　　　　博弈支付矩阵

水源区政府	受水区政府	
	积极合作（y）	消极等待（$1-y$）
积极合作（x）	V_1，V_2	$G+K$，$S-K$
消极等待（$1-x$）	$S-K$，$G+K$	0，0

水源区政府采用积极合作策略所得的收益为 $E_{A1}=yV+(1-y)(G+K)$

水源区政府采用消极等待策略所得的收益为 $E_{A2}=y(S-K)$

水源区政府的平均收益为 $E_A=xE_{A1}+(1-x)E_{A2}$

同理，受水区政府采用积极合作策略所得的收益为

$E_{B1}=xV+(1-x)(G+K)$

受水区政府采用消极等待策略所得的收益为 $E_{B2}=x(S-K)$

受水区政府的平均收益为 $E_B=yE_{B1}+(1-y)E_{B2}$

则水源区政府和受水区政府对 x、y 的复制动态方程为

$$F(x)=\frac{dx}{dt}=x(1-x)(E_{A1}-E_{A2})=x(1-x)[y(V-G-S)+(G+K)]$$

$$F(y)=\frac{dy}{dt}=y(1-y)(E_{B1}-E_{B2})=y(1-y)[x(V-G-S)+(G+K)]$$

三　博弈模型均衡点分析

（一）均衡点及其稳定性

令 $F(x)=0$ 和 $F(y)=0$，可得到系统的局部平衡点，分别为：$A(0,0)$、$B(0,1)$、$C(1,0)$、$D(1,1)$ 和 $E(x*,y*)$，由雅克比矩阵（记为 J）得到：

$$J=\begin{pmatrix} (1-2x)\left[y(V-G-S)+(G+K)\right] & x(1-x)(V-G-S) \\ y(1-y)(V-G-S) & (1-2y)\left[x(V-G-S)\right]+(G+K) \end{pmatrix}$$

根据雅克比矩阵上的 5 个均衡点分析，得到不同均衡点对应的 $Det(J)$ 和 $Tr(J)$，具体如表 5-9 所示。

表 5-9　　　　　不同均衡点下的 $Det(J)$ 和 $Tr(J)$ 分析结果

均衡点	$Det(J)$	$Tr(J)$
A (0, 0)	$(G+K)^2$	$2(G+K)$
B (0, 1)	$(G+K)(S-V-K)$	$(V-S-G)$
C (1, 0)	$(G+K)(S-V-K)$	$(V-S-G)$
D (1, 1)	$(S-V-K)^2$	$2(S-V-K)$
E ($x*$, $y*$)	$-\left[\dfrac{(G+K)(S-V-K)(V-G-S)}{(S+G-V)^2}\right]^2$	0

只有同时满足 $Det(J)\geqslant 0$，$Tr(J)\leqslant 0$ 的局部均衡点才是演化稳定策略（ESS）。在 $E(x*, y*)$ 点处有 $Tr(J)=0$，故该局部均衡点不是 ESS。下面将根据参数的不同取值范围，分析不同情况下其他 4 个局部均衡点的稳定性。

（二）结果分析

（1）当 $-G\leqslant K\leqslant S-V$，系统 4 个局部均衡点稳定性分析如表 5-10 所示。

表 5-10　　　　　　　　　局部稳定性分析 1

均衡点	$Det(J)$	$Tr(J)$	稳定性
A (0, 0)	+	+	不稳定
B (0, 1)	+	–	稳定
C (1, 0)	+	–	稳定
D (1, 1)	+	+	不稳定

通过表 5-10 我们可以看到，奇点 A (0, 0) 和奇点 D (1, 1)

是不稳定的，它们是系统的不稳定临界点；而奇点 B（0，1）和奇点 C（1，0）是稳定的，为该系统稳定的结点。

（2）当 $S-V \leqslant K \leqslant -G$，系统 4 个局部均衡点稳定性分析如表 5-11 所示。

表 5-11　　　　　　　　　　　　局部稳定性分析 2

均衡点	Det（J）	Tr（J）	稳定性
A（0，0）	+	−	稳定
B（0，1）	+	+	不稳定
C（1，0）	+	+	不稳定
D（1，1）	+		稳定

通过表 5-11 可以得出奇点 A（0，0）和奇点 D（1，1）是稳定的结点，奇点 B（0，1）和奇点 C（1，0）是不稳定的临界点。

（3）当 $0 \leqslant K \leqslant -G \leqslant S-V$，系统 4 个局部均衡点稳定性分析如表 5-12 所示。

表 5-12　　　　　　　　　　　　局部稳定性分析 3

均衡点	Det（J）	Tr（J）	稳定性
A（0，0）	+	−	稳定
B（0，1）	−		不稳定
C（1，0）	−	−	不稳定
D（1，1）	+	+	不稳定

通过表 5-12 可得，奇点 A（0，0）是稳定的结点，奇点 B（0，1）、奇点 C（1，0）和奇点 D（1，1）是不稳定的临界点。

（4）当 $K \geqslant -G$ 且 $K \geqslant S-V$，系统 4 个局部均衡点稳定性分析如表 5-13 所示。

表 5–13 局部稳定性分析 4

均衡点	$Det (J)$	$Tr (J)$	稳定性
$A (0, 0)$	+	+	不稳定
$B (0, 1)$	−	−	不稳定
$C (1, 0)$	−	−	不稳定
$D (1, 1)$	+	−	稳定

通过表 5–13 可得，奇点 $D (1, 1)$ 是稳定的结点，奇点 $A (0, 0)$、奇点 $B (0, 1)$ 和奇点 $C (1, 0)$ 是不稳定的临界点。

第六章　南水北调中线工程水源区
生态补偿机制构建

第一节　我国流域生态补偿机制
建设经验分析与借鉴

一　建立流域生态补偿机制的必要性

（一）国家生态文明制度体系的重要内容

在我国生态文明制度体系建设过程中，构建流域生态文明体系是其中不可或缺的部分。不仅如此，构建创新性与系统性的流域生态文明机制也是该体系建设的要点。在我国社会和经济迅猛发展的进程中，工业化率和城镇化率不断攀升，但是由于在前期飞速发展过程中未高度重视生态环境保护，由此引发了水资源污染、短缺以及水生态系统功能失灵等诸多问题。这些问题严重抑制了我国社会和经济的可持续发展，因此，在国家生态文明体系建设过程中，迫切需要构建流域生态补偿机制，以解决上述问题。换言之，通过构建流域生态补偿机制，激发社会公众保护生态环境意愿和行为的热情，促使水生态保护者和水生态受益者实现双赢，这是构建我国生态文明制度体系的核心部分。

（二）实现乡村振兴与共同富裕目标的必要措施

在地理位置和历史变迁等多重因素的综合影响下，我国多数流域上游区域的经济发展速度普遍比较慢，经济综合发展实力较弱，而且，在流域生态环境保护与建设过程中，对上游生态资源保护力度较大，因此常采用一些强制性的生态保护手段，常用的保护措施一是封山育林，二是退耕还林，三是退耕还草，四是取缔网箱养鱼，除此之外，还有一些其他因地制宜的生态保护措施。但是这些措施的实施，极大地影响了上游区域的生产和生活，甚至在一定程度上给上游区域的生产和生活带来了诸多不便之处，同时也对上游地区的产业发展和转型提出了更高要求，使得上游区域经济发展的限制条件增多，加大了区域经济的发展压力，从而导致保护区产业发展可供选择的模式也相对有限，这一系列的原因导致了上游区域的社会和经济发展相较于下游区域而言仍有极大的提升空间。从而，在综合研判生态环境、社会经济等多方因素的互动关系后，本书认为，流域生态补偿制度的建立有助于推动流域上游和下游生态环境保护者和生态环境受益者的利益协同发展，这也是落实我国建设现代化强国、实现共同富裕战略目标的必由之路。

（三）实现流域高质量发展的内部需求

水资源是人类生产和生活的重要自然资源，也是生态环境中的核心要素。但是，在我国社会和经济发展的初始阶段，对生态保护的重视程度较社会经济发展的重视程度更低，这导致长久以来我国累积的水污染或水紧缺等水生态环境系统被破坏的问题较多。目前，我国已经进入社会和经济高质量发展的新阶段，已经由原来重视社会经济发展转向生态保护与社会经济协调发展的新格局，社会各界对生态保护的认识与接纳程度以及履行生态保护职责的意识都在不断提升。所以，实施整体系统化的流域生态制度不仅是我国实现上下游生态保护者与受益者的利益协同发展的需要，也是我国有效解决前期积累的水生态诸多问题的需要，同时是我国进一步提高社会各界生态环境行为践行度的需要，更是流域生态环境与社会经济相互呼应、协同发展的需要，是实现我国流域高质量发展的内部性需求。

二 我国生态补偿政策发展脉络

在党的十六届五中全会以前，我国较少将生态补偿机制的理论研究在实践中进行应用，同时在各个领域的环境保护与建设法规中虽均提及生态补偿，但是在各个领域的环境保护与建设法规中的生态补偿概念没有统一。在党的十六届五中全会中，加快推进生态补偿机制被首次提出，一系列相关政策和制度也随之制定。比如，为了贯彻落实国发〔2005〕39 号文件中提出的"要完善生态补偿政策，尽快建立生态补偿机制，中央和地方财政转移支付应考虑生态补偿因素，国家和地方可分别开展生态补偿试点"，特别颁发〔2007〕130 号文件并指出要开展生态补偿试点建设工作，主要集中于四个领域。[①] 国办发〔2016〕31 号文件又进一步指出："推进横向生态保护补偿，研究制定以地方补偿为主、中央财政给予支持的横向生态保护补偿机制办法"，[②] 在此以后，陆续制定了一系列相关政策和制度。通过梳理我国生态补偿政策发展脉络发现，自 2005 年以来，我国各级政府部门大力支持生态补偿工作的开展，在四大重点生态领域及其他生态领域的生态补偿工作都有所突破和进展，这四大领域分别是森林、草原、湿地、水。总体来看，我国生态补偿政策发展大体可以分为以下三个阶段：

（一）概念分散、碎片化发展阶段

主要发生在 2005 年以前，此阶段我国生态补偿政策制定相对分散，虽然在各个领域的环境保护与建设法规中均有提及，但是概念没有统一，呈现出"碎片化"特征。例如，在我国大气、海洋、草原、河流等环境与资源保护法规制度中，均提及围绕某单一生态系统的生态补偿，尚没有形成统一的概念和主体。此阶段的生态补偿主要集中在两个方面：第一个方面是补偿性收费。该收费是针对产生外部不经济性的行为如污染排放、生态破坏和资源浪费，目的是进行生态环境治理和恢复。比如，我国出台的《水法》中规定在某些情况下要缴纳的水资源费，《大气污染防治法》中规定要缴纳排污费，《海洋法》等规定的排污费，等等。第二个方面是资助性补助。该补助是针对产生正外部性的生态保护行为。补助的形式可以是直接提供资金支持，

---

① 国发〔2005〕39 号文件即《国务院关于落实科学发展观加强环境保护的决定》，环发〔2007〕130 号文件即《关于开展生态补偿试点工作的指导意见》。

② 国办发〔2016〕31 号文件即《关于健全生态保护补偿机制的意见》。

也可以是提供粮食补助，与此同时，减征或减免增值税也属于资助性补助。比如，我国《清洁生产促进法》规定对清洁生产产品采取减征或减免增值税等资助性补助，《退耕还林条例》和《草原法》等法规针对生态环境保护的正外部性效益的补偿也有明确规定。

（二）概念明确、统一发展阶段

2004—2014 年，我国生态补偿研究进入概念明确、统一发展阶段，国家也出台了一系列有关区域生态补偿的制度文件，构建了不同区域的生态补偿机制并逐步加以完善。此阶段，国家"十一五"规划、"十二五"规划以及中央一号文件等重要文件均明确提出要逐步建立和完善区域生态补偿机制。例如，2009 年，我国正式建立了国家重点生态功能区转移支付机制；2010 年，明确了重点生态功能区、禁止开发区的功能定位和管控要求，进一步明晰了生态补偿过程中的主客体与补偿要求；2013 年，颁布了《中共中央关于全面深化改革若干重大问题的决定》（以下简称《决定》），在该《决定》中明确提出尽量建立国家生态补偿制度和体系；2014 年的中央一号文件对国家生态补偿制度进行了顶层设计，同年修订了《环境保护法》，该部法律正式将"国家建立、健全生态保护补偿制度"列为法定条文；2015 年的《政府工作报告》明确提出要建立并扩大上下游横向生态补偿机制试点。总之，该阶段我国生态补偿制度逐步走向完善，且在不同领域的生态补偿制度已经开始了顶层设计。

（三）政策出台、快速推进阶段

自 2015 年起，我国在重点领域明确了生态补偿制度，其制度建设路线也日益清晰。在该阶段，中央政府密集出台了有关生态补偿制度建设的重要文件，包括《关于加快推进生态文明建设的意见》（2015）、《关于健全生态保护补偿机制的意见》（2016）、《关于加大脱贫攻坚力度支持革命老区开发建设指导意见》（2016）、《建立市场化、多元化生态保护补偿机制行动计划》（2018）、《生态综合补偿试点方案》（2019）等。

这些密集出台的文件为我国生态补偿构建和政策制定提供了方向

引领，不仅指明了我国近些年来生态补偿的重要领域和方向，同时在地方与地方之间的生态补偿机制中，特别提出"地方补偿为主、中央财政给予支持"。近年来，我国在颁布的众多文件中对生态补偿资金的使用等方面明确进行了规范，指出我国应积极探索多元化的、创新性的资金投入方式，如注入社会资本，从而优化生态产业格局，深度延伸生态产业链，优先助推优势生态产业，实现区域生态产业的高质量发展。

总之，我国生态补偿制度颁布实施 20 多年以来，历经了起步、发展、快速推进等阶段，先从概念分散、碎片化发展，到概念明晰、统一发展，再到政策出台、快速推进，这些生态补偿政策的提出和实施是我国生态环境保护和生态文明建设可持续发展的原动力。

表 6-1　　我国 2000—2020 年生态补偿重要的法规与政策

阶段划分	年份	相关法规、条例	重要举措
起步阶段	2000	《大气污染防治法》《海洋环境保护法》	暂无
	2001	暂无	开始实施森林生态补偿效益补助，并将矿产资源补偿费纳入国家预算
	2002	《防沙治沙法》《草原法》《水法》《清洁生产促进法》《退耕还林条例》	开始实施退耕还草补助，进一步完善退耕还林补助
	2003	《农业法》	对退耕转产进行补偿
	2004	《土地管理法》《野生动物保护法》	建立中央森林生态效益补偿基金，建立生态建设和环境保护补偿机制
	2005	暂无	要尽快建立生态补偿机制
发展阶段	2006	暂无	要建立健全水生生物资源的有偿使用制度
	2007	暂无	探索建立草原生态补偿机制
	2008	暂无	加快在流域、重点生态功能保护区建立生态补偿机制；建立生态脆弱区的财政转移支付制度

续表

阶段划分	年份	相关法规、条例	重要举措
发展阶段	2009	《水污染防治法》《国家重点功能区转移支付（试点）办法》	要完善闽江、九龙江、汀江流域治理补偿机制
	2010	《水土保持法》《全国主体功能规划》	开展实地保护补助，建立生态效益补偿制度
	2011	《煤炭法》《土地复垦条例》《资源税暂行条例》	加快建立生态补偿机制；加快建设国家生态补偿专项资金；探索建立和完善流域生态补偿机制；建立草原生态保护奖励补偿机制
	2012	《环境保护法》	国家建立、健全生态保护补偿制度
	2013	暂无	推动地区间建立横向生态补偿制度
	2014	暂无	退耕还湿和湿地生态效益补偿试点
快速推进阶段	2015	《大气污染防治法》《关于加快推进生态文明建设的意见》《生态文明体制改革总体方案》	实施跨界水环境补偿
	2016	《关于加快建立流域上下游横向保护补偿机制的指导意见》	暂无
	2017	《自然保护区条例》《海洋环境保护法》	推进海洋保护补偿制度
	2018	《建立市场化、多元化生态保护补偿机制行动计划》《关于建立健全长江上下游横向生态保护补偿机制的指导意见》	暂无
	2019	《生态补偿综合试点方案》《森林法》《资源税法》	推进森林生态效益补偿制度，征收资源税
	2020	《支持引导黄河全流域建立横向生态补偿机制试点实施方案》	暂无

三 全国不同流域生态补偿实践回溯

（一）三江源生态补偿

自 2000 年以来，在我国青海省南部，享有我国生态屏障重地、水资源重地、辐射面最广的生态功能区之誉的三江源地区面临着生态环境日益恶化的困境，比如水资源和生物多样性日趋减少、草原严重退化和严重沙化等，究其原因，气候变化与人为因素这两者难辞其咎。为了改善这一情况，青海省陆续出台了相关政策和制度。青海省全面开展生态补偿工作是在 2010 年，标志性的事件是青政〔2010〕90 号文件及青政办〔2010〕238 号文件的发布，其中，前一个文件是《青海省人民政府关于探索建立三江源生态补偿机制的若干意见》，后一个文件是《青海省人民政府办公厅关于印发〈三江源生态补偿机制试行办法〉通知》。青海省为了有效推动三江源生态补偿机制，积极探索多元化的生态补偿资金筹集路径，资金来源包括中央财政层面，省级财政层面以及州、县财政层面，社会层面及其他方面。其中，第一个层面主要包括国家重点生态功能区转移支付、支持藏区发展专项资金及其他专项资金；第二、三层面主要包括省、州、县的预算安排；第四个层面主要包括捐赠，其他资金收入主要包括碳汇交易收入（国际、国内）等。经过十多年的生态补偿，三江源地区的植被覆盖率提高了 20%—40%，水资源涵养量增加约 13 亿—20 亿立方米，年均水土流失量减少 2000 万吨。

（二）新安江流域生态补偿

发源于安徽省黄山市的新安江是千岛湖的重要水源。自 20 世纪末以来，由于社会经济快速发展，流域范围内的城镇化建设步伐不断提升，导致新安江流域水污染事件频发，由水污染而导致的群体事件也偶有发生。因此，从党中央、国务院到社会各界都极度关心和重视该地区的生态补偿工作。首先，我国跨省流域生态补偿机制的第一个试点就是新安江流域，该试点的正式运行以《新安江流域水环境补偿试点实施方案》（中华人民共和国财政部、生态环境部 2011 年印发）为标志性事件。为了确保该流域生态补偿高效可持续运行，《皖浙关于新安江流域上下游横向生态补偿协议》（2016）与《皖浙新安江流域上下游横向生态补偿协议分工方案》（2016）相继出台，表明皖浙两省坚决落实推动新安江流域生态补偿工作，并且不断探索创新性生态补偿模式。通过政府和社会各界多方努力，到 2017 年，新安江流域的上游水质监测为优，同时千岛湖的水质营养状态良好，水质稳定在Ⅰ类水标准。

（三）钱塘江流域生态补偿

有着浙江省最大河流之称的钱塘江，较早地启动了流域生态补偿工作。比如，浙江省出台了《关于进一步完善生态补偿机制的若干意见》（2005，以下简称《意见》）、《钱塘江源头地区生态环境保护省级财政专项补助暂行办法》（2006，以下简称《暂行办法》）、《浙江省生态环保财力转移支付试行办法》（2008，以下简称《试行办法》）等一系列政策和指导意见等。具体而言，一是《意见》中初步指出了生态补偿资金的来源和筹集途径，初步探索了生态环境保护标准体系的构建工作；二是在《暂行办法》中，提出了在对钱塘江流域的上游欠发达地区进行生态补偿时，采用省级财政补助作为主要资金来源；三是在《试行办法》中，提出浙江省全范围试行流域生态保护补偿，从而拉开了我国省域内全范围开展生态补偿工作的序幕。

（四）东江流域生态补偿

江西和广东两省从2016年开始开展府际流域横向生态补偿工作，其标志性事件是《东江流域上下游横向生态补偿协议》的签署。该协议提出，以"成本共担、效益共享、合作共治"为出发点，基于断面（两省交界的断面）水质的检测结果，确定东江流域生态补偿标准，然后设立两省共同出资的生态补偿基金。中央为了激励该流域的生态补偿工作，采取断面水质监测达标给予相应奖励的方式，中央奖励和上述基金共同用于维护和治理东江流域生态环境，这一系列措施共同构建了府际流域横向生态补偿机制。

四 相关借鉴与启示

我国在流域生态补偿机制运行实践中的相关经验与借鉴启示如下。

（一）在流域生态补偿过程中不仅要重视政府行政命令的重要性，还要充分发挥市场机制的作用

在流域生态补偿政策制定与实践过程中，如果仅仅依靠政府行政手段，虽然可以快速、高效地完成相关任务，但是依然远远不够，这

种单一的政府命令手段不具有可持续性，往往很难达到最好的实践效果。因此，在流域生态补偿实践过程中，不仅要发挥政府命令的优势，还需要探索具有直接补偿特点的、创新性的及有效补充政府补偿模式的补偿方式，即市场补偿机制，以便发挥协同效应，激发和调动多方力量参与流域生态补偿。比如，发挥政府在制度建设、机制构建、运行监督以及效果评估方面的引领和保障作用；而在补偿资金筹集、标准制定、过程和效果监督等方面，充分发挥市场机制在资源配置中的优势地位。

（二）建立健全流域生态补偿法规制度

流域生态补偿制度是否能够顺利推行取决于法律法规体系是否完善。在生态补偿实践过程中，资金来源、标准确定、资金使用、运行监管、效果评估等各个环节都需要有相应的法律法规或制度来进行约束，还需要进一步接受市场运行的考验。我国现有的流域生态补偿相关法律法规及流域生态补偿相关的规章制度数量较多，但是这些法律法规及相关规章制度仍未形成一个规范的法规及完整的制度体系。所以我国在流域生态补偿领域的法律法规体系建设仍然任重道远，须明确各方利益主体的责任与义务。

（三）采取多渠道筹集生态补偿资金

在我国现有的流域上游与重点生态功能区的生态补偿方面，补偿资金以中央政府投入为主，生态补偿资金来源渠道单一，补偿资金数量有限，因此，为了丰富生态补偿资金，应该拓展资金来源渠道，建立多种形式的生态补偿专项基金。例如，可以通过设立并征收水污染税、环境污染税、碳排放税等方式，对给生态环境造成破坏的各类污染排放企业额外征税，征收的税款由政府进行统筹管理，专门用于流域生态环境的保护和治理，充分调动和激发各主体参与生态保护的积极性，提高流域水质，改善流域生态环境。

（四）加强监督和效果评估

由于流域生态补偿涉及的资金总量大，涉及的利益主体众多，因此，应建立生态补偿监督机制，加强流域生态补偿资金的使用过程监督；同时，也需要设立相应的监管部门，对资金筹集、合同签订、标准确定、资金使用与拨付、补偿项目验收等方面进行全面监管，以保证生态补偿的有效实施。此外，在完成流域生态补偿实践后，还需要对其进行补偿效果评估，并将评估结果面向社会公布，接受全社会的监督。

第二节　流域生态补偿典型模式分析

一　流域生态补偿模式的主要类型

流域生态补偿机制落实到实践中既体现为生态补偿模式的实施，也会对生态补偿效果产生一定的影响。近年来，学者们从不同的视角探究生态补偿机制，主要包括生态补偿的内容、层次、标准、阶段及对象等五个方面。学者们将生态补偿按照不同划分标准分成了若干种模式，每种模式的适应条件和适应区域均有所不同。基于参与流域生态补偿实践的利益主体发挥作用的不同，本书将流域生态补偿划分为政府补偿模式、市场补偿模式、社会补偿模式和混合模式等四种模式。在不同生态补偿模式中，各种作用或手段发挥方式有所区别，详情见表6-2。

表6-2　　　　　　　　　流域生态补偿模式分类

补偿模式	行政命令	市场调节	主体协商
政府补偿模式	++	0	0
市场补偿模式	0	++	+
社会补偿模式	0	+	++
混合补偿模式	+	+	+

注：表中++、+和0分别表示作用强、一般和弱。

二　政府补偿模式

（一）政府补偿的内涵及特点

政府生态补偿模式是指在整个生态补偿过程中，通过中央或地方政府采用多元化的手段来合理地补偿生态系统服务提供者（区域的政府、企业、居民和社会组织），其中多元化的补偿手段包括财政转移、政策扶持、基础项目投资、税费优惠等。该模式通过相关政府部门行使其强制且稳定的权利，有序推进水源区生态文明建设进程，确保实现社会经济稳定运行及府际协调发展的战略目标。

政府生态补偿模式具有间接性、强制性的特点，具体如下。

一是间接性。流域生态补偿实质上的补偿主体是因流域生态保护而获益的公众，但是由于流域生态保护直接受益的公众数量多、离散性较强，很难形成生态补偿公共契约，因此，作为公众利益代表的中央政府就开始出现。政府代表了受惠于流域生态保护的相关公众，即为间接性的补偿主体，政府与生态资源价值的提供者进行协商和沟通，代为完成生态补偿的落实工作，如现金补偿、政策扶持等。但是，此处需明确的是，只有流域受益区的公众对生态补偿资金（政府提供）才有所有权，而非政府本身。因为政府是从受益区公众所缴纳的各种税费如环境税、自然资源税费等获取资金的，资金的所有权为受益区的公众，政府只是代为行使生态补偿实践行为，因此，那些提供资金来源并且因流域生态补偿受益的公众才是真正的主体。

二是强制性。政府生态补偿的强制性主要体现在补偿政策制定和补偿资金来源两个方面。首先，补偿政策制定具有强制性。补偿政策制定者主要是县级以上人民政府，受益区的公众和执行层面的乡镇政府、村民委员会无法参与或者参与程度较低，只是依照规定去具体执行。政府在制定政策时的商议决策权主要集中在县级以上人民政府，不管是纵向还是横向的生态补偿，政府经过磋商后直接以发布规范性文件或行政命令等方式规定流域生态补偿中涉及的不同法律主体应享的权利和应尽的义务、补偿的范围标准、应负的法律责任。执行层面的乡镇政府、村民委员会必须按照要求遵守行为规范，推进生态补偿工作。这反映出流域生态补偿在灵活性方面有所欠缺，未能满足利益主体的差异化需求。不仅如此，这种模式在一定程度上也可能面临低效率行政机制的干扰，在实施过程中存在执行不彻底或者不到位等方面的风险。其次，政府生态补偿资金的来源具有强制性。政府进行生态补偿的财政资金来源主要是收缴的自然资源税费以及环境税等，这些税款都是纳税人缴纳的，因此政府生态补偿资金的来源具有强制性。

（二）政府补偿的方式

政府补偿一般是从两个方面进行：第一，直接补偿，即中央政府通过财政转移支付的方式直接向补偿对象进行财政拨款，以达到生态补偿的目的；第二，间接补偿，即中央政府通过提供税收优惠、技术支持、政策倾斜等方式为补偿区域提供生态补偿，从而约束补偿对象的行为，促进补偿区域生态环境保护与建设。

1. 资金补偿

在以往的流域生态补偿实践中，政府常采用多元化的生态补偿方式。其中，较为典型的方式是财政转移支付。该方式减少了不同区域之间的财政支付差异性，有助于实现各地区公共财政服务的均衡化，通过增加对补偿对象的财政支持力度，增强区域性政府对该区域的生态环境保护建设力度，实现区域生态环境保护目标。此外，也可以通过征收生态环境税收来补充区域生态补偿基金，并将这部分资金充分运用于区域生态环境保护与监管中。在国外的实践中，多数国家通过征收环境保护税来进行生态补偿并达到良好的效果，然而，这种补偿方式在国内还没有得到充分重视。

2. 项目补偿

在重要生态功能区开展生态环境保护时，政府经常通过实施一些基本公共服务类型项目，例如自然保护区建设项目、封山育林工程、退耕还林还草项目等，实现中央政府对重要生态功能区所属地区政府进行一般性财政转移支付的目的，增强地方政府的财政支付能力，改善区域居民的民生福祉。在我国，项目补偿方式通常运用在流域源头保护方面，例如三江源保护、南水北调中线工程丹江口库区生态保护与建设等。虽然这些项目在实施或者批准时可能并未冠以"生态补偿"的名义，但是在实际实施过程中，由于项目的建设、运行不仅会改善区域生态环境，而且会直接或者间接增加区域居民的收入，改善居民的民生福祉，缓解区域经济发展与环境保护的矛盾，因此，这类项目实际上属于生态补偿范畴。

3. 生态补偿专项基金

专项基金的设立者可能是中央政府或者地方政府，也可能是某个行业部门等，通过规定基金使用范畴，并对基金使用进行统一管理，以实现区域生态环境建设、污染防治等目标。同时，专项基金的设立还可以应对一些环境突发事故，能够促进区域生态补偿机制的完善。因此，政府经常通过开设并运行生态补偿专项基金的方式实施区域生态补偿。

4. 政策补偿

政策补偿是指国家针对生态环境保护区域实施的一些特殊的优惠政策，以便促进区域经济统筹协调发展。在我国一些大型的调水工程水源区、大型水库库区的生态环境保护与建设中，国家政府部门为这些地区的生态保护建设专门制定了一些优惠政策，以促进地区经济发展、规范区域生态补偿工作。例如，在三峡库区生态保护与建设过程中，政府出台的政策包括三峡移民政策、三峡库区及周边居民电力免费使用政策等，通过这些政策的落实鼓励人们积极参与和支持三峡库区生态环境保护与建设，并且让库区政府和人民切实享受实惠。此外，在南水北调中线工程水源区生态补偿过程中，国家通过制定相关税收优惠政策，积极引导绿色生态型企业入驻水源区，为水源区企业的绿色转型提供免费技术支持，开展智力志愿服务，为水源区的社会经济建设输送一些专业人才或者提供技术培训，提升水源区居民的技术能力，等等，这些政策的实施助推了水源区生态保护工作的进行，缓解了水源区居民的就业压力，并助力于重塑水源区产业结构。

综上可知，生态补偿政策的实施既能解决生态补偿区域的生存发展和资源的开发利用问题，也有助于相关利益主体形成合力，共同担负起生态资源的开发利用与成本共担等任务。

5. 共建联合产业园

共建联合产业园的生态补偿方式是指由补偿主客体双方政府协商、规划并提供适当的土地来共同建立联合产业园区，通过招商引资，对联合产业园区的税收按事先约定的比例进行分成，对生态保护区域发展需求进行补贴。另外，这种补偿方式同时为补偿主客体提供了共同的发展机会，弥补了生态保护与建设区域因生态保护而放弃发展所造成的机会损失，兼顾了区域经济效益和环境效益。

6. 对口援助与产业转移方式

在流域生态补偿过程中，对口援助的方式是指国家政府制定相关产业转移支持政策，将流域下游经济发展较好地区的部分绿色生态、技术密集型企业转移到流域上游地区，推动上游地区产业结构调整和升级，或者下游供给上游地区发展所需的资金、技术或人才等社会经济发展要素，从而为上游欠发达地区经济快速崛起提供助力，实现区域经济高质量发展。

三 市场补偿模式

（一）市场补偿模式的内涵与特征

单纯依靠财政资金补偿，无法实现生态产品供给成本的完全覆盖，需要引入市场机制带动全社会力量的投入和支持。在履行生态环境相关法律法规及政策的前提下，各市场利益主体之间经协商或谈判来确定补偿的形式和方式，在生态环境保护建设中发挥市场机制的作用，这种模式即为市场补偿模式。市场补偿模式可以调动政府、企业和公众三个方面的积极性，通过市场机制进行交易，将潜在的被保护的各种自然资源和生态产品转化为经济价值。市场补偿模式具有以下三个方面的特征。

1. 自愿性

在根据市场交易规则进行交易的过程中，交易双方的平等性、自愿性是交易能够达成的前提条件。在生态补偿过程中，引入市场交易机制，构建生态服务价值系统。在该交易中，交易主体都拥有平等的交易地位，双方通过平等协商，基于自愿购买或供给的原则达成交易。在此过程中，政府作为交易方，不再是行政主体，而仅为交易主体，行政命令失效，无法通过政府行政命令的方式促使双方达成交易。而且，在市场补偿模式运行的实践过程中，双方主体是在遵循各自真实意愿的前提下达成合作的，签订的补偿协议明确规定了双方的权利和义务。

2. 高效性

在市场补偿模式中，流域生态系统服务的各方利益相关者可以作为交易主体参与到生态补偿的实践过程中，甚至在生态补偿政策和制度的制定过程中也可以充分发挥不同利益相关者的作用。在这种补偿模式中，生态环境保护与建设的外部性无须通过政府对其进行补偿，从而提高了补偿的效率。

3. 低成本

在政府补偿过程中，虽然采用行政命令的方式能够使补偿更有效快捷，尤其是应对生态环境建设的突发情况，政府补偿模式的优点比较突出。但是在运行成本方面，政府补偿的运行成本构成复杂，包含公务成本、内部交易成本、制度制定成本、实施成本等，而且每种成本所含内容各异，例如：公务成本包括政府行政管理中支出的各项费用，如劳务报酬费用和基础设施费用等。与政府补偿模式相比较，市场补偿模式的运行成本较低，需要事先明确界定流域的资源产权，各产权主体在遵照法律框架和市场规则的情况下进行交易，政府进行监督，能够实现资源的优化配置。

（二）市场补偿方式

1. 产权交易

产权交易发生的前提之一是产权边界清晰。产权交易的实质过程是指界定清晰的产权在供求双方之间实现转移，以完成交易资源的对等价值转移。

在采用产权交易的方式进行生态补偿时，生态系统的服务价值能够实现价值支付，这也促使生态系统服务价值的提供方能拥有持续将生态保护付诸行动的动力，不仅落实了受益者即为补偿者的原则，而且也是上游地区持续践行生态保护的有效手段。目前生态系统服务价值体系在实际运作中面临的一个不可避免的问题就是模糊的产权划分，这严重抑制了产权交易运转的效率，未能依托于市场机制进行有效配置资源，并且一些地区存在的生态保护溢出效应也印证了该问题。例如，一些流域的下游地区常能以极低的价格甚至无偿享受上游所提供的生态系统服务价值。此外，界定模糊的初始环境权、众多利益相关者繁杂的利益关系等情况依旧存在，这也引发了市场补偿模式的操作难度大、交易成本高及较难推广普及等问题。现如今，践行产权交易的最主要方式就是将生态服务作为商品进行买卖，从而形成一种交易链，该交易链中涉及生产商（提供生态系统服务）、消费者（购买生态服务）以及中介（交易市场的联络者），从而提高生态文明建设效率，降低生态补偿产权交易成本。该方式所构建的交易链依托于市场，是落实生态补偿政策的一项重要抓手。

2. 地理标识

地理标识是指在消费者对于流域生态系统服务价值认可的基础上，国家或相关部门对以保护流域生态资源方式生产的产品给予认证的制度，通过对流域生态资源服务价值的宣传，从而达到对流域上游地区进行间接生态补偿的目的。例如，在南水北调中线工程水源区的生态补偿过程中，相关政府为了有效推动生态与社会经济协同发展，采取农产品（产自农业为主的区域）绿色地理标识认证方式，这样一来，向消费者传达了该类农产品的附加价值（绿色生态价值），该类农产品与普通农产品的销售价格差可以作为给予水源区生态保护和建设者提供的另一种生态补偿。

四 社会生态补偿模式

（一）社会生态补偿模式的内涵与特征

社会生态补偿模式是指在流域生态补偿过程中，由非政府组织、环保型非营利组织、社会公众等主体，以区域生态环境保护为宗旨，制订生态补偿计划，提供资金、技术或人员支持，实现生态环境建设和对保护者进行补偿的目的。社会生态补偿模式弥补了政府和市场生态补偿模式在某些方面的缺陷和不足。社会生态补偿模式具有以下几个方面的特点。

1. 多主体性

补偿主体的多元化是社会生态补偿模式的主要特征，在该补偿模式中，补偿主体主要包括企事业单位、非政府组织、环保型非营利组织、社会公众，甚至还包括居民等。

2. 合作性

社会生态补偿模式的合作性主要体现在调动全社会企事业单位、组织和个人积极参与区域生态补偿实践活动的积极性，多元主体在政府的引导下，通过多方协同合作，共同致力于区域生态环境保护与建设。

3. 自愿性

在社会生态补偿模式中，各个参与主体都是自愿参与到流域生态补偿的实践中去，政府不通过行政命令方式强制多元主体参与流域生态补偿，也不强行分派不同主体承担相应的补偿义务或履行相关责任等。非政府组织与政府机构、企业和个人密切合作参与流域生态补偿项目，寻找当地的生态问题并恢复当地的环境；各方主体都是自愿参与的，当没有驱动因素促使他们参与生态补偿项目时，非政府组织不强迫各利益主体涉足于生态补偿项目。

4. 直接性

社会生态补偿模式的直接性主要体现在多元主体信息沟通方面，通过构建多元主体的信息交流渠道，不同主体之间的信息交流方便快捷，减少中间信息传递过程，提高信息准确率。

（二）社会生态补偿方式

社会生态补偿通常是在政府引导下，由社会公众组织参与的流域生态补偿，是政府生态补偿和市场生态补偿的重要补充，主要表现为非政府组织（NGO）、环保型非营利组织参与的补偿，社会及个人捐助，环境责任保险等补偿形式。

1. NGO 参与的补偿模式

非政府组织（NGO）参与的补偿模式，是以非政府组织（NGO）为主导，寻求其他相关部门与被补偿者之间的积极合作，依托于物质补偿（资金、实物等）或非物质（智力等）补偿等多元化的方式，推动流域生态补偿实践。标志性的流域补偿项目是洞庭湖的长江项目，该项目由世界自然基金会（WWF）长沙项目部主导。

2. 环境责任保险

环境责任保险是依托于社会化的路径，处理由环境破坏而引发的赔偿问题，也被称作"绿色保险"。该险种虽然问世时间较短，但已在一些国家普及度较高且是这些国家的责任保险的重要组成部分，在推动流域发展的可持续性方面起到了举足轻重的作用。

五　不同类型生态补偿模式比较

基于前文的分析，流域生态补偿主要有三种模式，并各有其突出的特征。在此，本书从补偿主客体、补偿动机、补偿标准、补偿方式、补偿效果等五个方面对三种生态补偿模式进行比较分析，分析结果如表6-3所示。

表6-3　　　　　　　　　不同生态补偿模式比较

模式	政府补偿模式	市场补偿模式	社会补偿模式
补偿主客体	补偿主体：中央政府、下游政府；补偿客体：地方政府（上游政府）	补偿主体：生态系统服务价值受益者；补偿客体：生态系统服务价值提供者	补偿主体：NGO等多元利益主体；补偿客体：生态环境保护者、上游居民
补偿动机	承担社会责任，获取社会福利	获取市场福利	承担社会责任
补偿标准	由政府主导制定补偿标准，标准制定依据多为水质和水量。补偿标准具有稳定性、强制性和空间差异性等特征	由直接生态系统服务价值受益者和提供者通过协商确定补偿标准。补偿标准具有主体差异性、协商性、可调整性等，但是补偿标准的适应性较差	没有明确的补偿标准，基于补偿提供者结合自身实际情况及被补偿者的数量来制定生态补偿的标准，具有波动性
补偿方式	资金补偿、项目补偿、政策补偿等	产权交易、生态标识等	NGO提供补偿、环境责任保险等
补偿效果	短期补偿效果明显，但是激励性和持续性欠佳	补偿激励性较好，但是稳定性较差	补偿激励性较好，但是稳定性较差

第三节　南水北调中线工程水源区生态补偿现状

一　南水北调中线工程水源区生态补偿制度现状

（一）纵向补偿制度

南水北调中线工程水源区生态补偿制度主要是以中央政府为主导

的纵向生态补偿，同时兼具横向生态补偿。自 2008 年开始，中央政府通过退耕还林、退耕还草、天然林工程等方式对南水北调中线工程水源区进行生态补偿，并且中央政府也制定了相关的制度，从人才培育、技术支持、资金拨付等方面进行了相关规定，确保南水北调中线工程水源区的生态补偿能够顺利、持续进行。国家对生态功能区的补偿费用、专项资金拨付等纵向生态补偿资金的投放，大力推动了南水北调中线工程水源区的生态保护工程、农村民生工程、农村基础设施、污水处理和垃圾处理等基础设施建设。

（二）横向补偿制度

在中央政府 2013 年出台的《关于丹江口库区及上游地区对口协作工作方案》中，构建了对口援助机制，明确规定受水区与水源区建立对口协作关系。例如，北京市各个区与河南省以及湖北省的相关地区建立对口协作关系，天津市对口陕西省相关地区进行对口协作。方案要求，南水北调中线工程受水区每年应对水源区在人才援助、教育援助、技术援助、资金援助等方面完成额定的对口协作任务。因此，南水北调中线工程水源区的横向生态补偿制度，主要采取了受水区对水源区的对口援助机制。

（三）补偿标准设定

南水北调中线工程水源区纵向生态补偿标准是由中央政府综合测算并确定的，但是在横向生态补偿尤其是对口协作补偿过程中，补偿标准则通常由补偿主客体双方协商确定，我国并没有规定统一的横向生态补偿标准计算办法。例如，在《北京市南水北调对口协作工作实施方案》（2014）中规定，北京市对湖北省和河南省的对口协作资金计划，是 2014—2020 年北京市每年安排 5 亿元对口协作资金平均分拨到水源区。因此横向生态补偿的标准主要是由中央政府、补偿方以及受偿方等补偿主体之间协商确定。

二　南水北调中线工程水源区生态补偿模式现状

目前我国对南水北调中线工程水源区的生态补偿模式主要通过项目资金支持、财政转移支付、政策倾斜等方式进行补偿。

(一) 项目资金支持方式

20 世纪 90 年代开始，我国启动了一系列大型生态工程，如长江上游水土保持重点工程、天然林资源保护工程及退耕还林（草）等工程。这些大型生态工程的实施在改善和保护水源区生态环境的同时，增加了林草面积，并在一定程度上遏制了水源区的水土流失，推动了当地经济的发展和产业结构的调整。不仅如此，中央政府为了加大对南水北调中线工程水源区的补偿力度，自 2004 开始每年进行财政拨款，到 2012 年累计高达 270 多亿元，维护了南水北调中线工程水质水量的长期稳定性。

(二) 财政转移支付方式

2006—2012 年，水源区开展并运行的水污染防治项目的数量高达 99 个，项目涉及的累计资金投入约为 42.6 亿元，这其中，标志性的事件是《丹江口库区及上游水土保持及水污染防治规划》的批准与实施。水源区各级政府在中央政府的引领下，相继投入了大量资金开展治理污染项目，其中的典型一是丹江口库区及上游水污染防治（2008），二是南水北调中线工程水源地生态补偿机制试点工程（2008）。为了缓解南水北调中线水源区补偿试点面临的经济压力，中央政府采用一般性转移支付的方式来补偿重点生态功能区的损失（由于大力投入生态建设而造成）。

(三) 政策倾斜方式

南水北调中线工程顺利进行与否的关键问题是水源区移民安置和企业补偿问题。因此，中央与地方政府出台了一系列政策，如《大中型水利水电工程建设征地补偿和移民安置条例》（2006）、《河南省人民政府关于南水北调中线工程丹江口水库移民安置优惠政策的通知》（2008）以及《陕西省移民搬迁安置税费优惠政策》（2012）等。这些政策文件针对移民的安置和企业补偿问题做出了具体规定，涉及移民土地补偿费、安置补助费、工业企业迁移补偿费等方面的内容。

三 南水北调中线工程水源区生态补偿的不足之处

(一) 补偿标准偏低，难以满足水源区水污染防治的需求

丹江口水库有 4610.6 千米库岸线，1050 平方千米的水域总面积。

由于丹江口水库库岸线长，且污水处理与垃圾处理项目不足，使得丹江口水库的水污染防治任务艰巨。例如，以丹江口市为例，该市总面积为 3121 平方千米，人口在 40 万左右，但全市的污水处理厂仅有 2 座，垃圾处理场也只有 2 处，难以满足日常需求。同时，运行经费短缺等综合因素导致丹江口市的污水处理厂和垃圾处理场的处理标准偏低。总体来看，普遍过低的水源区生态补偿标准，既不能真实反映水源区生态系统服务价值，也难以弥补水源区居民和政府为保护水源地生态环境所承受的损失。另外，不同地区的经济发展水平参差不齐，地貌环境也不尽相同，但是部分水源区实行"一刀切"的生态补偿标准，难以满足经济发展和地理位置存在巨大差异而导致的水源区生态补偿的需求。

（二）生态补偿方式以及资金来源渠道单一

目前，南水北调中线工程生态补偿资金来源渠道主要是中央政府的财政补贴和项目补偿。因此，亟须丰富补偿方式，构建多元化的补偿方式，如产业补偿、技术补偿等。中央政府采用了常用补偿方式之一的项目补偿来开展南水北调水源区生态补偿工作，其中，主要的补偿措施包括财政资金补贴等。但是，这种短期的、"输血式"的补偿并不具有可持续性，未能从源头上破解水源区的生存与社会经济发展的困境。此外，中央政府的财政转移支付占该项目补偿资金的大部分甚至接近于全部，因此，补偿资金筹集渠道的单一性也亟须通过引入市场机制来加以解决。如何引入市场机制，探索多元化的筹资渠道成为亟待解决的问题。不仅如此，受水区受益者的参与度也亟须提高。目前，与水源区居民相比，受水区居民几乎没有付出成本或者付出了极少的成本，这降低了水源区居民开展生态环境保护的动力。

（三）生态补偿对象狭隘，覆盖面不广

目前，水源区以中央政府转移支付的形式开展生态补偿时，补偿效果受限于某些原因而亟须进一步提高。在水源区生态补偿过程中，亟须攻克的难题是监督管理制度的不完善以及各地各级政府在某种程度上的利益冲突。比如，相关资料显示，中央政府以转移支付的形式开展生态补偿时，实际运用到水源区生态保护中的资金额只占水源区生态补偿总投入金额的 3/5，这大大降低了生态补偿的效果。

第四节 南水北调中线工程水源区
横向生态补偿模式

在进行南水北调中线工程水源区的生态补偿时，我们不仅要充分发挥政府补偿的优势，还应积极推进市场机制发挥主导作用的横向补偿机制，不断丰富水源区生态补偿模式，加快推进水源区生态补偿方式的多样化进程，建立水源区横向生态补偿制度和框架。当前国内一些地区已经在横向生态补偿机制方面进行了一些有益的实践探索，并取得了较好的成果，例如四川省成都市与阿坝州共同建立的"飞地"产业园区、新安江流域水环境补偿、厦门同安工业园，等等。本书将结合国内外学者相关研究成果，总结现有横向生态补偿的实践经验，对南水北调中线工程水源区的横向生态补偿模式——联合生态工业园进行分析研究，为丰富我国流域生态补偿模式提供有益补充。

一 联合生态工业园设立的必要性

（一）联合生态工业园的内涵与类型

联合生态工业园作为一种"联合式"的区域经济发展模式，旨在突破传统各自为政的行政经济模式，与在行政上不具有隶属关系的另一地，按照较高生态环保要求共同建立生态工业园，从而实现跨区域经济发展和产业转移，促进区域间更深层次的资源优化配置。联合生态工业园可以在不改变现有行政体制框架的情况下，实现经济要素向优势区域转移。它不仅解决了经济发达地区的产业转出问题，为发达地区经济更深层次的发展腾出空间，也为落后区域提供了资金、人力和技术支持和保障，为后发优势的发挥奠定了基础。在南水北调中线工程水源区生态补偿过程中，采用联合生态工业园的模式，实质是在水源区推进工业生态化与招商引资的过程中，打破行政区划的限制，将受水区符合水源区环保标准的产业或项目转移到隶属于水源区的生态工业园内，构建合理的利益分配与共享机制和双方协商平台，在实现水源区经济发展的同时，完成受水区对水源区进行横向生态补偿的目的。

根据不同的分类标准，水源区与受水区共建的联合生态工业园可以划分成不同类型：（1）按照设立动因划分，可分为优势互补型、产业转移型和产业集聚型。其中，优势互补型是指水源区与受水区根据各自在土地、矿产和人力等方面的资源禀赋与技术经济条件，实行优势互补而设立的生态工业园，实现经济发展的双赢局面；产业转移型是指水源区以承接经济较发达的受水区产业转移或产业链延伸为目的而建立的联合生态工业园；产业集聚型主要是指由水源区划拨出相应的土地建立产业园，通过一些优惠政策，结合水源区资源优势，吸引受水区符合环保要求的企业安家落户，推动产业集聚，并逐步形成水源区的优势生态产业。（2）按照参与主体的数量可分为两地型、多地型等。两地型主要是由单个水源区与受水区进行经济合作而建立的，这种园区的特点主要是单个受水区内的企业转移到水源区生态工业园区落户。优点主要体现在受水区政府可以凭借行政资源有效地推进水源区联合生态工业园区的建设，降低企业落户的成本，加快水源区经济发展，达到水源区生态补偿的目的。多地型联合生态工业园一般由多个受水区内的企业入驻，其优点是扩大了水源区受助范围，但是对于进驻企业管理较为复杂。此外，还可以按照投资主体划分为水源区政府投资主导型、受水区政府投资主导型、企业集团投资型、两地共同投资型等。

（二）联合生态工业园设立的必要性

1. 实现水源区资源优化配置和受水区产业结构升级

联合生态工业园是一种跨空间的行政管理与经济合作发展的横向生态补偿模式，通过设立联合生态工业园，协调水源区和受水区两地的资源，实现优势互补，促进水源区经济发展的同时，实现受水区对水源区进行生态补偿的目的。南水北调中线工程水源区自然资源丰富，但是由于其地理位置比较偏僻，土地资源也较为紧张，加之工程建设对于水源区提出了高标准的环保要求，使得水源区经济发展较为缓慢，并且高标准环保要求也进一步压缩了水源区的招商引资空间。

而对于较为发达的受水区而言,在技术、人才、管理和资金等方面有着比较明显的优势,并且在经济不断发展过程中,受水区面临着资源紧缺、劳动力短缺、成本过高等问题,使得经济发展和结构升级受到限制。因此,建立联合生态工业园可以将受水区的技术、人力、管理和资金等优势与水源区的自然资源优势和丰富廉价的人力资本进行整合,发挥各自优势,实现两地经济齐头并进、联动发展的局面。

2. 促进产业集约化发展,保护水源区生态环境

水源区由于自然条件、社会历史等方面的原因,其经济发展相对落后,产业发展不合理现象也非常普遍,主要表现在产业重复化严重、层次较低,环境消耗高,同质竞争严重,内耗较多等,制约了水源区经济发展,增加了环境保护的压力。然而,通过共建联合生态工业园,有利于受水区技术先进的生态企业入驻,通过优化配置水源区与受水区的资源,共享双方优势,有效克服水源区经济发展过程中的"小而散"等问题。所以,建立联合生态工业园可以调动受水区对水源区进行经济援助和生态补偿的主动性和积极性,集聚受水区的品牌、技术、资金、服务等优势,加快水源区经济快速发展,缓解水源区经济发展与环境保护的矛盾。同时,对于受水区而言,也可以转出部分与区域发展目标相悖的产业,实现自身产业结构优化升级。

3. 构建水源区社会、经济、环境和谐持续发展局面

区域和谐持续发展是指既满足当代人的需求,又不损害后代人对资源的需求,是一种着眼于未来、注重长期发展的区域经济集约化增长模式。南水北调中线工程水源区作为国家重要的生态功能区,在整个工程运行过程中扮演着重要的角色。但是,由于多数水源区地处山区,地形复杂,自然条件恶劣,区域发展缺乏统筹规划,造成了水源区发展的不平衡性和复杂性。联合生态工业园是在改善区域人文环境、保护生态、资源永恒利用等前提下进行的区域经济合作发展模式,有利于实现水源区人与自然、经济与环境的协调发展。

二 联合生态工业园在水源区横向生态补偿中的作用机理

通过建立联合生态工业园,可以在维持水源区高标准生态环境保护要求的情况下提升水源区的自我发展能力,从而实现水源区与受水

区的互利共赢，形成水源区经济建设与生态保护之间的和谐、稳定、有序发展格局。

（一）通过水源区与受水区之间进行异地联合共建生态工业园，破解水源区高标准的环境保护要求对区域经济发展空间挤压的难题

长期以来，南水北调中线工程水源区由于受刚性的国家生态环境保护政策要求和硬环境约束，比如水源区的地理位置、基础设施和社会历史的要求，工业承载容量有限，导致发展机会不多，并呈现"小而散"的状态，很难进行集约化、规模化发展。通过水源区与受水区共建联合生态工业园，使水源区在工业经济发展方面具有平等权利，弥补水源区难以引进大型工业企业和项目的缺陷。同时，由于双方共建的园区是遵循高标准环保要求的生态工业园，所以还能够获得国家对于生态工业发展的一些优惠政策。

（二）合理设计利益分配与共享机制，调动受水区生态补偿的积极性，突破水源区环境保护的资金瓶颈

一般而言，在联合生态工业园双方预期收益分割的过程中，要求水源区与受水区双方利益均达到最大化，这种利益分割机制才能平稳运行。当考虑双方的机会成本时，预期收益的分割还可能受到机会成本的影响。机会成本是水源区与受水区双方放弃眼前利益所得而共建联合工业园区的底价。因此，双方利益所得应该等于在自己最低收益的基础上，加上总收益扣除机会成本后的余额再按比例进行利益分配。水源区与受水区之间利益分配比例的确定主要涉及两个问题：一是由双方签订的合作契约形成的可能由园区一方为主而建立的共享体系，也可能是双方经过谈判协商确定的结果；二是机会成本的增加将改变双方利益分配的比例和共享利益。

在南水北调中线工程水源区的环境保护和治理过程中，由于生态环境治理和保护的实施主体和受益主体不一致，使得中线工程运行过程中针对水源区的生态补偿成为关键点之一，同时，水源区落后的经济难以承受繁重的生态建设和保护压力，资金的瓶颈效应逐步显现并不断放大。因此，基于资源分配机制和利益共享机制，在水源区与受水区之间建立联合生态工业园，既可以使水源区的工业经济得以发

展，又可以有效避免园区肆意开发破坏；也促使受水区的产业结构进行优化升级。这样一来，通过水源区和受水区之间共建联合生态工业园，不仅调和了双方之间的利益冲突，而且调动了受水区生态补偿的主观能动性，从而有效化解了水源区生态保护的资金瓶颈问题。

（三）通过共建联合生态工业园区，为水源区生态补偿提供可持续的资金供给

水源区与受水区通过共同集资，将传统的水源区生态补偿中的资金给予方式转变为联合生态工业园的招商引资、政策优惠、技术、资金和人才支持，帮助水源区发展生态工业经济，并有针对性地将水源区剩余劳动人口转移到工业园区进行正规培训和就业，为水源区人民的脱贫提供一条便捷途径。同时，该模式克服了补偿力度轻、补偿期限短的问题，从而可以有效避开确定补偿标准的难题。在联合生态工业园建设过程中，水源区与受水区可以充分整合自己的优势资源，水源区将对环境破坏严重的工业企业进行彻底淘汰，促进水源区工业经济发展朝"集约化、生态化"目标发展，在经济发展的同时又不破坏区域环境。

三 联合生态工业园在水源区生态补偿中的局限性

联合生态工业园在跨流域调水工程水源区生态补偿实践中并不多见，仍然处于摸索阶段，在法律法规、区域协作机制和利益分配等各方面均未形成一个相对完善的体系，因此，联合生态工业园在跨流域调水工程水源区生态补偿的实践中还存在诸多困难和局限性。

（一）缺乏必要的法律法规和制度保障体系

党的二十大报告指出，"中国式现代化是人与自然和谐共生的现代化"，明确了我国新时代生态文明建设的战略任务。但是在我国实践应用层面，尤其是横向生态补偿方面还缺乏较为系统的法律法规依据。联合生态工业园涉及多方利益主体，隶属不同行政区域，缺乏有效的协商平台和机制；缺少法律法规制度保障，同时也缺乏上层政府主导的协调机构，为园区内的矛盾协调和解决增加了难度。

（二）园区内的配套设施建设能力不足

在南水北调中线工程水源区生态补偿过程中，水源区与受水区共

建的联合生态工业园一般建立在水源区行政范围内，但是受水源区自身经济发展水平的约束，园区内的配套能力可能相对不足，各项基础设施建设难以满足联合生态工业园的需要。

（三）园区与所在地的城镇化建设脱节

联合生态工业园的建设对水源区城镇化建设具有比较大的推动作用，但是水源区的城镇化建设对园区建设的影响并不是很明显。一般而言，为了尽量避免园区建设对水源区尤其是水域环境的影响，通常情况下将联合生态工业园选址在水源区的边缘地带，这样使得园区所在地距离城镇中心较远，无法享受城镇化建设带来的完善基础设施服务，也享受不到城镇化发展所带来的集聚效应，导致园区自我造血功能不足，企业也难以吸引高层次人才。此外，在实践过程中，联合生态工业园还存在管理体制不顺、同业竞争激烈等方面的局限性。

四　南水北调中线工程水源区联合生态工业园发展对策

（一）加强顶层设计，实现联合生态工业园的横向生态补偿模式，完善并制定相关政策规章，提供制度保障

对于联合生态工业园横向生态补偿的实践而言，不可避免地面对两大问题：一方面是与联合生态工业园区建设相关的行政管理体系衍生出来的利益博弈；另一方面是基于国家现行法律法规而产生的改革困难。要突破联合生态工业园横向生态补偿模式的局限性，最根本的是要通过改革创新来突破行政管辖壁垒和法律法规政策障碍。因此，在国家宏观层面上，应尽快建立生态补偿约束机制，构建协议框架，出台异地生态补偿模式与法律法规，并以保证各主体的利益均衡为前提，为横向生态补偿提供依据。同时，制定联合生态工业园开发建设过程中的制度和问题协调机制，确定相应的管理部门和机构，明确部门工作职责，构建联合生态工业园行政区域间的协调平台，弱化地方保护主义，为联合生态工业园模式下横向生态补偿的广泛应用提供制度保障。

（二）加强国家与地方政府对联合生态工业园建设的财政支持和政策倾斜

在联合生态工业园建设过程中，各级政府应该在建设资金、土

地、税收和利益分配等方面给予足够的优惠，对受水区企业进驻园区应该尽可能开辟绿色通道，并实行政策倾斜和提供实质性的优惠，甚至可以通过财政转移支付方式给予园区建设资金的扶持。对于园区进驻企业应该给予地价优惠、税收适当减免，尤其是高新技术企业的入驻更应该加以足够重视。同时，积极完善园区相关的利益分配机制，强化联合工业园区对水源区在利益分配上的适当倾斜，使水源区有足够的资金实施生态环境保护。

（三）加强基于联合生态工业园的水源区横向生态补偿模式的推广

在南水北调中线工程水源区生态补偿过程中，实施联合生态工业园的模式具有诸多优势：一是避免了水源区和受水区双方由于对生态补偿、环境保护的信息掌握得不对称，导致双方对于补偿的标准、计算方法出现差异化认知，这样容易导致横向生态补偿难以开展；二是将以往过度依赖的中央财政补给转化为"造血式"的横向生态补偿，使水源区生态保护资金来源无后顾之忧，为水源区环境建设拓展空间，也增加水源区政府的财政收入，提高水源区居民收入，改善居民生活质量，使水源区政府、企业、居民能够安心于环境保护公益事业；三是有利于促进水源区和受水区双方产业结构优化，改变水源区产业"小而散"的发展劣势，延伸受水区产业链，优化受水区产业结构；四是水源区不仅可以减轻财政负担，还可以从联合工业园区的建设和运行中获利丰厚，实现水源区和受水区的双赢局面。因此，政府部门应在南水北调中线工程水源区生态补偿中实行多种模式，丰富横向生态补偿模式，加大力度推进水源区和受水区共建联合生态工业园区的生态补偿模式。

此外，还可以从完善联合生态工业园区模式、加强园区共建方的资源整合与产业升级、制定横向生态补偿发展战略等方面着手，为联合生态工业园区的横向补偿模式的广泛应用提供保障。

总之，由于南水北调中线工程水源区与受水区之间长期以来的非均衡发展，加之高标准的环保阈限，压缩了水源区经济发展空间，使得两区域间的经济差距越来越大，对水源区环境保护产生了较大影响，给中线工程的长久平稳运行留下隐患。基于联合生态工业园的横向生态补偿模式为该问题的解决提供了一条途径。联合生态工业园作为横向生态补偿模式的创新，其实质属于"飞地"经济范畴，既保持了行政区域的独立性，又促进了水源区和受水区的互补发展，并解决了"谁受益谁补偿"的生态补偿问题，在促进区域资源优化整合、产业转移、结构升级等方面起到了积极作用。联合生态工业园的补偿模式不仅为南水北调中线工程水源区的生态补偿提供了一种全新思路，也为丰富流域生态补偿模式、解决地方经济不均衡发展等问题起到了较为重要的指导作用。

第五节　南水北调中线工程水源区生态补偿机制保障体系

一　构建生态补偿多元利益主体协商制度

在南水北调中线工程水源区生态补偿过程中，涉及中央政府、南水北调中线工程干线管理局、丹江与汉江流域管理机构、水源区地方政府、受水区地方政府、地方企业、居民、村镇集体、NGO 等多元主体，且南水北调中线工程水源区生态环境保护与建设的责任与义务跨越多个省份和地市，涉及的地区（市、县）数量繁多，隶属的行政管辖不同，财政的管理部门也不同。此外，南水北调中线工程受水区也涉及河南、河北、天津、北京等不同省市的多个地区，这些受水区隶属不同行政辖区。因此，如何协调水源区和受水区的利益以及多元主体相互间的利益将是南水北调中线工程水源区生态补偿过程中面临的一个难题，也是南水北调中线工程水源区生态补偿机制构建的关键所在。如果由单一政府机构负责水源区生态环境保护与建设规划、生态补偿制度设置与实施、监督与管理等，任务繁重且很难独立完成，实施效果也难以达到预期目标。因此，为方便生态补偿多元利益主体之间的沟通和交流，应建立一个第三方平台机构进行组织与协调，这样生态补偿多元利益主体能够就水源区生态补偿实施过程中遇到的各种问题进行充分讨论，以此达到各方利益均衡，维持生态补偿政策长效运行，实现"一库清水永续北上"的目标。

此外，可以运用协商会议制度对需要协商的内容进行协商。《中华人民共和国环境保护法》（2014 年修订）中第 31 条规定"……国家指导受益地区和生态保护地区人民政府通过协商或者按照市场规则进行生态保护补偿……"由此可见，针对调水工程水源区的多方利益主体推进协商会议制度建设，对水源区和受水区的生态补偿机制建设有重要意义。

本书建议，可以构建由决策层、参谋层、执行层和监督层等四个层次组成的南水北调中线工程水源区生态补偿多元利益主体协商会议制度。其中，决策层由国家中央政府、水利部、生态环境部、财政部等机构组成，是生态补偿的最高领导层，负责水源区生态保护与建设、生态补偿中重大商议事件的提出与决策，生态补偿重大决策制度的制定；参谋层由水源区地方政府与水行政主管部门、受水区政府与水行政主管部门组成，负责对决策部门提出的重要事项提出参谋建议，制定具体的生态补偿方案、确定具体的生态补偿费用、调解南水北调中线工程水源区与受水区之间的利益矛盾；执行层由水源区地方政府与相关部门组成，负责生态补偿方案的实施，确保水源区生态环境保护与建设的持续进行；监督层由地方环境保护部门、第三方组织机构等组成，负责对水源区生态补偿实施过程中相关事项执行情况进行监督管理。

二　建立生态补偿标准磋商机制

通过前文研究可知，南水北调中线工程水源区生态补偿标准的研究和测算迄今还没有形成共识，没有统一计算公式，而且现行标准的制定更多依靠行政命令手段，导致生态补偿实施标准明显低于水源区居民、企事业单位甚至地方政府的期望标准。同时，由于信息的不对称，导致受水区政府和居民可接受的生态补偿标准明显高于水源区实际获得的补偿标准，使水源区、受水区及中央政府在补偿标准方面很难达成一致。鉴于此，建议构建南水北调中线工程水源区生态补偿标准磋商机制，磋商主体由中央政府、水源区政府、受水区政府组成，磋商内容主要是生态补偿标准相关事宜，磋商流程如下。

（一）确定磋商主体

南水北调中线工程水源区生态补偿磋商组织应由国家水行政主管部门牵头，工程沿线的用水地区相关行政部门和水源区地方政府部门共同组建。具体来说，水源区生态补偿磋商组织应该由中央政府或者流域管理机构牵头，水源区 4 省 11 个地市和工程沿线的京津冀豫等省份的相关地区政府部门共同参与，形成生态补偿磋商组织，磋商的主要内容包括水资源价格、水质标准、补偿标准、支付方式、补偿模式等。

（二）制定磋商条例

制定明确的法律条例才能更好地督促受水区进行生态补偿，约束受水区按照前文测算得出的生态补偿分担费用对水源区进行补偿，或以等价资金或其他形式进行补偿，具体补偿形式均在磋商条例中予以明文规定。建立生态补偿费用基金委员会，专款专用。

（三）优化磋商流程

磋商会议的主体成员为具体的磋商流程的制定方，具体的磋商流程主要包括：（1）初步提议。磋商会议的主体成员提出议案，这些议案都是具体实施过程中出现的针对性的问题。（2）开展会议。磋商会议成员在会议中针对前期确定的需要磋商的具体问题，听取意见与建议，并进一步进行严谨的讨论分析。（3）结果确定。通过组织相关专家评议，对会上讨论的结果进行评价，选定最优结果，形成决策，通知磋商会议成员。（4）决策实施。在遵循磋商条例的前提下，针对最终决策，规定具体的实施部门和监管部门，对磋商的决策进行全程监督和管理。

三　建立生态补偿实施监督机制

（一）完善和制定南水北调中线工程水源区生态补偿相关法律与制度

政府应该从法治建设的角度出台区域生态补偿相关法律制度，结合南水北调中线工程水源区的实际情况，完善南水北调中线工程水源区生态补偿相关规章制度，确保南水北调中线工程水源区生态补偿有法可依，有章可循。此外，水资源的产权问题也需要以法律法规的形式确定下来，坚持水资源产权归属国家，兼顾公平与效率。同时，以法律的形式规定水源区和受水区的权利与义务关系，协调双方利益诉求，为生态补偿的市场化运行保驾护航。

（二）建立第三方反馈监督机制，积极发挥公众与社会组织的监督作用

水源区和受水区的社会公众是生态补偿的重要参与对象，他们更关心生态补偿费用的使用情况以及生态补偿资金的使用效果。对于受水区居民而言，他们需要享受优质的水资源，对于水源水质保护情况尤为关心，他们会更加重视生态补偿资金的使用效果，会主动监督水源区生态补偿资金的使用效果。因此，中央政府或者流域管理机构应该建立南水北调中线工程水源区生态补偿实践监督管理平台，积极引导社会组织与公众全过程监督生态补偿实践，将其作为政府和市场失灵的有效补偿手段。生态补偿的信息及时定期在监督管理平台上发布，公众可以快速获取有关生态补偿的具体信息。公众可以及时表达反馈意见，这样可以起到很好的监督作用。

（三）充分发挥水源区和受水区地方政府的监督作用

南水北调中线工程水源区生态补偿机制的建立离不开地方政府的参与，且地方政府在南水北调中线工程水源区生态补偿中的监督作用非常重要，不可或缺，地方政府是生态保护建设的最终承担者。南水北调中线工程水源区作为补偿客体有意愿监督具体的补偿费用的使用情况，如具体的使用金额和去向。政府是我国社会经济发展过程中的宏观调控掌舵者，南水北调中线工程水源区的生态补偿离不开政府的监督管理。为了当地经济社会的发展，水源区政府必须严格监督生态补偿费用的使用去向。受水区虽然是生态补偿主体，但是也可以作为生态补偿费用的监督者，这样可以更好地获得优良的水资源并提升政府公信力。南水北调中线工程的水源区和受水区可以相互督促询问并进行监督监控，从而建立起更好、更完善的生态补偿机制。

参考文献

一　中文文献

蔡银莺、张安录：《基于农户受偿意愿的农田生态补偿额度测算——以武汉市的调查为实证》，《自然资源学报》2011 年第 2 期。

陈敏、张丽君、王如松：《1978—2003 年中国生态足迹动态分析》，《资源科学》2005 年第 6 期。

陈成忠、林振山：《中国 1961—2005 年人均生态足迹变化》，《生态学报》2008 年第 1 期。

陈新：《南水北调中线工程水源地生态补偿机制研究：基于马克思主义生态思想的视角》，博士学位论文，湖北工业大学，2016 年。

常丽君：《汀江流域上下游生态补偿模式研究》，博士学位论文，厦门大学，2017 年。

陈根发、林希晨、倪红珍等：《我国流域生态补偿实践》，《水利发展研究》2020 年第 11 期。

陈姗姗：《南水北调水源区水源涵养与土壤保持生态系统服务功能研究：以商洛市为例》，博士学位论文，西北大学，2016 年。

陈仲新、张新时：《中国生态系统效益的价值》，《科学通报》2000 年第 1 期。

陈宁：《生态补偿标准及方式研究》，博士学位论文，华南理工大学，2015 年。

陈春阳、戴君虎、王焕炯：《三江源地区草地生态系统服务价值评估》，《地理科学进展》2012 年第 7 期。

褚宏利：《流域生态补偿模式研究》，博士学位论文，华东政法大学，2020 年。

曹明德：《对建立生态补偿法律机制的再思考》，《中国地质大学学报》（社会科学版）2010 年第 5 期。

常兆丰、乔娟、赵建林：《我国生态补偿依据及补偿标准关键问题综述》，《生态科学》2020 年第 5 期。

成小江、开芳：《流域生态补偿机制研究综述》，《华北水利水电大学学报》2018 年第 4 期。

程臻宇、刘春宏：《国外生态补偿效率研究综述》，《经济与管理评论》2015 年第 6 期。

戴其文：《广西猫儿山自然保护区生态补偿标准与补偿方式》，《生态学报》2014 年第 17 期。

丁金梅、李霞、文琦：《能源开发区生态补偿方式对农户生计影响研究——以榆林市为例》，《地理与地理信息科学》2017 年第 6 期。

邓楚雄、刘俊宇、李忠武：《近 20 年国内外生态系统服务研究回顾与解析》，《生态环境学报》2019 年第 10 期。

代明、刘燕妮、陈罗俊：《基于主体功能区划和机会成本的生态补偿标准分析》，《自然资源学报》2013 年第 8 期。

党志良、孙健：《跨流域调水利益冲突的博弈研究：以南水北调中线陕西水源区和北京市为例》，《西北大学学报》（自然科学版）2010 年第 2 期。

方瑜、欧阳志云、肖燚：《海河流域草地生态系统服务功能及其价值评估》，《自然资源学报》2011 年第 10 期。

付静尘：《丹江口库区农田生态系统服务价值核算及影响因素的情景模拟研究》，博士学位论文，北京林业大学，2010 年。

葛颜祥、王蓓蓓、王燕：《水源地生态补偿模式及其适用性分析》，《山东农业大学学报》2011 年第 2 期。

高玫：《流域生态补偿模式比较与选择》，《江西社会科学》2013 年第 11 期。

高辉：《三江源地区草地生态补偿标准研究》，博士学位论文，西北农林科技大学，2015 年。

甘芳、周宇晶、危起伟：《水生野生动物自然保护区河流生态系统服务功能价值评价——以长江湖北宜昌中华鲟自然保护区为例》，《自然资源学报》2010 年第 4 期。

郭晶：《南水北调中线工程水源地水源保护生态补偿研究》，博士学位论文，武汉科技大学，2021 年。

黄杰：《生态补偿概念演进与相关理论综述》，《河北民族师范学院学报》2018 年第 1 期。

黄宝荣、崔书红、李颖明：《中国 2000—2010 年生态足迹变化特征及影响因素》，《环境科学》2016 年第 2 期。

何可、张俊飚、田云：《农业废弃物资源化生态补偿支付意愿的影响因素及其差异性分析——基于湖北省农户调查的实证研究》，《资源科学》2013 年第 3 期。

何伟：《生态补偿标准研究综述》，《中国市场》2017 年第 11 期。

胡仪元：《生态补偿标准研究综述》，《陕西理工大学学报》2019 年第 5 期。

胡振通、柳荻、孔德帅：《基于机会成本法的草原生态补偿中禁牧补助标准的估算》，《干旱区资源与环境》2017 年第 2 期。

胡欢、章锦河、刘泽华：《国家公园游客旅游生态补偿支付意愿及影响因素研究——以黄山风景区为例》，《长江流域资源与环境》2017 年第 12 期。

韩德梁：《丹江口库区生态系统服务价值化研究》，博士学位论文，北京林业大学，2010 年。

江波、陈媛媛、肖洋：《白洋淀湿地生态系统最终服务价值评估》，《生态学报》2017 年第 8 期。

焦丽鹏、刘春腊、徐美近：《20 年来生态补偿绩效测评方法研究综述》，《生态科学》2020 年第 6 期。

蒋毓琪、陈珂：《流域生态补偿研究综述》，《生态经济》2016 年第 4 期。

贾若祥、高国力：《地区间建立横向生态补偿制度研究》，《宏观经济研究》2015 年第 3 期。

寇青青、运剑苇、刘淑婧：《南水北调中线工程生态补偿计算研究》，

《西南大学学报》（自然科学版）2020 年第 1 期。

林杰：《水源地农业面源污染的农户生态补偿意愿及政策机制研究》，
　　博士学位论文，浙江工商大学，2016 年。

林晓薇：《我国生态补偿资金市场化筹集研究》，《山西经济管理干部
　　学院学报》2017 年第 2 期。

林媚珍、马秀芳、杨木壮：《广东省 1987 年至 2004 年森林生态系统
　　服务功能价值动态评估》，《资源科学》2019 年第 6 期。

梁丽娟、葛颜祥、傅奇蕾：《流域生态补偿选择性激励机制——从博
　　弈论视角的分析》，《农业科技管理》2008 年第 4 期。

李丽、王心源、骆磊：《生态系统服务价值评估方法综述》，《生态学
　　杂志》2018 年第 4 期。

李晓光、苗鸿、郑华：《机会成本法在确定生态补偿标准中的应用》，
　　《生态学报》2009 年第 9 期。

刘洋、毕军：《流域生态补偿理论及其标准研究综述》，《水利经济》
　　2018 年第 5 期。

刘胜涛、高鹏、刘潘伟：《泰山森林生态系统服务功能及其价值评
　　估》，《生态学报》2017 年第 10 期。

刘军、岳梦婷：《游客涉入、地方依恋与旅游生态补偿支付意愿——
　　以武夷山国家公园为例》，《地域研究与开发》2019 年第 2 期。

刘宇晨、张心灵：《不同地区牧民对草原生态补偿方式的选择研究》，
　　《生态经济》2018 年第 1 期。

刘青：《江河源区生态系统服务价值与生态补偿机制研究》，博士学位
　　论文，南昌大学，2007 年。

刘玉斌：《中国海岸带典型生态系统服务价值评估研究》，博士学位论
　　文，中国科学院大学，2021 年。

刘桂环、王夏晖、文一惠：《近 20 年我国生态补偿研究进展与实践模
　　式》，《中国环境管理》2021 年第 5 期。

刘青、胡振鹏：《东江源区生态系统服务功能经济价值研究》，《长江
　　流域资源与环境》2012 年第 4 期。

刘慧敏：《基于三峡库区后续发展的生态补偿模式、机制研究》，博士

学位论文，重庆交通大学，2017 年。

刘桂环、张惠远、万军：《京津冀北流域生态补偿机制初探》，《中国人口·资源与环境》2006 年第 7 期。

刘璐璐：《生态补偿在流域治理中的应用及其补偿方式选择分析》，博士学位论文，东北财经大学，2013 年。

李青、张落成、武清华：《太湖上游水源保护区生态补偿支付意愿问卷调查——以天目湖流域为例》，《湖泊科学》2011 年第 1 期。

李超显、彭福清、陈鹤：《流域生态补偿支付意愿的影响因素分析——以湘江流域长沙段为例》，《经济地理》2012 年第 4 期。

李珊：《丹江口水库河南省水源区生态系统服务价值评估》，博士学位论文，郑州大学，2017 年。

李湘德：《长江经济带生态系统服务价值测算及影响因素研究》，博士学位论文，江西财经大学，2019 年。

李亚菲：《南水北调中线水源区生态补偿问题与对策研究——以陕西省为例》，《西安财经大学学报》2021 年第 2 期。

李怀恩、庞敏、肖燕：《基于水资源价值的陕西水源区生态补偿量研究》，《西北大学学报》（自然科学版）2010 年第 1 期。

李东：《生态系统服务价值评估的研究综述》，《北京林业大学学报》2011 年第 1 期。

李青、王晶：《近 20 年来国内生态补偿机制研究综述》，《当代经济》2015 年第 32 期。

李志东、李冬敏：《基于人类价值的生态补偿核算研究综述》，《铜陵学院学报》2020 年第 4 期。

吕忠梅：《超越与保守——可持续发展视野下的环境法创新》，法律出版社 2003 年版。

李文华、李世东、李芬：《森林生态补偿机制若干重点问题研究》，《中国人口·资源与环境》2007 年第 2 期。

李文华、刘某承：《关于中国生态补偿机制建设的几点思考》，《资源科学》2010 年第 5 期。

李亚菲：《南水北调中线水源区生态补偿问题与对策研究——以陕西

省为例》，《西安财经大学学报》2021 年第 2 期。

骆畅：《山地城市绿地生态系统服务价值评估及规划策略研究》，博士
　　学位论文，北京林业大学，2018 年。

倪琪、徐涛、李晓平：《跨区域流域生态补偿标准核算——基于成本
　　收益双视角》，《长江流域资源与环境》2021 年第 1 期。

马静、胡仪元：《南水北调中线工程汉江水源地生态补偿资金分配模
　　式研究》，《社会科学辑刊》2011 年第 6 期。

马骏、夏正仪：《长江流域重点生态功能区生态补偿研究——基于演
　　化博弈的博弈策略及因素分析》，《资源与产业》2020 年第 3 期。

苗丽娟、于永海、关春江：《机会成本法在海洋生态补偿标准确定中
　　的应用——以庄河青堆子湾海域为例》，《海洋开发与管理》2014
　　年第 5 期。

毛显强、钟瑜、张胜：《生态补偿的理论探讨》，《中国人口·资源与
　　环境》2002 年第 4 期。

彭建刚、周月明、安文明：《奇台绿洲荒漠交错带生态系统服务功能
　　价值评估研究》，《新疆农业科学》2010 年第 8 期。

欧阳志云、王效科、苗鸿：《中国陆地生态系统服务功能及其生态经
　　济价值的初步研究》，《生态学报》1999 年第 5 期。

皮泓漪、张萌雪、夏建新：《基于农户受偿意愿的退耕还林生态补偿
　　研究》，《生态与农村环境学报》2018 年第 10 期。

潘美、晨宋波：《受偿意愿应作为生态补偿标准的上限》，《中国环境
　　科学》2021 年第 4 期。

任鸿昌、孙景梅、祝令辉：《西部地区荒漠生态系统服务功能价值评
　　估》，《林业资源管理》2007 年第 6 期。

饶清华、林秀珠、邱宇：《基于机会成本的闽江流域生态补偿标准研
　　究》，《海洋环境科学》2018 年第 5 期。

邵毅：《南水北调工程水资源生态补偿理论分析——基于博弈论和前
　　景理论的视角》，《节水灌溉》2015 年第 1 期。

史淑娟、李怀恩、刘利年：《南水北调中线陕西水源区生态补偿量模
　　型研究》，《水土保持学报》2009 年第 5 期。

史淑娟：《大型跨流域调水水源区生态补偿研究——以南水北调中线陕西水源区为例》，博士学位论文，西安理工大学，2010 年。

沈满洪、毛狄：《海洋生态系统服务价值评估研究综述》，《生态学报》2018 年第 12 期。

孙玉芳、刘维忠：《新疆博斯腾湖湿地生态系统服务功能价值评估》，《干旱区研究》2008 年第 5 期。

孙琳：《水源地生态补偿的标准设计与机制构建研究》，博士学位论文，东北财经大学，2016 年。

孙翔、王玢、董战峰：《流域生态补偿：理论基础与模式创新》，《改革》2021 年第 8 期。

申庆元：《南水北调中线水源区生态补偿模式研究——基于市场化视角》，《创新科技》2015 年第 11 期。

时岩钧：《基于演化博弈的长江上游流域生态补偿机制设计与仿真研究》，博士学位论文，重庆理工大学，2020 年。

石玲、马炜、孙玉军：《基于游客支付意愿的生态补偿经济价值评估——以武汉素山寺国家森林公园为例》，《长江流域资源与环境》2014 年第 2 期。

宋红丽、薛惠锋、董会忠：《流域生态补偿支付方式研究》，《环境科学与技术》2008 年第 2 期。

唐文坚、程冬兵：《长江流域水土保持生态补偿机制探讨》，《长江科学院院报》2010 年第 11 期。

伍星、沈珍瑶、刘瑞民：《土地利用变化对长江上游生态系统服务价值的影响》，《农业工程学报》2009 年第 8 期。

王女杰、刘建、吴大千：《基于生态系统服务价值的区域生态补偿——以山东省为例》，《生态学报》2010 年第 23 期。

王玲慧、张代青、李凯娟：《河流生态系统服务价值评价综述》，《中国人口·资源与环境》2015 年第 5 期。

汪劲：《论生态补偿的概念——以〈生态补偿条例〉草案的立法解释为背景》，《中国地质大学学报》（社会科学版）2014 年第 1 期。

王兵、鲁绍伟、尤文忠：《辽宁省森林生态系统服务价值评估》，《应用生态学报》2010 年第 7 期。

王成超、杨玉盛：《生态补偿方式对农户可持续生计影响分析》，《亚热带资源与环境学报》2013 年第 4 期。

王军锋、侯超波：《中国流域生态补偿机制实施框架与补偿模式研究——基于补偿资金来源的视角》，《中国人口·资源与环境》2013 年第 2 期。

王一平：《南水北调中线工程水源地生态补偿问题的研究——基于生态系统服务价值的视角》，《南阳理工学院学报》2011 年第 6 期。

王彦东：《南水北调中线水源地农业面源污染特征及农户环境行为研究》，博士学位论文，西北农林科技大学，2019 年。

王金南、万军、张惠远：《关于我国生态补偿机制与政策的几点认识》，《环境保护》2006 年第 19 期。

王昊天、陈珂、王玲：《基于机会成本法的退耕还林生态补偿标准——以辽西北生态脆弱区为例》，《沈阳大学学报》（社会科学版）2020 年第 2 期。

王奕淇、李国平：《基于选择实验法的流域中下游居民生态补偿支付意愿及其偏好研究——以渭河流域为例》，《生态学报》2020 年第 9 期。

王军锋、侯超波：《中国流域生态补偿机制实施框架与补偿模式研究——基于补偿资金来源的视角》，《中国人口·资源与环境》2013 年第 2 期。

王莹：《矿区市场化及多元化生态补偿演化博弈研究——以花垣县为例》，博士学位论文，中南林业科技大学，2020 年。

王艳林、邵锐坤、代依陈：《南水北调中线水源区生态补偿对口协作模式探讨》，《西南林业大学学报》（社会科学版）2021 年第 2 期。

汪义杰、穆贵玲、谢宇宁：《水源地生态补偿资金分配模型及其应用——以鹤地水库为例》，《生态经济》2019 年第 11 期。

谢高地、张彩霞、张昌顺：《中国生态系统服务的价值》，《资源科学》2015 年第 9 期。

谢高地、鲁春霞、成升魁:《全球生态系统服务价值评估研究进展》,《资源科学》2001 年第 11 期。

谢高地、鲁春霞、肖玉等:《青藏高原高寒草地生态系统服务价值评估》,《山地学报》2003 年第 1 期。

徐素波、王耀东、耿晓媛:《生态补偿:理论综述与研究展望》,《生态经济》2020 年第 3 期。

徐永田:《我国生态补偿模式及实践综述》,《人民长江》2011 年第 11 期。

徐中民、张志强、程国栋:《中国 1999 年生态足迹计算与发展能力分析》,《应用生态学报》2003 年第 2 期。

徐永田:《我国生态补偿模式及实践综述》,《人民长江》2011 年第 6 期。

谢高地、甄霖、鲁春霞:《一个基于专家知识的生态系统服务价值化方法》,《自然资源学报》2008 年第 5 期。

许妍、高俊峰、黄佳聪:《太湖湿地生态系统服务功能价值评估》,《长江流域资源与环境》2010 年第 6 期。

阮本清、许凤冉、张春玲:《流域生态补偿研究进展与实践》,《水利学报》2008 年第 10 期。

杨倩、孟广涛、谷丽萍:《草地生态系统服务价值评估研究综述》,《生态科学》2021 年第 3 期。

杨光明、时岩钧:《基于演化博弈的长江三峡流域生态补偿机制研究》,《系统仿真学报》2019 年第 10 期。

杨乐、刘亚丽:《国内流域生态补偿机制建设经验借鉴与启示》,《低碳世界》2021 年第 9 期。

杨珺:《农业生产活动对南水北调中线水源地水土环境的影响及安全评价》,博士学位论文,西北农林科技大学,2020 年。

余付勤、鲁春霞、肖玉:《水土保持型国家重点生态功能区的生态服务价值评估》,《资源与生态学报》(英文版) 2017 年第 7 期。

余亮亮、蔡银莺:《基于农户受偿意愿的农田生态补偿——以湖北省京山县为例》,《应用生态学报》2015 年第 1 期。

叶文虎、魏斌、仝川：《城市生态补偿能力衡量和应用》,《中国环境科学》1998 年第 4 期。

于富昌：《水源地生态补偿主体界定及其博弈分析》,博士学位论文,山东农业大学,2013 年。

俞海、任勇：《中国生态补偿：概念、问题类型与政策路径选择》,《中国软科学》2008 年第 6 期。

袁伟彦、周小柯：《生态补偿问题国外研究进展综述》,《中国人口·资源与环境》2014 年第 11 期。

杨欣、尚光引、李研等：《农户农田生态补偿方式选择偏好及其影响因素研究》,《中国农业资源与区划》2021 年第 10 期。

杨福霞、郑欣：《价值感知视角下生态补偿方式对农户绿色生产行为的影响》,《中国人口·资源与环境》2021 年第 4 期。

杨伊菁：《江苏省流域生态补偿模式与改进对策研究》,博士学位论文,南京理工大学,2017 年。

燕爽：《基于演化博弈的流域生态补偿模式研究》,博士学位论文,东北财经大学,2016 年。

张贵、齐晓梦：《京津冀协同发展中的生态补偿核算与机制设计》,《河北大学学报》(哲学社会科学版) 2016 年第 1 期。

张国兴、徐龙、千鹏霄：《南水北调中线水源区生态补偿测算与分配研究》,《生态经济》2020 年第 3 期。

张正峰、王琦、谷晓坤：《秀山自治县土地整治生态系统服务价值响应研究》,《中国土地科学》2012 年第 7 期。

张建国、张诚谦：《试论生态林业及其对策》,《生态经济》1987 年第 5 期。

张振明、刘俊国、申碧峰：《永定河(北京段)河流生态系统服务价值评估》,《环境科学学报》2011 年第 9 期。

张李啦：《南水北调中线工程横向生态补偿制度研究》,博士学位论文,湖北工业大学,2016 年。

周晨、李国平：《流域生态补偿的支付意愿及影响因素：以南水北调中线工程受水区郑州市为例》,《经济地理》2015 年第 6 期。

周晨、丁晓辉、李国平等：《南水北调中线工程水源区生态补偿标准研究：以生态系统服务价值为视角》，《资源科学》2015 年第 4 期。

周晨、丁晓辉、李国平：《流域生态补偿中的农户受偿意愿研究——以南水北调中线工程陕南水源区为例》，《中国土地科学》2015 年第 8 期。

周晨、李国平：《生态系统服务价值评估方法研究综述——兼论条件价值法理论进展》，《生态经济》2018 年第 12 期。

赵士洞、张永民：《生态系统与人类福祉——千年生态系统评估的成就、贡献和展望》，《地球科学进展》2006 年第 9 期。

赵同谦、欧阳志云、郑华：《草地生态系统服务功能分析及其评价指标体系》，《生态学杂志》2004 年第 6 期。

赵同谦、欧阳志云、贾良清：《中国草地生态系统服务功能间接价值评价》，《生态学报》2004 年第 6 期。

赵雪雁、董霞、范君君：《甘南黄河水源补给区生态补偿方式的选择》，《冰川冻土》2010 年第 1 期。

赵雪雁：《生态补偿效率研究综述》，《生态学报》2012 年第 6 期。

赵海兰：《生态系统服务分类与价值评估研究进展》，《生态经济》2015 年第 8 期。

张嘉宾：《关于估价森林多种功能系统的基本原理和技术方法的探讨》，《南京林业大学学报》（自然科学版）1982 年第 10 期。

赵景柱、肖寒、吴刚：《生态系统服务的物质量与价值量评价方法的比较分析》，《应用生态学报》2000 年第 4 期。

赵良斗、张烈、黄尤优：《青竹江河流生态系统服务价值初探》，《中国人口·资源与环境》2015 年第 5 期。

赵晨曦：《南水北调中线工程生态补偿资金筹措研究——以核心水源区丹江口市为例》，博士学位论文，北京林业大学，2018 年。

赵晶晶、葛颜祥：《流域生态补偿模式实践、比较与选择》，《山东农业大学学报》2019 年第 8 期。

张志强、徐中民、程国栋：《生态系统服务与自然资本价值评估》，《生态学报》2001 年第 11 期。

张诚谦:《论可更新资源的有偿利用》,《农业现代化研究》1987 年第
  5 期。

张贵、齐晓梦:《京津冀协同发展中的生态补偿核算与机制设计》,
  《河北大学学报》(哲学社会科学版)2016 年第 1 期。

张宏锋、欧阳志云、郑华:《玛纳斯河流域农田生态系统服务功能价
  值评估》,《中国生态农业学报》2009 年第 6 期。

张化楠、接玉梅、葛颜祥:《流域禁止和限制开发区农户生态补偿受
  偿意愿的差异性分析》,《软科学》2019 年第 12 期。

庄树宏、初洋、卞福花:《庙岛群岛海岸带农田生态系统服务价值的
  评估》,《烟台大学学报》(自然科学与工程版)2008 年第 4 期。

祝宏辉、张颖:《新疆农田生态系统服务价值变化及影响因素分析》,
  《石河子大学学报》(自然科学版)2020 年第 3 期。

钟晓青、赵永亮、钟山:《我国 1978—2004 年生态足迹需求与供给动
  态分析》,《武汉大学学报》(信息科学版)2006 年第 11 期。

周健、官冬杰、周李磊:《基于生态足迹的三峡库区重庆段后续发展
  生态补偿标准量化研究》,《环境科学学报》2018 年第 11 期。

朱振亚:《基于 LUCC 的京津冀地区生态服务价值及影响机制》,博士
  学位论文,北京林业大学,2018 年。

二 英文文献

Arvey R. D., Murphy K. R., "Performance Evaluation in Work Set-
  tings", *Annual Review of Psychology*, Vol. 49, No. 1, January 1998.

Asquith N. M., Vargas M. T., Wunder S., "Selling Two Environmental
  Services: In-Kind Payments for Bird Habitat and Watershed Protection
  in Los Negros, Bolivia", *Ecological Economics*, Vol. 65, No. 4, A-
  pril 2008.

BROADBENT J., LAUGHLIN R., "Performance Management Systems: A
  Conceptual Model", *Management Accounting Research*, Vol. 20,
  No. 4, April 2009.

BERNARDIN H. J., KANE J. S., "A Second Look at Behavioral Obser-
  vation Scales", *Personnel Psychology*, Vol. 33, No. 4, April 1980.

BRUMBRACH A. , "Performance Management: A Process Approach", *Asia Pacific Journal of Human Resources*, Vol. 26, No. 2, February 1988.

Bienabe E. , Hearne R. R. , "Public Preferences for Biodiversity Conservation and Scenic Beauty Within a Framework of Environmental Services Payments", *Forest Policy and Economics*, Vol. 26, No. 9, September 2006.

CAMPBELL J. P. , "Modeling the Performance Prediction Problem in Industrial and Organizational Psychology", *Organization Research Methods*, Vol. 11, No. 3, March 1990.

Costanza R. , D'Arge R. , Groot R. D. , et al. , "The Value of the World's Ecosystem Services and Natural Capital", *Nature*, Vol. 25, No. 1, January 1997.

Costanza R. , Groot R. D. , Sutton P. , et al. , "Changes in the Global Value of Ecosystem Services", *Global Environmental Change*, Vol. 26, No. 1, January 2014.

Costanza R. , Arge R. , Groot R. , et al. , "The Value of the World's Ecosystem Services and Natural Capital", *Nature*, Vol. 38, No. 7, July 1997.

DAILY G. C. , *Nature's Services Societal Dependence on Natural Ecosystems*, Washington D. C. : Island Press, 1997.

Engel S. , Pagiola S. , Wunder S. , "Designing Payments for Environmental Services in Theory and Practice: An Overview of the Issues", *Ecological Economics*, Vol. 65, No. 4, April 2008.

Ferraro P. J. , Pattanayak S. K. , "Money for Nothing? A Call for Empirical Evaluation of Biodiversity Conservation Investments", *PLoS Biology*, Vol. 4, No. 4, April 2006.

Ferraro P. J. , "Asymmetric Information and Contract Design for Payments for Environmental Services", *Ecological Economics*, Vol. 65, No. 4, April 2008.

Hecken G. V. , Bastiaensen J. , "Payments for Ecosystem Services: Justified or Not a Political View", *Environmental Science & Policy*, Vol. 13, No. 8, August 2010.

HOLDREN J. , EHRLICH P. , "Human Population and the Global Environment", *American Science*, Vol. 62, No. 2, February 1974.

Jia J. , "Research On Economic Compensation Standard of Household Cultivated Land Protection Based on the Opportunity Cost Theory", *Prices Monthly*, Vol. 16, No. 12, December 2016.

Kissinger M. , Rees W. E. , "Footprints on the Prairies: Degradation and Sustainability of Canadian Agricultural Land in a Globalizing World", *Ecological Economics*, Vol. 68, No. 8, August 2009.

Kosoy N. , Martinez-Tuna M. , Muradian R. , et al. , "Payments for Environmental Services in Watersheds: Insights from a Comparative Study of Three Cases in Central America", *Ecological Economics*, Vol. 61, No. 3, March 2007.

Konarska K. M. , Sutton P. C. , "Castellon M. Evaluating Scale Dependence of Ecosystem Service Valuation: A Comparison of Noaa-Avhrr and Lands at Datasets", *Ecological Economics*, Vol. 41, No. 3, March 2002.

Lammers A. , Moles R. , et al. , "Ireland's Footprint: A Time Series for 1983-2001", *Land Use Policy*, Vol. 25, No. 1, January 2008.

Muradian R. , Corbera E. , Pascual U. , et al. , "Reconciling Theory and Practice: An Alternative Conceptual Framework for Understanding Payments for Environmental Services", *Ecological Economics*, Vol. 69, No. 6, June 2010.

Macmillan D. C. , Harley D. , Morrison R. , "Cost-Effectiveness Analysis of Woodland Ecosystem Restoration", *Ecological Economics*, Vol. 27, No. 3, March 1998.

Moran D. , Mc Vittie A. , Allcroft D. J. , et al. , "Quantifying Public Preferences for Agri-Environmental Policy in Scotland: A Comparison of

Methods", *Ecological Economics*, Vol. 63, No. 1, January 2007.

Mou-cheng, "Standards of Ecological Compensation for Traditional Eco-agriculture: Taking Rice-Fish System in Hani Terrace as an Example", *Journal of Mountain Science*, Vol. 15, No. 4, April 2014.

Messina J., Walsh S., Mena C., et al., "Land Tenure and Deforestation Patterns in the Ecuadorian Amazon: Conflict in Land Conservation in Frontier Settings", *Applied Geography*, Vol. 23, No. 1, January 2006.

Newton P., Nichols E. S., Endo W., et al., "Consequences of Actor Level Livelihood Heterogeneity for Additionality in a Tropical Forest Payment for Environmental Services Programme with an Undifferentiated Reward Structure", *Global Environmental Change*, Vol. 22, No. 1, January 2012.

Pagiola S., *Assessing the Efficiency of Payments for Environmental Services Programs: A Framework for Analysis*, Washington DC: World Bank Press, 2005.

Pagiola S., "Payments for Environmental Services in Costa Rica", *Ecological Economics*, Vol. 65, No. 4, April 2008.

Robles D., Kangas, Lassioe J. P., et al., "Evaluation of Potential Gross Income from Non-Timber Products in a Riparian Forest for the Chesapeake Bay Watershed", *Agroforestry Systems*, Vol. 44, No. 2, February 1999.

Sawut M., Eziz M., Tiyip T., "The Effects of Land-Use Change on Ecosystem Service Value of Desert Oasis: A Case Study in Ugan-Kuqa River Delta Oasis, China", *Canadian Journal of Soil Science*, Vol. 93, No. 1, January 2013.

Simon Zbinden, David R. Lee, "Paying For Environmental Services: An Analysis of Participation in Costa Rica Psa Program", *World Development*, Vol. 20, No. 2, February 2005.

Sven Wunder, "Payments for Environmental Services: Some Nuts and Bolts", *CIFOR Occasional*, Vol. 42, No. 6, June 2005.

Tacconi L. , "Redefining Payments for Environmental Services", *Ecological Economics*, Vol. 73, No. 3, March 2012.

Takasaki Y. , Barhan B. L. , Coomes O. T. , "Amazonian Peasants, Rain Forest Use, and Income Generation: The Role of Wealth and Geographical Factors", *Society and Natural Resources*, Vol. 14, No. 4, April 2001.

Verburg P. , Overmars K. , Huigen M. , et al. , "Analysis of the Effect of Land Use Change on Protected Areas in the Philippines", *Applied Geography*, Vol. 32, No. 1, January 2006.

Vatn A. , "An Institutional Analysis of Payments for Environmental Services", *Ecological Economics*, Vol. 69, No. 6, June 2010.

Van H. G. , Johan B. , William F. V. , "The Viability of Local Payments for Watershed Services: Empirical Evidence from Matiguás, Nicaragua", *Ecological Economics*, Vol. 74, No. 2, February 2012.

Westman W. , "How Much Are Nature Services Worth?", *Science*, Vol. 68, No. 6, June 1997.

Wunder S. , "Payments for Environmental Services: Some Nuts and Bolts", *CIFOR Occasional Paper*, Vol. 42, No. 1, January 2005.

Wackernagel M. , Onisto L. , Callejas Linares A. , et al. , "Ecological Footprints of Nations. How Much Nature Do They Use? How Much Nature Do They Have?", *Centro de Estudios para la Sustentabilidad*, Vol. 10, No. 2, February 1997.

Xu Z. M. , Zhong F. L. , Zhao X. Y. , Li X. W. , "A Summary on the Advances of Ecological Compensation", *Research of Finance and Accounting*, Vol. 23, No. 1, January 2008.